費瑪
最後定理

尋找數學的聖杯

賽門・辛——著
薛密——譯 ｜ 周青松——審訂

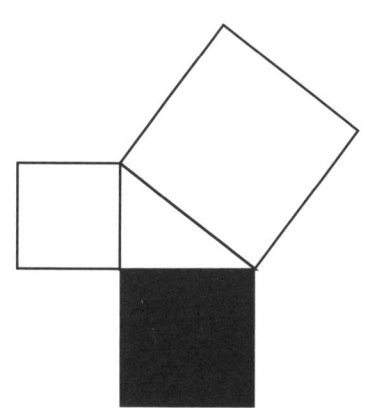

Fermat's Last Theorem

Simon Singh

OPEN 是一種人本的寬厚

OPEN 是一種自由的開闊

OPEN 是一種平等的容納

紀念

帕克 · 辛 · 比林

(Pakhar Singh Birring)

OPEN 經典重啓
重現閱讀新典範
FOREWORD

　　1997年10月對臺灣商務印書館而言，具有非凡的意義，因為這一年是商務印書館成立100週年；也是臺灣商務印書館成立50週年。在回顧輝煌歷史之際，我們同時注視著未來，21世紀的大門近在咫尺，等待我們將其開啟。在那新舊世紀交替過度之際，臺灣商務印書館以「OPEN」為系列名，精選「最前端的思想浪潮」、「學術文化的經典」、「小說」、「小說以外的文學」等四大主軸的經典著作，期許開闊新時代的視野，引領新生代閱讀知識精華，讓傳統與現代並翼而翔，啟發新世代的思潮。

　　「OPEN」系列一出版即受到讀者的特別關注，深獲各界讀者的好評。這些經典名著是歷史的縮影，讓我們能理解不同時期的價值觀，認知社會制度與文化變遷，讓我們能反思當今世界的政治、社會與科技發展的

問題，並從中汲取智慧與靈感。此系列出版至今已近30年，即使經歷時代遷移變化，這些經典著作探討的議題與內含的意義，總能展現超越時代的價值。

作為臺灣現存歷史最久遠的出版社，傳承文化經典是「臺灣商務印書館」任重而道遠的使命。有鑑於此，我們從「OPEN」經典中再細挑精選超越時代、切合現代關注的議題，重磅出版「OPEN精選」系列，以續新世代閱讀知識精華，建立新觀點之使命。

「OPEN精選」系列不僅僅只是舊版的復刻，而是一場與歷史、文化和個人記憶的深刻對話。它不僅只是帶回OPEN系列經典作品，更是喚醒了人們對閱讀、知識與思想的珍惜與熱愛。這些世界經典名著不僅蘊含深刻的人生智慧，還能幫助人們在快速變遷的世界中建立更堅實的思想基礎。

我們期待閱讀「OPEN精選」系列的讀者能有以下幾個面向的收穫：一、拓展視野、提升文化素養：經典名著來自不同時代、不同文化，能讓人們了解世界歷史、人類文明的發展，以及各地的思想與價值觀。二、培養批判思考能力：經典名著往往探討深度的議題、學術研究與發現，不會給出簡單的答案，但總能啟發讀者思考。三、提供人生智慧與建立新價值觀：許多經典探討人生的意義、道德選擇與社會關懷，這些問題在現代社會依然重要，讓我們看到時代如何重塑新的價值觀。四、對比現代世界，理解社會變遷：許多經典預言了科技、政治與社會的變化。

這些內容對於當今社會仍然具有借鑒意義。五、在數位時代找到平衡：在社交媒體與短影音盛行的時代，人們容易習慣快速、碎片化的資訊，閱讀經典名著則需要深入的思考，有助於培養專注力與耐心，提升對事物的深度理解能力。六、理解人性與情感：無論時代如何變遷，人性的本質不變。經典名著中的角色經歷人世、成長、失敗與奮鬥，能幫助人們更好地理解自己與他人。七、提升語言與表達能力：閱讀經典能夠幫助人們熟悉優美詞語的表現方式，提高寫作與口語表達能力。閱讀經典名著不只是對過去的回顧，更是幫助人們了解當代世界、培養思辨能力、提升表達能力，甚至幫助人們在人生路上找到方向。它們帶來的智慧與價值，能在人們的成長過程中發揮深遠的影響。

關於 OPEN 經典著作重啟出版「OPEN 精選」系列，我們期待能「**找回讀者閱讀的感動**」：有些書是時代的印記，曾經陪伴無數讀者成長，但隨著時間流逝，這些經典逐漸淡出視野。我們期待能重拾讀者求學時代的思想啟發，或是曾經感動過的故事。我們期待能「**讓經典在現代社會發聲**」：經典之所以為經典，不只是因為它們屹立不搖，更因為它們的價值跨越時代。在資訊海量、閱讀碎片化的時代，世界經典名著重新問世，提供現代人一個機會去思考：「我們遺忘了什麼？」「這些文字如何影響我們今日的世界？」「哪些傳統值得保留？哪些需要與時俱進？」我們亦期待「**文化傳承與時代對話，讓經典不再遙遠**」：許多經典名著的原版可能已經難以取得，或因時代變遷而顯得晦澀難懂。臺灣

商務印書館出版的「OPEN精選」系列，將持續廣泛的增選經典名著；從新時代的視角重新導讀名著，並重新設計、編排舒適的版面，讓不同世代的人都能輕鬆進入經典的世界，不僅能汲取前人的智慧，也能將這些思考應用於當代生活。

「OPEN」精神是開放、多元、跨界融合。「OPEN」不僅代表重新開啟，也象徵著包容與多元。OPEN是一種人本的寬厚；OPEN是一種自由的開闊；OPEN是一種平等的容納；我們期待「OPEN精選」系列的重啟，能成為面對未來與新世代的態度，開創一種新的文化閱讀運動。

臺灣商務印書館董事長
王春申

導讀
費瑪最後定理證畢三十年後

中央研究院數學所助研究員　賴俊儒

費瑪最後定理描述的是下面這個方程式的正整數解是否存在：

$$a^n + b^n = c^n$$

當 $n = 2$ 時，你我熟知的畢氏定理告訴我們，這個問題等價於是否能夠找到邊長都是正整數的直角三角形。因為 $3^2 + 4^2 = 9 + 16 = 25 = 5^2$，我們可以立刻看出一組解（3, 4, 5）。甚至，我們可以使用初等的手法構造無限多組畢氏三元數

$$a = m^2 - n^2，b = 2mn，c = m^2 + n^2，$$

進而得到無限多組正整數解。

但是當 $n \geq 3$ 時，這個方程的本質和 $n = 2$ 的情況有著巨大的區別，

無論人們怎麼嘗試，連一組正整數解都找不到。費瑪在 17 世紀時猜測 $n \geq 3$ 的情況下，此方程一定沒有正整數解。他宣稱他有一個巧妙的證明，只是因為書頁邊緣太小寫不下。在能找到的費瑪手稿中，他使用了數學歸納法證明了 $n = 4$ 的特殊情形。世人後來將這個命題稱為費瑪最後定理。

三十年前，筆者還是小學生的時候，就讀過商務印書館出版的《費瑪最後定理》了。三十年後，筆者已經成為了數學家，當年看不懂的天書現在已經能夠理解，並且可以講解、教人了。

這本書雖然是在講「費瑪最後定理」，但是卻不是在講費瑪最後「定理」。本書的首要目標不是在講解證明，而是在傳達重要的數學品味。以精妙幽玄的數學知識發展為經，以求道的數學家之人物圖像為緯。在淺談數百年來重要的數學發展的同時，巧妙地介紹了許多容易入門，又有品味的數學。筆者衷心希望，讀者在閱讀本書的時候能夠充滿興趣的跟隨數學推導，進而學習到數學素養的核心——面對未知時能夠直面問題的勇氣與行動力。

但也因為如此，本書到了將近一百頁以後才開始碰到證明的邊。讓我們暫時忽略一些技術上需要做的假設，在此來快速瀏覽證明的架構與風味。證明的精神是用「反證法」，我們想要從一個假設出發，透過兩種不同管道推導出相互矛盾的結論，便可以得知假設不成立。

第一步：

對於給定的數對 (a, b)，我們可以在 xy 平面上定義以下的橢圓曲線：

$$E: y^2 = x(x - a^n)(x + b^n)$$

假設 (a, b, c) 是一組正整數解，那麼這個三次曲線 E 的判別式（discriminant）可以套公式算出，必定是某個完全 n 次方數除以 256。

第二步：

因為曲線 E 的判別式和為完全 n 次方數只差個 256 倍，可以使用里貝特（Ribet）在 1986 年的工作，推論出這個曲線 E 在 $n \geq 3$ 的情況下「不能對應到模形式（modular form）」。

這裡模形式指的是一種特別好的複變函數 $f: \{z \in \mathbb{C} \mid \text{Im}(z) > 0\} \to \mathbb{C}$。

第三步：

證明這個曲線 E 應該要能對應到模形式，與第二步產生矛盾，便證畢。

我們先後退一步，端詳一下上面的證明大綱。希望讀者能夠感受到費瑪最後問題的本質，已經不再是能靠初等手法搬運數字就能搞定的了。這個問題已經被轉化成橢圓曲線與模形式之間的奇妙對應——谷山－志村猜想，是一個任誰第一眼看到都難以相信的大膽預測。

簡單的說，你看著每一個橢圓曲線，你都可以依照某個規則寫下一

串數字；同時對於每一個模形式，你也可以依照另一個規則寫下一串數字。谷山－志村猜想預測了每一個有理係數的橢圓曲線寫下的數列都會和某個模形式產生的數列一致。

本書中使用的比喻，是這兩種不同的數學結構都流有相同的數學DNA。筆者認為這樣的敘述還太過冷靜。谷山與志村觀察到的命題，對筆者來說的震驚程度應該可以比擬成──你去路上隨便找一隻貓驗尿，出來的成分會和這世界上某一隻狗流的汗一模一樣。

谷山－志村猜想等於是描述了一艘太空梭，連接了兩個乍看之下毫無關聯的數學宇宙。懷爾斯對於數學世界的貢獻，並不是他證明了費瑪最後定理，而是他奠基在前人的工作之上，完成了第一艘太空梭，證明了谷山－志村猜想的特例，作為第一個有用的模定理（modularity theorem），能拿來證明最有話題性、但是相當初等的數論問題，也就是費瑪最後定理。

在懷爾斯的證明驗證完之後，費瑪最後問題已死，但是模定理以及其推廣的研究仍然是數學界關心的重要問題之一。三十年來，頂尖的數學期刊上發表的文章幾乎都還是會看到各式各樣的「太空梭定理」。以數學的行話來說，這樣的研究屬於朗蘭茲綱領（Langlands program）的一部分。如果我們將數學命題中出現的係數從有理數改成其他數學上自然的推廣係數域，對應的數學宇宙實際上差之千里。這些研究方向分別被稱為幾何朗蘭茲（geometric Langlands）和局部朗蘭茲（local

Langlands）……諸如此類。

2024 年五月，德國馬克思普朗克研究所的蓋茲哥利（Gaitsgory）率領的九人團隊宣布了幾何朗蘭茲對應的證明。論文拆成五篇發表，篇幅超過了一千頁。這個工作的在數學社群的話題性與重要性不會遜色於懷爾斯的工作，只是因為缺少了像是費瑪最後定理這樣易懂的媒介，以致相關討論無法出圈。

最後，我們來做一個假設性的思想實驗。如果今天有人提出了一個完全初等的費瑪最後定理的證明，像是當初費瑪使用數學歸納法證明 $n = 4$ 的特例一樣，可以相信是當初費瑪想要寫卻寫不下的證明，會發生什麼事呢？

我想，這個人仍然還是會短暫走紅，在鎂光燈下收穫掌聲，但是這樣的證明對於數學的貢獻是微不足道的。因為 $a^n + b^n = c^n$ 只是滄海一粟，只是方程式銀河中的一粒砂。這樣的靈機一動的初等證明，不足以讓數學家在求道的路上添加助益，不足以建造下一艘太空船連結光年之外的數學宇宙。

我們又回到了數學品味。在學習數學的過程中，重要的不是能夠背誦命題的真假，而是能在臨摹好品味的數學演繹的過程中培養數感。要先見過好的、深奧的、課本考試範圍以外的數學，才能夠具有想像力與行動力，才能學思並進、不罔不殆。

在這 AI 氾濫的 21 世紀初，我們可能會有疑惑，納悶著既然 AI 可以

幫我們算這麼多,那學數學還要怎麼學、學什麼。「道生一,一生二,二生三,三生萬物。」AI 能幫助人類生萬物,但是唯有好的數學品味才能無中生有,求道生一。

　　本書三十年前在筆者的學習過程中留下了一道痕跡,在此熱情推薦本書作為讀者培養數學品味的良伴。

目錄

OPEN 經典重啟　重現閱讀新典範 004

導讀　費瑪最後定理證畢三十年後　賴俊儒 008

序言 018

前言 028

1 「我想我就在這裡結束」

1993 年 6 月 23 日，劍橋 034

最後問題 038

萬物皆數 047

絕對的證明 054

三元組的無限性 059
從畢達哥拉斯定理到費瑪最後定理 063

2　出謎的人
數論的演變 080
謎的誕生 093
頁邊的註記 097
最後定理終於公諸於世 100

3　數學史上黯淡的一頁
數學的獨眼巨人 111
小小的一步 130
勒布朗先生 140
蓋章密封的信封 154

4　進入抽象
智力遊戲、謎和恩尼格碼密碼機的時代 170
認識的基礎 180

難以克制的好奇心 197
　　野蠻的力迫法 200
　　研究生 213

5　反證法
　　異想天開 237
　　一個天才之死 240
　　至善至美的哲學 243
　　遺失的鏈環 249

6　秘密的計算
　　頂樓中的勇士 261
　　與無窮決鬥 265
　　推倒第一塊多米諾骨牌 285
　　「費瑪定理解決了？」 289
　　黑暗的大廈 293
　　科利瓦金和弗萊契的方法 295
　　世紀演講 301
　　事後 308

7 一點小麻煩

把地毯鋪貼切...317
惡夢般的電子郵件...328
生日禮物...332

8 大統一數學

獎賞...343

附錄...348
參考文獻...364

序言

在房間的另一頭，我們終於見面了。房內並不擁擠，大得足以在盛大的慶祝活動時容下整個普林斯頓大學數學系。在那特殊的下午，那裡並沒有非常多的人，不過也使我無法斷定哪一位是安德魯·懷爾斯（Andrew Wiles）。片刻之後，我看準了一位看上去有點靦腆的男士，他正在聽著周圍的人談話，小口地抿著茶，沉浸在世界各地的數學家們大約每天下午4點都舉行的例行聚會中。他立刻猜到了我是誰。

這是一個不尋常的周末，我遇見了一些當代最優秀的數學家，開始深入地瞭解他們的世界。但是儘管我千方百計地想找到安德魯·懷爾斯，和他談話，想說服他參與拍攝介紹他的成就的英國廣播公司（BBC）的《地平線》記錄片，這卻是我們第一次會面。正是這個人最近宣布他已經找到了數學中的那只聖杯，他聲稱他已證明了費瑪最後定理。在我們說話的時候，懷爾斯顯得有點心煩意亂和沉默寡言。雖然他相當客氣和友

好，但很顯然他寧願我離他盡可能遠一點。他非常坦率地解釋說，他除了自己的工作外不可能再集中精力於其他事，而他的工作正處於關鍵時刻，不過或許以後，當眼前的壓力解除後，他會樂意參與。我知道，並且他也知道我知道，他正面臨著他畢生的抱負將崩潰的局面，他握著的聖杯正在被發現只不過是一只相當漂亮的、貴重的，但普通的飲器。在他宣布的證明中，被發現存在一個缺陷。

　　費瑪最後定理的故事是極不尋常的。當我第一次見到安德魯·懷爾斯的時候，我已經認識到它確實是科學或學術事業中一個最動人的故事。我看過 1993 年夏天的頭版新聞，當時這個證明將數學推上了世界各國報刊的頭版。那個時候，我對費瑪最後定理是怎麼一回事只有一點模糊的記憶，但是明白它顯然是非常獨特的，具有《地平線》的專題影片所需的那種氣息。接下來的幾個星期我用來和許多數學家談話：那些與這個故事密切相關的，或者接近安德魯的人，以及那些因直接見證了他們這個領域中的偉大時刻而激動不已的人。所有的人都慷慨地奉獻出他們對數學史的真知灼見，他們將就著我僅有的那點理解力，耐心地對我講解有關的概念。很快我就搞清楚了這是一門世界上可能只有五、六個人能夠完全掌握的學問。有一陣子，我懷疑自己是否瘋了，怎麼會想去製作這樣一部影片。但是從那些數學家處，我也瞭解了豐富的歷史知識，懂得了費瑪對於數學以及它的實踐者所具有的更深層次上的重要意義。這一點，我想正是這個真實的故事所要演繹的。

我瞭解到這個問題起源於古希臘時代，也瞭解到費瑪最後定理可算是數論中的喜馬拉雅山頂峰。我接觸到了數學之美，並開始欣賞把數學比喻成大自然語言的說法。從懷爾斯的同代人那裡，我領悟到他的工作所具有的，把數論中最現代的技巧聚集起來，應用於其證明的非凡力量。在他的普林斯頓的朋友們那裡，我聽說了懷爾斯在他孤獨研究的歲月中獲得錯綜複雜的進展。我漸漸地勾勒出一幅懷爾斯和那駕馭著他生命之謎的不平凡的畫面，但是我似乎註定見不到他本人。

雖然懷爾斯的證明中涉及到的數學是一些當今最艱難的數學，但是我發現費瑪最後定理的美卻是在於下面的事實，就是這個問題本身特別的簡單易懂，它是一個用每個中學生都熟悉的話來表達的謎。皮埃爾‧德‧費瑪（Pierre de Fermat）是屬於文藝復興時期傳統的人，他處於重新發掘古希臘知識的中心，但是他卻問了一個希臘人沒有想到過要問的問題，其結果是誕生了一個世界上其他人最難以解答的問題。捉弄人的是，他還給後人留下了一個註記，暗示他已有了一個解答，不過沒有寫出這個解答。這場延續了三個世紀的追逐就是這樣開始的。

這麼長的時間跨度為這個難題的重要性奠定了基礎。在任何學科中，很難想像有什麼問題表達起來如此簡單清晰，卻能夠長時間地在先進知識的進攻下屹立不動。想一下，自17世紀以來對物理學、化學、生物學、醫學和工程學的瞭解已經出現了多麼大的飛躍。我們在醫學上已經從「體液」進展到基因切片，我們已經識別出許多基本粒子，我們已經把人送

上了月球，可是在數論中，費瑪最後定理仍然未被證明。

在我的研究過程中，有段時間我在探索：為什麼費瑪最後定理對不是數學家的人來說也是重要的，以及為什麼把它做成一個電視節目是有意義的。數學有各方面的實際應用，而就數論來說，別人告訴我它最使人興奮的用處是在晶體學、音響調節的設計，以及遠距離太空飛船的通訊中。這些似乎沒有一個會吸引觀眾。真正能激發人們熱情的，正是數學家們自己，以及他們談到費瑪時表現出來的那種深情。

數學是一種最純粹的思維形式，對局外人來說，數學家似乎是屬於另一個世界的人。在我與他們的討論中，讓我印象深刻的是，他們的談話中表現出驚人的精確性。很少有人立刻就回答我的問題，我常常不得不等待他們在腦海中把答案精確組織好；不過，稍後他們就會給你答案，講得有條有理，非常仔細，超過我的期望。我曾就這一點與安德魯的朋友彼得‧薩納克（Peter Sarnak）探討過，他解釋說：數學家就是厭惡製造假的命題。當然，他們也憑藉直覺和靈感，但是正式的命題必須是絕對的。證明是數學的核心，也是它區別於其他科學之處。其他科學有各種假設，它們為實驗證據所驗證，直到它們被推翻，被新的假設替代。在數學中，絕對的證明是其目標，某件事一旦被證明，它就永遠被證明了，不再有更改的可能。在費瑪最後定理中，數學家們遇到了他們在證明方面最大的挑戰，發現答案的人將會受到整個數學界特別的敬仰。

有人提供了獎賞，競爭也十分活躍，最後定理有過一段涉及到死亡

和欺詐的荒唐歷史，它甚至刺激了數學的發展。就像哈佛大學的數學家巴里・梅休爾（Barry Mazur）提到過的，費瑪使人們對那些與早期證明嘗試有關的數學領域增加了某種「敵意」。具有諷刺意義的是，結果正是這樣的一個數學領域成了懷爾斯最後的證明中的關鍵。

通過逐步地瞭解這個陌生的領域，我漸漸地把費瑪最後定理當作數學的中心，甚至相當於數學發展的本身來理解。費瑪是現代數論之父，自從他的時代以來，數學已經有了很大的發展和進步，並且形成了許多神秘的領域，在那裡新的技術又孕育出新的數學領域，並成了它們自身中的一部分。隨著幾個世紀時光的流逝，最後定理似乎越來越與數學研究的前沿無關，而越來越成為僅僅是一個使人好奇的問題。但是現在清楚了，它從未失去在數學的中心地位。

與數有關的問題，例如費瑪提出的這個問題，就像遊樂場中的智力題，而數學家就像在解答智力題。對安德魯・懷爾斯來說，這是一個非常特殊的智力題，是他一生的抱負。30 年前當他還是個小孩，在公共圖書館的一本書上碰巧發現了費瑪最後定理時，他就被這個問題吸引住了。他童年時代和成年時期的夢想就是要解決這個問題。在他於 1993 年的那個夏天第一次宣布他的證明時，他在這個問題上長達 7 年的全身心投入，以及難以想像的高度集中的精力和堅強決心終於有了結果。他用到的許多方法在他開始的時候尚未被創立。他也吸取了許多優秀數學家的工作成果，把各種想法貫通起來，創立了別人不敢嘗試的概念。巴里・梅休

爾評論說，在某種意義上每個人都在研究費瑪問題，但只零星地而沒有把它作為目標，因為這個證明需要把現代數學的整個力量聚集起來才能完全解答。安德魯所做的就是再一次把似乎相隔很遠的一些數學領域結合在一起。因而，他的工作似乎證明了自費瑪問題提出以來數學所經歷的多元化過程是合理的。

在安德魯對費瑪最後定理的證明中，其核心是證明一個稱為「志村—谷山猜想」的想法，該猜想在兩個非常不同的數學領域之間建立了一座新的橋樑。對許多人來說，一個統一的數學是至高無上的目標，而這正是對這樣一個世界的一次探索。所以，通過證明費瑪最後定理，懷爾斯已經將戰後時期最重要的數論領域凝聚在一起，並且為建立在它上面的猜想金字塔奠定了基礎。這不再只是解決長期存在的數學難題，而是在擴展數學王國的整個邊界。這似乎就是自從費瑪的這個簡單問題在數學的童年時期誕生以來一直等待著的時刻。

費瑪的故事已經以最為驚人的方式結束。對安德魯・懷爾斯來說，這意味著事業上的孤軍作戰終於結束，這是一種與數學研究不相容的方式。數學研究通常是一種合作行為，世界各地的數學研究所和數學系例行的下午茶會就是為交流想法提供的一段時間，在論文發表之前聽取別人的意見已是一項準則。一位在這個證明中起重要作用的數學家肯・里貝特（Ken Ribet）半開玩笑地向我暗示說，正是因為數學家們感到不放心，才求助於這種同事間的支持方式。安德魯・懷爾斯避開了這一切，

對他的工作秘而不宣，一直到最後時刻。這也是對費瑪問題的重要性的一種度量。他真的有著一股驅使他一定要成為解決這個問題的人的激情，這種激情強烈到足以使他奉獻出 7 年的生命，並且秘密地堅守著他的目標。他深知無論這個問題看上去多麼無關緊要，對費瑪最後定理證明的競爭從未緩和過，他決不能冒險洩漏他正在進行的工作。

經過幾個星期對這個領域的調查之後我到了普林斯頓。數學家們的情緒非常強烈，我收集到了有關競爭、成功、孤立、天才、勝利、嫉妒、強大的壓力、失敗，甚至悲劇等各方面的背景資料。關鍵性的志村－谷山猜想的深處隱藏著谷山豐（Yutaka Taniyama）在日本悲劇性的戰後生活，我有幸從他的密友志村五郎（Goro Shimura）那兒聽說了他的故事。從志村那裡我也懂得了數學中對「完美」的看法，在那種境界中一切事情都很對頭，因為它們是完美的。那個夏天，數學界中充滿了完美的感覺，在那個輝煌的時刻，所有的人都陶醉了。

在這一切都準備就緒的同時，人們對證明的可靠程度產生少許懷疑，像那個缺陷一樣在 1993 年秋天逐漸顯露出來，這一點安德魯感覺到了。不知怎麼回事，全世界都注視著他，他的同事們也要求他將證明公開，只有他知道該怎麼辦，他沒有垮掉。他已經從隱居式地按照自己的步調研究數學突然地轉向公開。安德魯是一個非常不願公開的人，他盡力使他的家庭免遭正圍繞著他刮起的風暴所衝擊。在普林斯頓的那整個一周中，我打過電話，在他的辦公室裡，在他的門階上，還通過他的朋友留

了紙條；我甚至準備了英國茶葉和馬麥醬作為禮物。但是他拒絕了我的主動示好，直到我要離開的那天才出現轉機。我們進行了平靜而緊湊的談話，總共持續不到一刻鐘。

在那天下午分手的時候，我們之間達成了一項默契。如果他設法補救了證明，那麼他會來找我討論影片的事；我準備等待佳音。但是在晚上當我返回倫敦時，似乎感到電視節目的事已完蛋了。三百多年來，在眾多嘗試過的對費瑪最後定理的證明中還沒有一個人能補救出現過的漏洞。歷史充滿了虛假的斷言，儘管我多麼希望他會是一個例外，但是很難想像安德魯不會是那片數學墓園中的另一塊墓碑。

一年以後，我接到了那個電話。歷經異乎尋常的數學上的曲折、真知灼見和靈感的閃現，安德魯終於在他的專業生涯中解決了費瑪問題。此後又經過一年，我們找到了他能投入攝製工作的時間。這一次我邀請了賽門·辛（Simon Singh）和我一起製作這部影片，我們一起和安德魯度過了這段時光，向他本人探索那7年的孤立研究以及之後艱難痛苦的一年的完整情節。當我們拍攝時，安德魯告訴了我們（他以前從未對人說過）他內心深處對他所完成的這一切的感受；30多年來他是如何念念不忘他的童年的夢想；他曾研究過的那麼多數學是怎麼不知不覺地聚集起來，成了他向主宰他的數學生涯的費瑪最後定理挑戰的工具；一切又怎麼會總是不一樣的。他談到了由於這個問題不再伴隨著他而引起的失落感，也談到由於他現在得到解脫而產生的振奮感。對這樣一個其有關

內容在技術上極難為外行聽眾理解的領域，我們的談話中涉及情感的成分比我科學影片製作生涯中經歷過的任何一次都要多。對安德魯而言，這部影片是他生命中一個篇章的終結；而對我而言，能與它結下不解之緣則是一種榮光。

這部影片在BBC電視台作為《地平線：費瑪最後定理》節目播放。賽門‧辛現在把那些深刻的見解和私下談心，連同詳盡的豐富多彩的故事和與之相關的歷史和數學一起演繹成這本書，完整而富有啓迪地記錄人類思維中最偉大的故事。

BBC電視台《地平線》系列節目編輯

約翰‧林奇（JOHN LYNCH）

1997年3月

前言

費瑪最後定理的故事與數學的歷史有著千絲萬縷的聯繫，觸及到數論中所有重大的課題。它對於「是什麼推動著數學發展」，或許更重要地「是什麼激勵著數學家們」提供了一個獨特的見解。費瑪最後定理是一個充滿勇氣、欺詐、狡猾和悲慘的英雄傳奇的核心，牽涉到數學王國中所有偉大的英雄。

在皮埃爾·德·費瑪以今天我們所知的形式提出這個問題之前兩千年，在古希臘的數學中就可找到費瑪最後定理的起源。因此，它聯繫著畢達哥拉斯（Pythagoras）所建立的數學的基礎和現代數學中各種最複雜的思想。在寫這本書時，我選擇了主要按年代順序的結構方式，從敘述畢達哥拉斯兄弟會的大變革時代開始，以安德魯·懷爾斯的為尋求費瑪難題的解答的個人奮鬥經歷來結束。

第1章敘述了畢達哥拉斯的故事，描述了畢達哥拉斯定理怎麼會成

為費瑪最後定理的先驅。第2章講述了從古希臘到17世紀的法國的故事，正是在法國，費瑪製造了這個數學史上最深奧的謎。為了突出費瑪不尋常的性格和他對數學的貢獻（他的貢獻遠不止最後定理一項），我用了幾頁的篇幅描述他的生活以及他的其他一些卓越的發現。

第3章和第4章敘述了17、18世紀和20世紀早期證明費瑪最後定理的一些嘗試。雖然這些努力以失敗告終，但是它們通向一座座神奇的數學技巧和工具的寶庫，其中的一部分已經成為證明費瑪最後定理的最終嘗試中的組成部分。除了講述數學外，我也將這些章節中的不少篇幅獻給那些對費瑪的遺贈執著追求的數學家們。他們的故事向人們展現了數學家是如何為尋求真理而犧牲一切的，以及幾個世紀來數學是如何發展的。

本書的其餘幾章按年代順序講述了最近40年中使費瑪最後定理的研究發生革命性變化的引人注目的重大事件。特別是第6章和第7章集中描寫了安德魯·懷爾斯的工作，他在最近10年中的突破性工作震驚了數學界。後面幾章是根據與懷爾斯所作的廣泛的交談寫成的，對於我來說，這是一次絕無僅有的機會親耳聆聽了一次最不平凡的20世紀知識之旅。我希望我能表達出懷爾斯經受十年嚴峻考驗所需要的那種大無畏精神和創造性。

在講述皮埃爾·德·費瑪的傳說和他那使人困惑的難題時，我試圖不藉助於方程式來描述數學概念，但是不可避免地 x、y 和 z 還是會不時地

出現。當方程式真的在上下文中出現時，我盡量提供充分的解釋，使得即使不具有數學背景的讀者也能理解它們的意義。對於那些懂得稍多數學知識的讀者，我提供了一系列的附錄來擴展書中的數學思想。此外，我還列出了供進一步閱讀的書目，目的在於為非本行的讀者提供關於特定數學領域的更詳細的資料。

　　如果沒有眾人的幫助和關心，本書是不可能完成的。我特別感謝安德魯·懷爾斯，他在受到緊張壓力的期間還不怕麻煩地與我們進行長時間的詳細交談。在我作為科學記者的 7 年經歷中，從未遇見過任何人對自己的學科比他具有更深沉的愛和更投入。我永遠感激懷爾斯教授願意與我分享他的故事。

　　我也要感謝在寫作過程中幫助過我，並允許我與他們詳談的數學家們。他們中間一些人曾深入地研究過費瑪最後定理，另一些是最近 40 年中重大事件的見證人。我向他們諮詢和與他們交談的那些時光是非常愉快的，我感謝他們的耐心和熱情，向我解釋了這麼多美好的數學概念。我特別要感謝的是約翰·康韋（John Conway）、尼克·凱茨（Nick Katz）、巴里·梅休爾、肯·里貝特、彼得·薩納克，志村五郎和理查德·泰勒（Richard Taylor）。

　　為使讀者更佳地瞭解費瑪最後定理的故事中涉及的人物，我設法為本書加上了插圖。許多圖書館和檔案館自願地幫助我，我特別要感謝倫敦數學學會的蘇珊·奧克斯（Susan Oakes）、皇家學會的桑德拉·卡明

（Sandra Cumming）和沃里克大學的伊恩·斯圖爾特（Ian Stewart）。我也要感謝傑奎琳·薩瓦尼（Jacquelyn Savani）（普林斯頓大學）、鄧肯·麥克安格斯（Duncan McAngus）、傑里米·格雷（Jeremy Gray）、保羅·巴利斯特（Paul Balister）和牛頓研究所在尋找研究資料方面提供的幫助。我還要對帕特里克·沃爾什（Patrick Walsh）、克利斯多弗·波特（Christopher Potter）、伯納德特·阿爾維斯（Bernadette Alves）、桑吉特·奧康奈爾（Sanjida O'Connell）和我的父母在過去一年中給與我的關心和支持表示感謝。

最後，本書中引用的許多談話是在我製作關於費瑪最後定理的電視記錄片時得到的，我感謝英國廣播公司允許我使用這些材料。特別地，我衷心感激約翰·林奇，他和我一起製作這個記錄片並激起了我對這個題材的興趣。

賽門·辛
1997 年
於帕格瓦拉市（Phagwara）塔卡基鎮（Thakarki）

安德魯‧懷爾斯十歲時,第一次遇到費瑪最後定理。

「我想我就在這裡結束」

即使埃斯庫羅斯[01]被人們遺忘了，阿基米德仍會被人們記住，因為語言文字會消亡而數學概念卻不會。

「不朽」可能是個缺乏理智的用詞，但是

或許數學家最有機會享用它，無論它意味著什麼。

G·H·哈代[02]

---

[01] 埃斯庫羅斯（Aeschylus，公元前約525-前456年），古希臘三大悲劇作家之一。——譯者
[02] 哈代（1877-1947），英國數學家。——譯者

1993年6月23日，劍橋

　　這是本世紀最重要的一次數學講座。兩百名數學家屏息以待，他們之中只有四分之一的人完全懂得黑板上密密麻麻的希臘字母和代數式所表達的意思。其餘的人來這兒純粹是為了見證他們所期待的也許會成為一個真正具有歷史意義的時刻。

　　早些日子已有謠傳。網路上的電子郵件已經暗示人們這次講座將會以解決費瑪最後定理這個最有名的數學問題而達到高潮。此類閒話並不罕見。關於費瑪最後定理的話題在茶會上時有所聞，數學家們會猜測某人可能正在做某種研究。有時候，大學資深教師的公共休息室裡關於數學的議論會使這種猜測成為某種突破的謠傳，但是這種突破還從未成為事實。

　　這一次的謠傳則完全不同。一位劍橋研究生是如此地確信它是真的，以致於他馬上到賭注登記經紀人那裡用10英鎊打賭費瑪最後定理在一周內將被解決。然而，經紀人感到事情不妙，拒絕接受他的賭注。這已是那天到這個經紀人處洽談的第五個學生了，他們都要求打同一個賭。費瑪最後定理已經困惑了這個星球上最具才智的人們長達三個世紀以上，可是現在甚至賭注登記經紀人也開始覺得它已經到了被證明的邊緣。

　　現在，三塊黑板上已經寫滿了演算式，講演者停頓了一下。第一塊黑板被擦掉了，再寫上去的是代數式。每一行數學式子似乎都是走向最

終解答的微小一步。但是 30 分鐘之後，講演者仍然沒有宣布證明。教授們坐滿了前排的坐位，焦急地等待著結論。站在後面的學生們則向他們的老師尋求可能會有何種結論的暗示。他們是正在看費瑪最後定理的完整證明呢？還是講演者僅僅在概要地敘述一個不完整、虎頭蛇尾的論證？

講演者是安德魯·懷爾斯（Andrew Wiles），一個緘默寡言的英國人。他在 1980 年代移民到美國，於普林斯頓大學任教授。在普林斯頓，他享有很好的聲譽，被認為是他這一代人中最天才的數學家。然而，近幾年來，他幾乎從每年舉行的各種數學會議和研討會中消失了，同事們開始認為懷爾斯已經到盡頭了。傑出的年輕學者過早地智衰才盡的例子並不少見，數學家艾爾弗雷德·阿德勒（Alfred Adler）曾經指出過這一點：「數學家的數學生命是短暫的，25 歲或 30 歲以後很少有更好的工作成果出現。如果到那個年齡還幾乎沒有什麼成就，那就不再會有什麼成就了。」

「年輕人應該證明定理，而老年人則應該寫書。」G·H·哈代（G. H. Hardy）在他的《一個數學家的自白》（*A Mathematician's Apology*）一書中說道，「任何數學家都永遠不要忘記：數學，較之其他藝術或科學，更是年輕人的遊戲。舉一個簡單的例子，在英國皇家學會會員中，數學家的平均當選年齡是最低的。」他自己最傑出的學生斯里尼瓦薩·拉馬努金（Srinivasa Ramanujan）當選為英國皇家學會會員時年僅 31 歲，卻

已在年輕時做出了一系列卓越的突破性工作。儘管拉馬努金在位於南印度庫巴康納姆的家鄉鎮上，只受過很少的正規教育，他卻能夠創立一些西方數學家都被難倒的定理和解法。在數學領域中，隨著年齡而增長的經驗似乎不如年輕人的勇氣和直覺來得重要。當拉馬努金將他的結果郵寄給哈代時，這位劍橋教授深為感動，並邀請他放棄在南印度的低級職員工作，前來三一學院任職；在三一學院他將能與一些世界上第一流的數論專家互相切磋。令人傷心的是，拉馬努金忍受不了東英吉利嚴酷的冬天，患上了肺結核，在33歲時英年早逝。

另外有些數學家也同樣有輝煌但短促的生涯。19世紀挪威的尼爾斯·亨里克·阿貝爾（Niels Henrik Abel）在19歲時就作出對數學最偉大的貢獻，但由於貧困，8年後他就去世了，也是死於肺結核。查爾斯·埃爾米特（Charles Hermite）[03]這樣評價他：「他留下的思想可供數學家們工作500年。」確實，阿貝爾的發現對今天的數論學者仍有深遠的影響。與阿貝爾同樣有天賦、同時代的埃瓦里斯特·伽羅瓦（Evariste Galois），也是在十幾歲時作出了突破性的工作，而去世時年僅21歲。

這些例子並不是用來表明數學家會過早地、悲劇性地離開人間，而是要說明他們最深刻的思想通常在他們年輕時就已形成，正如哈代曾經說過的，「我從未聽說過數學方面由年過五十的人開創重大進展的例子。」中年數學家常常退居二線，把他們以後的歲月用於教學或行政工作，而

---

[03]　埃爾米特（1822-1901），法國數學家。——譯者

不是用於研究。安德魯·懷爾斯的情形則截然相反。雖然已經到達40歲的壯年，他卻將最近的7年光陰十分保密地花在研究工作中，試圖解決這獨一無二、最偉大的數學問題。當別人猜想他也許已經才能枯竭時，懷爾斯卻還在取得極大的進展，創造了新的方法和工具，這些正是他現在準備向世人公布的。懷爾斯決定絕對地孤軍奮戰是一種高風險的策略，這種策略在數學界中前所未聞。

任何大學裡的數學系在所有科系中都是保密程度最低的，因為那裡沒有屬於專利的發明。數學界為自己能坦率而自由地交流思想感到自豪。喝茶休息時間已經演變成一種例行公事，在這段時間裡人們不僅享用餅乾咖啡，更重要的是分享和探討種種想法。其結果，由幾個作者或一組數學家共同發表的論文越來越常見，榮譽也因此被平等地分享。然而，如果懷爾斯教授已真正發現了費瑪最後定理完整且正確的證明，那麼數學中這個最為人渴望的獎賞就屬於他了，並且只屬於他一個人。為了保密，他必須付出的代價是，在此之前不能與數學同行討論或檢驗他的任何想法，因而他就有相當大的可能犯某種根本性的錯誤。

按理想的做法，懷爾斯本希望能花更多的時間審查他的工作，以便全面地核對他最後的手稿。然而，當時出現了難得在劍橋的牛頓研究所宣布他發現的機會，他放鬆了戒心。牛頓研究所存在的唯一目的，是將世界上一些最優秀的學者聚集在一起，待上幾個星期，舉辦由他們所選擇的前瞻性研究課題研討會。大樓位於大學的邊緣，遠離學生和其他分

心的事，為了促進科學家們集中精力進行合作和獻策攻關，大樓建築設計也是特殊的。大樓裡沒有可以藏身的有盡頭迴廊，每個辦公室都朝向一個位於中央供討論用的廳堂，數學家們可以在這個空間切磋研究，辦公室的門是不允許一直關上的。在研究所內走動時的合作也受到鼓勵，甚至在電梯（它只上下三層樓面）中，也有一塊黑板。事實上，大樓的每個房間（包括浴室）都至少有一塊黑板。這一次，牛頓研究所舉行的研討會題目是「L －函數和算術」。全世界最優秀的數論家聚集在一起討論純粹數學中，這個非常專門的領域中相關問題，但是只有懷爾斯意識到 L －函數可能握有解決費瑪最後定理的鑰匙。

雖然他被有機會向這樣一群傑出的聽眾宣布他的工作這一點所吸引，但要在牛頓研究所宣布的主要原因，還在於這個研究所位於他的家鄉劍橋。這是懷爾斯出生的地方，正是在這裡他長大成人，形成了他對數的強烈愛好，也正是在劍橋他偶然碰到了那個註定會支配他以後生活的數學問題。

最後問題

在 1963 年，當時 10 歲的安德魯·懷爾斯已經著迷於數學了。「在學校裡我喜歡做題目，我把它們帶回家，編寫成我自己的新題目。不過我以前找到的最好的題目是在我們的地區圖書館發現的。」

一天，當他從學校漫步回家時，小懷爾斯決定到彌爾頓路上的圖書館去。與大學裡的圖書館相比，這裡的圖書館相當匱乏，但它卻藏有大量智力測驗的書籍，正是這些書籍常常引起安德魯的注意。這些書中含有各種難解的科學難題和數學之謎，而每個問題的解答可能會扼要地展示在最後幾頁的某個地方。但是這一次安德魯被一本書吸引住了，這本書只有一個問題而沒有解答。

這本書就是埃里克·坦普爾·貝爾（Eric Temple Bell）寫的《最後問題》（*The Last Problem*），它敘述了一個數學問題的歷史，這個問題的根源在古希臘，但是達到成熟是在17世紀。正是在那個時候，偉大的法國數學家皮埃爾·德·費瑪於無意之中使它成了此後歲月中的一個挑戰性問題。費瑪遺留下來的這個難題使一個又一個大數學家望而生畏，長達300多年還沒有人能解決它。數學中還有許多未解決的問題，但是費瑪定理表面上的那種簡明易懂使它成為一個非常獨特的問題。在與第一次讀貝爾的描寫相距30年之後的今天，懷爾斯告訴我，他在被引向費瑪最後定理的那個時刻的感受：「它看上去如此簡單，但歷史上所有的大數學家都未能解決它。這裡正擺著一個我 —— 一個10歲的孩子 —— 能理解的問題，從那個時刻起，我知道我永遠不會放棄它。我必須解決它。」

這個問題看上去如此簡易，因為它立足於人人都能記住的一段數學術語 —— 畢達哥拉斯定理：[04]

---

[04] 亦稱勾股定理、商高定理。——譯者

在一個直角三角形中，斜邊的平方等於另外兩邊的平方之和。

作為這段畢氏歌謠的結果，這個定理已深深刻印在不說是上億人也有數以百萬計的人的腦海中。它是每個天真無邪的學童必須要學的基本定理。但是儘管它確實能被 10 歲的孩子所理解，畢達哥拉斯的創造卻啟示了一個問題，這個問題曾經挫敗了歷來最偉大的數學智者們。

薩摩斯島（Samos）的畢達哥拉斯是數學史上最具影響但又是最神秘的人物。由於沒有關於他的生活和工作的第一手資料，他被籠罩在神秘和傳說之中，使得歷史學家們難以分清事實與虛構。似乎可以肯定的一件事是畢達哥拉斯發展了關於數學的邏輯，並且對數學發展的第一個黃金時期功不可沒。由於他的天才，數不再是僅僅用來記帳和計算，其本身的價值受到了重視。他研究了一些特殊的數的性質、它們之間的關係以及它們的組成方式。他認識到數獨立於有形世界而存在，因而他們的研究不會因感覺的差錯而受影響。這意味著他能夠發現獨立於人們的印象或者說偏見的真理，這種真理比以前的任何知識更為絕對無疑。

生活在公元前 6 世紀，畢達哥拉斯的數學技能得益於他走遍了整個古代世界。某些傳說使我們相信他的足跡曾遠及印度和英國，但更為可靠的是他從埃及人和巴比倫人那裡學到許多數學技能和工具。這兩個古老的民族當時已經超越了簡單計數的範圍，而能夠進行複雜的計算，這使他們能建立複雜的記帳系統和建造獨具匠心的建築物。事實上，他們將數學看成僅僅是解決實際問題的一種工具；在發現幾何學的某些基本

規則的背後，其動機是為了能重建田地的邊界，這些邊界在尼羅河每年泛濫時常被毀掉。幾何學這個詞本身意指「測量土地」。

畢達哥拉斯注意到，埃及人和巴比倫人按照一種無需思索就能仿效的方法進行計算。這種可能已經沿襲了許多代人的方法總能給出正確的答案，因而沒有人會費神去懷疑這種方法，或者去尋求隱藏在這些式子背後的邏輯。對這些文明古國來說，重要的是計算有效，至於它為什麼有效，則是無關緊要的。

經歷 20 年的周遊後，畢達哥拉斯已經吸收了他所知的世界中所有的數學法則。他揚帆起航回到他的家鄉，愛琴海中的薩摩斯島，打算建立一所學校致力於哲學研究，特別是研究他新近獲得的一些數學法則。他想要理解數字，而不是僅僅使用它們。他希望找到一大群思想無拘束的、能幫助他發展本質上全新的哲學的學生，但是在他外出期間，僭主波利克拉特斯（Polycrates）已經把曾經是自由的薩摩斯島變成了一個不容異說的保守社會。波利克拉特斯邀請畢達哥拉斯加入他的宮廷，但是哲學家意識到這是一種策略，目的是使他保持沉默，於是拒絕了這份榮耀。相反，他離開了城市，選擇了該島邊遠地區的一個山洞，在那裡他可以冥思苦想而不用害怕受迫害。

畢達哥拉斯並不喜歡孤獨，最終他花錢使一個小男孩成為他的第一名學生。這個男孩的身分不甚清楚，但有些歷史學家認為他的名字可能也叫畢達哥拉斯。這名學生後來是第一個建議運動員應該吃肉以增強自

己體質的人,並因此而出名。老師畢達哥拉斯要為他的學生出席的每一節課付給他 3 個小銀幣。幾星期後,畢達哥拉斯注意到該男孩最初對學習的勉強,已轉變成對知識的熱情。為了試探他的學生,畢達哥拉斯佯裝他不再有能力支付學生金錢,因而只能停止上課。這時候,男孩表示寧可付錢受教育也不願就此結束。這個學生已經成為他的信徒。他的確曾經短暫地辦過一所學校,稱為畢達哥拉斯半圓,但是他關於社會改革的觀點不受歡迎,哲學家被迫與他的母親和唯一的信徒一起逃離這塊殖民地。

　　畢達哥拉斯動身去義大利南部(當時那裡被稱為大希臘地區〔Magna Graecia〕),並定居於克羅敦(Croton)。在那裡他幸運地找到一位理想的贊助人,當地最富有、也是史上最強壯的人:米洛(Milo)。雖然畢達哥拉斯以薩摩斯哲人的身分已經聞名全希臘,但米洛的聲望更高。米洛有著大力神海克力斯(Hercules)般的身材,曾經是奧林匹克競技會和皮托競技會有 12 次記錄的冠軍。除了練習運動外,米洛還喜歡研究哲學和數學。他留出他家的一部分房子,供給畢達哥拉斯足夠的房間來建立學校。於是,最有創造性的頭腦和最有力量的身軀結成了伙伴關係。

　　安置好他的新家後,畢達哥拉斯建立了畢達哥拉斯兄弟會——一個有 600 名追隨者的幫會,這些人不僅有能力理解他的講課,而且還能補充某些新的想法和證明。一旦參加兄弟會後,每個成員就必須將他們塵世間的一切財產捐獻給公共基金。任何成員如果離開該會,那麼他們可

收到相當於他們最初捐獻的兩倍的財產,並為他們豎立一塊墓碑以誌紀念。兄弟會是一個奉行平等主義的學派,吸收了幾名姐妹參加。畢達哥拉斯最喜歡的學生是米洛本人的女兒,美麗的西諾(Theano)。儘管年齡相差不少,他們最終還是結婚了。

建立兄弟會後不久,畢達哥拉斯撰造了一個名詞「哲學家」(philosopher),與此同時規定了他的學派的目標。在一次出席奧林匹克競技會時,弗利尤斯(Phlius)的利昂(Leon)王子問畢達哥拉斯,他會如何描述他自己,畢達哥拉斯回答道:「我是一個哲學家。」但是利昂以前沒有聽說過這個名詞,因而請他解釋。

> 利昂王子,生活好比這些公開的競技會。在這裡聚集的一大群人中,有些人受獎勵品的誘惑而來,另一些人則因對名譽和榮耀的企求和受野心的驅使而來,但是他們中間也有少數的人來這裡是為了觀察和理解這裡發生的一切。
>
> 生活同樣如此。有些人因愛好財富而被左右,另一些人因熱衷於權力和支配而盲從,但是最優秀的一類人則獻身於發現生活本身的意義和目的。他設法揭示自然的奧秘。這就是我稱之為哲學家的人。雖然沒有一個人在各個方面都是很有智慧的,但是他能熱愛知識,視其為揭開自然界奧秘的鑰匙。

雖然許多人知道畢達哥拉斯的抱負,卻沒有兄弟會圈外的人知道他成功的詳情和程度。該學派的每個成員都被迫宣誓永不向外界洩漏他們

的任何數學發現。甚至在畢達哥拉斯死後，還有一個兄弟會成員因為背棄了誓言而被淹死——他公開宣布發現了一種由 12 個正五邊形構成的新的規則立體：正十二面體。畢達哥拉斯兄弟會的高度秘密性質是為什麼一些神話故事會圍繞著他們可能舉行過的奇異儀式來展開情節的部分原因；同樣地，這也是為什麼關於他們的數學成就的可靠記載如此之少的原因。

可以確認的是，畢達哥拉斯締造了一種社會精神，它改變了數學的進程。兄弟會實際上是一個宗教性社團組織。他們崇拜的偶像是數，他們相信，通過瞭解數與數之間的關係，他們能夠揭示宇宙的神聖的秘密，使他們自己更接近神。特別是，兄弟會將注意力集中於「計數數」（1、2、3、……）和分數的研究。計數數有時也叫「自然數」，整數與分數（整數之間的比）一起可稱之為「有理數」。在這無窮多個數中間，兄弟會尋找那些有特殊重要意義的數，其中某些最特殊的數就是所謂的「完全數」（perfect number）。

按照畢達哥拉斯的說法，數的完滿取決於它的因數（能整除原數的那些數）。例如：12 的因數是 1、2、3、4 和 6。當一個數的因數之和大於該數本身時，該數稱為「盈數」（excessive number）。於是 12 是一個盈數，因為它的因數加起來等於 16。另一方面，當一個數的因數之和小於該數本身時，該數稱為「虧數」（defective number）。所以 10 是一個虧數，因為它的因數（1、2 和 5）加起來只等於 8。

最有意義和最少見的數是那些因數之和恰好等於其本身的數，這些數就是「完全數」。數字 6 有因數 1、2 和 3，結果它是一個完全數，因為 1 ＋ 2 ＋ 3 ＝ 6。下一個完全數是 28，因為 1 ＋ 2 ＋ 4 ＋ 7 ＋ 14 ＝ 28。

　　如同 6 和 28 的完滿對兄弟會來說具有數學上的意義一樣，還有其他文化的人也確認它的完滿，有人觀察到月亮每 28 天繞地球一圈，有人聲稱上帝用了 6 天創造世界。在《天主之城》（*The City of God*）一書中，聖奧古斯丁（St. Augustin）辯稱：「雖然上帝能夠在瞬間創造世界，但為了表現天地萬物的完滿，他還是用了 6 天。」聖奧古斯丁認為 6 並不是因為上帝選擇了它才是完滿的，而恰恰相反，完滿是數的性質中固有的：「6 是一個數，因其本身而完滿，並非因上帝在 6 天中創造了萬物，倒過來說才是真實的；上帝在 6 天中創造萬物是因為這個數是完滿的。」

　　當計數數變得更大時，完全數變得難於尋找。第三個完全數是 496，第四個是 8128，第五個是 33550336，而第六個則是 8589869056。除了是它們的因數之和外，畢達哥拉斯還指出所有的完全數顯示出另外幾個美妙性質。例如，完全數總等於一系列相鄰的計數數之和。我們有

6 ＝ 1 ＋ 2 ＋ 3，
28 ＝ 1 ＋ 2 ＋ 3 ＋ 4 ＋ 5 ＋ 6 ＋ 7，
496 ＝ 1 ＋ 2 ＋ 3 ＋ 4 ＋ 5 ＋ 6 ＋ 7 ＋ 8 ＋ 9……＋ 30 ＋ 31，
8128 ＝ 1 ＋ 2 ＋ 3 ＋ 4 ＋ 5 ＋ 6 ＋ 7 ＋ 8 ＋ 9……＋ 126 ＋ 127。

畢達哥拉斯因完全數而欣喜，但他並不滿足於只是收集這些特殊的數；相反，他想要發現它們更深層的意義。其中之一，他察覺到完滿性與「倍二性」有密切關係。數 4（2×2）、8（2×2×2）、16（2×2×2×2）等稱為 2 的冪，可寫成 2^n，這裡 n 表示相乘在一起的 2 的個數。所有這些 2 的冪剛巧不能成為完全數，因為它們的因數之和總是比它們本身小 1。它們只是微虧：

$2^2 = 2×2\qquad\qquad = 4$ ，因數 1、2 和 $= 3$，

$2^3 = 2×2×2\qquad = 8$ ，因數 1、2、4 和 $= 7$，

$2^4 = 2×2×2×2\qquad = 16$，因數 1、2、4、8 和 $= 15$，

$2^5 = 2×2×2×2×2 = 32$，因數 1、2、4、8、16 和 $= 31$。

兩個世紀之後，歐幾里得（Euclid）使畢達哥拉斯發現的倍二性和完滿性之間的聯繫更臻精美。歐幾里得發現完全數總是兩個數的乘積，其中一個數是 2 的冪，而另一個數則是下一個 2 的冪減去 1。這就是說：

$6 = 2^1 × (2^2 - 1)$，

$28 = 2^2 × (2^3 - 1)$，

$496 = 2^4 × (2^5 - 1)$，

$8128 = 2^6 × (2^7 - 1)$。

當代的電腦繼續搜索完全數，發現了像 $2^{216090} × (2^{216091} - 1)$ 這樣巨大的數的例子，這是一個 130000 位以上的數，它仍符合歐幾里得法則。

畢達哥拉斯為完全數具有的豐富的模式和性質所吸引，他讚賞它們的精妙。初看之下，完滿性是相當容易掌握的概念，然而古希臘人並未能探知這個問題中的某些基本要點。例如，雖然有許多數它們的因數之和只比該數本身小 1，即只是微虧，但似乎不存在微盈的數。令人沮喪的是，雖然他們沒有發現微盈的數，卻不能證明這種數不存在。只知道表面上沒有微盈的數是沒有任何實際價值的；但儘管如此，它卻是一個可能啟示這種數的性質的問題，因而值得研究。這樣的謎引起了畢達哥拉斯兄弟會的興趣，但兩千五百年後數學家們仍然未能證明微盈數不存在。

萬物皆數

除了研究數之間的關係之外，數與自然之間的關係也引起了畢達哥拉斯的興趣。他認識到自然現象是由規律支配的，這些規律可以用數學方程式來描述。他首先發現的聯繫是音樂的和聲與數的調和之間的基本關係。

古希臘早期的音樂中最重要的樂器是四弦琴，或者叫四弦豎琴。在畢達哥拉斯之前，音樂家們就注意到幾個特定的音一起發聲時會產生悅耳的效果，他們調豎琴的音直到齊撥兩根弦時，會產生這種和聲為止。然而，早先的音樂家並不理解為什麼特定的幾個音會是和諧的，樂器調音也沒有客觀的方法。他們純粹憑耳朵來調豎琴的音，直到處於和聲狀

態為止——柏拉圖（Plato）稱這個過程為折磨弦軸。

公元 4 世紀時的學者楊勃里柯斯（Iamblichus）寫過 9 卷關於畢達哥拉斯學派的書，他描述了畢達哥拉斯怎麼會發現音樂和聲的基本原理的：

> 一次，他全神貫注地思考著他是否能夠設計出一種既可信又精巧的聽覺方面輔助機械。這種輔助物要類似於圓規、直尺和為視覺方面設計的光學器具。同樣地，觸覺方面有秤以及關於重量和量度的概念。真是天賜好運，他碰巧走過一個鐵匠舖，除了一片混雜的聲響外，他聽到了錘子敲打著鐵塊，發出多采的在其間回響的和聲。

按照楊勃里柯斯的描寫，畢達哥拉斯立即跑進鐵匠舖去研究錘子的和聲。他注意到，大多數錘子可以同時敲打而產生和諧的聲響，而當加入某一把錘子一起敲打時總是產生令人不快的噪聲。他對錘子進行分析，認識到那些彼此間音調和諧的錘子有一種簡單的數學關係——它們的質量彼此之間成簡單比，或者說簡分數。就是說，那些重量等於某一把錘子重量的 $\frac{1}{2}$、$\frac{1}{3}$ 或 $\frac{1}{4}$ 的錘子都能產生和諧的聲響。另一方面，那把和任何錘子一起敲打時總發出噪聲的錘子，它的重量和其他錘子的重量之間不存在簡比關係。

畢達哥拉斯已經發現數值的簡比在音樂的和聲中起決定作用。科學家們對楊勃里柯斯關於這個故事的描述表示某種懷疑，但是畢達哥拉斯經由研究單弦的性質將他關於樂聲比率的新理論應用於豎琴這件事是確確實實的。單單撥弦會產生一個標準音，它是由那根振動著的弦的整個

長度產生的。如圖 1 所示，通過將弦在其長度的某處固定，就可能產生不同的振動和不同的音。關鍵之處在於和音只在非常特殊的一些位置上出現。例如，在弦上恰為一半處固定弦，再撥弦會產生一個與原來的音和諧的高八度的音。類似地，在弦上恰為 $\frac{1}{3}$、$\frac{1}{4}$ 或 $\frac{1}{5}$ 處固定弦，就會產生其他的和音。然而，如果在整個弦的長度的非簡分數處固定弦，那麼產生的音不會是與上述這些音和諧的。

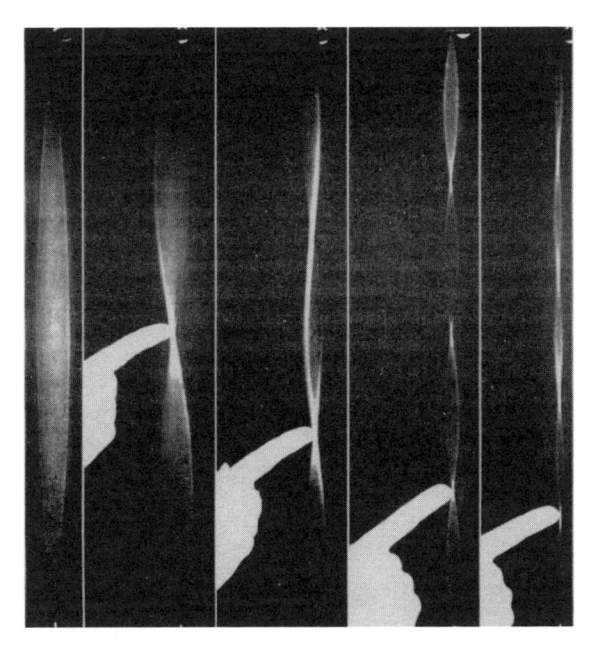

圖 1. 一根自由振動的空弦產生一個基音。設法在弦上正好一半處形成一個節，那麼產生的音則是與原來的基音和諧的高八度的音。通過移動節的位置至弦上不同的簡分數距離（例如 $\frac{1}{3}$、$\frac{1}{4}$、$\frac{1}{5}$）處，可以產生不同的和音。

畢達哥拉斯首次發現了支配物理現象的數學法則，顯示了數學與科學之間有著根本的關聯。從這個發現以後，科學家們一直在探究那些似乎支配著各個物理過程的數學法則，並且發現數會意外地出現在各種各樣的自然現象中。例如，一個特殊的數似乎操縱著彎彎曲曲的河流的長度。劍橋大學的地球科學家漢斯－亨利克·斯多勒姆（Hans-Henrik Stolum）教授計算了從河源頭到河出口之間河流的實際長度與它們的直接距離之比。雖然這一比率因不同的河流而變化，但是它們的平均值只比 3 略微大一點，也就是說大致上是直接距離的 3 倍。事實上，這個比近似等於 3.14，接近於數 π 的值，即圓的周長與直徑之比。

數 π 原本來自圓的幾何學，但它還反覆出現在各種各樣的科學現象中。在河長比的情形中，π 的出現是有序與紊亂相爭的結果。愛因斯坦（Einstein）第一個提出，河流有一種走出更多的環形路徑的傾向，這是因為最細微的彎曲就會使外側的水流變快，這反過來造成對河岸更大的侵蝕和更急劇的轉彎。轉彎越急劇，外側的水流就越快，侵蝕也就越大，於是河流更為曲折，……。然而，有一個自然的進程會中止這種紊亂：漸增的繞圈狀態其結果將是河流繞回原處而最終短路。河流將變得比較平直，而環路被放棄，形成一個牛軛湖。這兩種相反的因素之間的平衡導致河流從源頭到出口之間的實際長度與直接距離之比的平均值為 π。對於那些在坡度很小的平原上穿越的河流，諸如在巴西和西伯利亞凍土帶可以找到的那些河流，這個比為 π 是很常見的。

畢達哥拉斯意識到從音樂的和聲到行星的軌道，一切事物中皆藏有數，這導致他宣布「萬物皆數」（Everything is number）。通過探究數學的內涵，畢達哥拉斯發展著使他和其他人能描述宇宙性質的這種語言。此後，數學上的每一次突破都會給科學家們帶來為了更佳地解釋他們周圍的現象而需要的詞彙。事實上，數學的進展會喚起科學革命。

除了發現引力定律外，艾薩克·牛頓（Isaac Newton）也是數學家。他對數學的最大貢獻是對微積分的發展。在稍後的年代裡，物理學家使用微積分的語言來更佳地描述引力定律和解決引力論問題。牛頓的經典引力論倖存了幾個世紀未受觸動，直到它被阿爾伯特·愛因斯坦的廣義相對論所替代；廣義相對論對引力作出了更詳細的、新的解釋。只是由於新的數學概念為他提供了更精妙的語言來表達他的極複雜的科學思想，愛因斯坦本人的思想才可能形成。今天，對引力的解釋再一次被數學的突破所影響。最新的量子引力理論和數學中「弦」的發展密不可分，在弦這種理論中，「管」的幾何和拓樸性質似乎最佳地解釋了各種自然力。

在畢達哥拉斯兄弟會研究的數與自然之間的所有關係之中，最重要的是以其創會者的名字命名的那個關係。畢達哥拉斯定理為我們提供了一個方程式，它對一切直角三角形都成立，因而它也定義了直角三角形本身。接著，直角定義垂直，即豎直與水平的關係；最後定義我們熟悉的宇宙的三維之間的關係。數學（利用直角）定義了我們生活著的空間的結構。

它是一種深刻的瞭解，但是為掌握畢達哥拉斯定理所需的數學則是相對簡單的。為了理解它，就從測量直角三角形兩條短的邊的長度（x 和 y）開始，然後將它們各自加以平方（x^2、y^2）。那麼這兩個平方數加起來（$x^2 + y^2$）就給你一個最終數。如果你對圖 2 中的直角三角形算出這個數，那麼答案是 25。

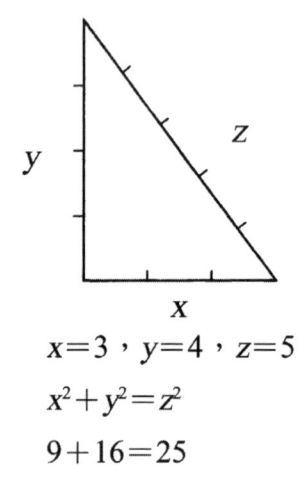

$x=3$，$y=4$，$z=5$
$x^2+y^2=z^2$
$9+16=25$

圖 2. 所有的直角三角形都符合畢達哥拉斯定理。

你現在可以測量那條最長的邊（所謂的斜邊），將它的長度平方一下。引人注目的結果是這個數 z^2 與你剛才算出的那個數完全相同，即 $5^2 = 25$。這就是說：

在一個直角三角形中，斜邊的平方等於另外兩邊的平方和。

換句話說（或者說換個記法）：

$$x^2 + y^2 = z^2。$$

顯然這很符合圖2中的三角形的情況，但出乎意外的是畢達哥拉斯定理對每一個任意畫出的直角三角形都是對的。它是數學中一條普遍的定理。無論何時你遇到任何一個有一個直角的三角形時，你都可以應用它。反過來，如果你有一個符合畢達哥拉斯定理的三角形，那麼你可以絕對地相信它是一個直角三角形。

雖然這個定理將永遠與畢達哥拉斯聯繫在一起，但中國人和巴比倫人實際上使用這個定理還要早一千年。在這方面，注意到這一點是重要的。然而，這些文明並不知道這個定理對一切直角三角形都是對的。對於他們測試的三角形而言，它肯定是對的，但是他們無法證明它對於他們尚未測試的所有直角三角形都是對的。這個定理歸屬於畢達哥拉斯的理由是他第一個證明了它的普遍正確。

但是畢達哥拉斯怎樣知道這個定理對於每一個直角三角形都是對的呢？他不可能期望測試無限個不同的直角三角形，然而他仍然百分之百地確信這個定理絕對正確。使他有這種信念的理由是由於數學證明了這個概念。尋找一個數學證明就是尋找一種認識，這種認識比任何其他訓練所積累的認識都更不容置疑。最近二千五百年以來，驅使著數學家們的正是這種以證明的方式發現最終真理的欲望。

絕對的證明

　　費瑪最後定理的故事以尋找遺失的證明為中心。數學證明比我們在日常用語中非正式使用的證明概念，甚至比物理學家或化學家所理解的證明概念都遠為有力和嚴格。科學證明和數學證明之間的差別既是極細微的又是很深奧的。這種差別是理解自畢達哥拉斯以來每位數學家工作的關鍵點。

　　經典的數學證明的辦法是從一系列的公理、陳述出發，這些陳述有些可以是假定為真的，有些則是顯然真的；然後通過邏輯論證，一步接一步，最後就可能得到某個結論。如果公理是正確的，邏輯也無缺陷，那麼得到的結論將是不可否定的。這個結論就是一個定理。

　　數學證明依靠這個邏輯過程，而且一經證明就永遠是對的。數學證明是絕對的。為了正確地判斷這種證明的價值，應該將它們與比其差一些的同類證明，即科學證明作一比較。在科學中，一個假設被提出來用以解釋某一物理現象。如果對物理現象的觀察結果與這個假設相符，這就成為這個假設成立的證據。進一步，這個假設應該不僅能描述已知的現象，而且能預言其他現象的結果，可以做實驗來測試這個假設的預言能力，如果它再次證明有效，那麼就有更多的證據支持這個假設。最終，證據的數量可能達到壓倒性的程度，於是這個假設被接受為一個科學理論。

　　科學理論的證明永遠不可能達到數學定理的證明所具有的絕對程度：

它僅僅是根據已得到的證據。所謂的科學證明依賴於觀察和理解力，這兩者是容易出錯的，並且僅僅提供了近似於真理的概念。正如貝特蘭‧羅素（Bertrand Russell）指出的：「雖然這有點像是悖論，然而所有的精確科學都是被近似性這個觀念支配著。」甚至被人們最為普遍地接受的科學「證明」中也總有著一點兒可疑成分。有時候，這種懷疑會減少，儘管它永遠不會完全消失；而在另一些場合，這種證明最終會被證實是錯的。科學證明中的這個弱點導致用一種新的理論替代原來曾被認為是正確的理論的科學革命，這種新理論可能只是原有理論的進一步深化，也可能與原有理論完全相反。

例如，對物質的基本粒子的探索使得每一代的物理學家推翻，或者至少是重新推敲他們前輩的理論。近代對構成天地萬物的基本材料的研究開始於 19 世紀初，當時一系列的實驗引導如約翰‧道爾吞（John Dalton）提出萬物都是由分離的原子組成的，原子是基本的。在 19 世紀末，J‧J‧湯姆生（J. J. Thomson）發現了電子（最早知道的亞原子），於是原子不再是基本的。

在 20 世紀早期，物理學家拍攝到了原子的「全家福」照片——一個由質子和中子組成的原子核，電子圍繞著它運行。質子、中子和電子被榮耀地宣稱為組成宇宙萬物的全部基本粒子。以後，宇宙射線實驗揭露了其他基本粒子——π 介子和 μ 介子的存在。隨著 1932 年反物質——反質子、反中子、反電子等的發現，一場更偉大的革命性發現。這一次，

物理學家們不能肯定有多少種不同的粒子存在，但是他們至少相信這些粒子真的是基本的了。直到 1960 年代，又誕生了夸克的概念。質子本身顯然地由帶有電荷的夸克組成，中子、π 介子和 μ 介子也是這樣。這段故事的寓意是「即使不是完全抹掉重新再來，物理學家們也是在不斷地修改著他們對宇宙的構想。在未來的十年中，那種把粒子作為點狀物體的觀念甚至可能被作為弦的粒子觀念所替代 —— 這裡的弦與可能最佳地解釋引力的弦是相同的。這種理論說，長度為 1 公尺的 10 億分之一的 10 億分之一的 10 億分之一的 10 億分之一的弦（如此小，結果它們似乎是點樣的）能以不同的方式振動，每種振動產生特定的粒子。這類似於畢達哥拉斯的發現：豎琴上的一根弦能發出不同的音，這取決於它怎樣振動。

　　科幻小說作家兼未來學家阿瑟·C·克拉克（Arthur C. Clarke）曾這樣寫道：如果一個有名望的教授說某事毫無疑問是正確的，那麼有可能第二天它就被證明是錯誤的。科學證明不可避免變化不定和假冒。另一方面，數學證明是絕對的，無可懷疑的。畢達哥拉斯至死仍堅信他的這個在公元前 500 年是對的定理將永遠是對的。

　　科學是按照評判系統來運轉的。如果有足夠多的證據證明一個理論「擺脫了一切合理的懷疑」，那麼這個理論就被人認為是對的。在另一方面，數學不依賴於來自容易出錯的實驗的證據，它立足於不會出錯的邏輯。這一點可用圖 3 中畫出的「缺損棋盤」問題來說明。

圖 3. 缺損棋盤問題。

我們有一張移走兩個對角方塊的棋盤，它只剩下 62 個方塊。現在我們取 31 張多米諾骨牌，每一張骨牌恰好能覆蓋住 2 個方塊。要問的是：是否可能將這 31 張多米諾骨牌擺得使它們覆蓋住棋盤上的 62 個方塊？

對這個問題有兩種處理方法：

(1) 科學的處理

科學家將試圖通過試驗來解答這個問題，在試過幾十種擺法後會發現都失敗了。最終，科學家相信有足夠的證據說棋盤不能被覆蓋。然而，科學家永遠也不能確定真是這種情形，因為可能有某種還沒有試過的擺法卻能獲得成功。擺法有幾百萬種，只可能嘗試其中的一小部分。「這

個覆蓋不可能做到」的結論是一種基於試驗得出的結論，而科學家將不得不承認有這種未來：某天這個理論可能被推翻。

(2) 數學的處理

數學家試圖通過邏輯論證來回答這個問題，這種論證將推導出無可懷疑地正確並且永遠不會引起爭論的結論。下面就是一個這樣的論證：

- 棋盤上被移去的兩個角都是白色的。於是現在有 32 個黑方塊而只有 30 個白方塊。
- 每塊多米諾骨牌覆蓋 2 個相鄰的方塊，而相鄰方塊的顏色總是不同的，即 1 塊黑色和 1 塊白色。
- 於是，不管如何擺骨牌，最先放在棋盤上的 30 張多米諾骨牌必定覆蓋 30 個白色方塊和 30 個黑色方塊。
- 結果，總是留給你 1 張多米諾骨牌和 2 個剩下的黑色方塊。
- 但是，請記住每張多米諾骨牌覆蓋 2 個相鄰的方塊，而相鄰方塊的顏色是不同的。可是這 2 個剩下的方塊顏色是相同的，所以它們不可能被剩下的 1 張多米諾骨牌覆蓋。

於是，覆蓋這棋盤是不可能的！

這個證明表明，多米諾骨牌的每一種可能的擺法都無法覆蓋這個缺損的棋盤。同樣地，畢達哥拉斯建構了一個證明，這個證明表明每一個可能的直角三角形都服從他的定理。對畢達哥拉斯來說，數學證明的觀念是神聖的。正是證明使兄弟會能發現如此眾多的結果。大多數現代的

證明都驚人地複雜，對外行人來說，要瞭解其中的邏輯幾乎是不可能的。但是幸運的是，畢達哥拉斯定理的論證是相對容易的，僅僅使用了高中程度的數學。附錄1概要地敘述了這個證明。

畢達哥拉斯的證明是無可辯駁的，它表明他的定理對世界上一切直角三角形都是對的。這個發現是如此重要以致人們用一百頭公牛作為祭品來表示對諸神的感恩。這個發現是數學史上的一個里程碑和文明史上最重要的突破。它有兩方面的重要意義。首先，它發展了證明的思想。一個被證明了的數學結果具有比任何真理更可靠的真實性，因為它是一步接一步的邏輯結果。雖然哲學家泰勒斯（Thales）已經開創了某種初步的幾何證明，但畢達哥拉斯大大推進了這種思想，他能夠證明深奧得多的數學結果。畢達哥拉斯定理的第二個重要性是將抽象的數學方法與有形的實體結合起來了。畢達哥拉斯向人們展示了數學的真理可以應用於科學世界並為其提供邏輯基礎。數學賦予科學一個嚴密的開端，在這個絕對不會出錯的基礎上科學家再添加上不精確的測量和有缺陷的觀察。

三元組的無限性

畢達哥拉斯兄弟會採用證明的方法積極地尋求真理，使得數學活躍起來。他們成功的消息廣為流傳，但與他們的發現有關的詳情卻依然是一個嚴守的秘密。許多人請求進入這個神秘的知識聖殿，但是只有最傑

出的智者才被接納。被拒絕的人中有一名叫西隆（Cylon）的人。西隆對自己被丟臉地拒絕這事一直耿耿於懷，20 年後他進行了報復。

在第 67 屆奧林匹克競技會期間（公元前 510 年），鄰近的錫巴里斯城（Sybaris）裡發生了一次反叛。取得勝利的叛軍首領特里斯（Telys）對前政權的支持者開展了野蠻的迫害運動，這場迫害驅使其中的許多人到了克羅敦城中的這個聖所。特里斯要求將這些叛逃者送回錫巴里斯接受他們應得的懲罰，但是米洛和畢達哥拉斯說服克羅敦的居民起來抵抗僭主和保護難民。特里斯大發雷霆，立即聚集了一支 30 萬人的軍隊進軍克羅敦。在克羅敦，米洛領導 10 萬名武裝的市民保衛城市。經過 70 天的戰爭，米洛卓越的指揮才能使他獲得了勝利，作為一種懲罰性的措施，他使靠近錫巴里斯的那段克拉底斯河（Crathis）的河水泛濫，毀壞了這座城市。

儘管戰爭結束了，然而由於人們對應該如何處理戰利品的爭論，克羅敦城內依然動盪不安。出於對會把土地交給畢達哥拉斯的精英們的擔擾，克羅敦的民眾開始抱怨起來。因為保密的兄弟會繼續隱瞞他們的發現，民眾中已經有日益增長的不滿情緒，但是在西隆以人民代言人的面貌跳將出來之前，這並沒有引起任何事端。西隆抓住下層民眾畏懼、妄想和嫉妒的心理，誘使他們去毀滅這個當時世界上最輝煌的數學學派。米洛的家和毗鄰的學校被包圍起來，所有的門都被鎖上和閂上以防有人逃走，然後燃燒開始。米洛從這個地獄中殺出一條血路逃了出去，但畢達哥拉斯和他的許多信徒被殺死了。

數學失去了它的第一位大英雄，但是畢達哥拉斯精神仍然活著。數和它們的真理是永恆的。畢達哥拉斯用事實證明，與任何學科相比，數學遠不是一門主觀的學科。他的信徒們並不需要他們的大師來裁決一個特定的理論的正確與否，理論的正確性不依賴於人的看法。相反，數學邏輯的解釋已經成為真理的仲裁者。這是畢達哥拉斯學派對文明的最偉大的貢獻——一個獲得真理的方法，它不會像人類判斷那樣難免出錯。

　　隨著他們的創建人的死亡和西隆的攻擊，兄弟會離開了克羅敦到希臘的其他城市，但是迫害仍繼續著，最終他們之中的許多人不得不移居國外。這種被迫的遷徙促進了畢達哥拉斯的信徒們在這個古老的世界中傳播他們的數學真理。他們建立了新的學校，給學生們傳授數學邏輯的方法。除了他們的對畢達哥拉斯定理的證明方法外，他們還向世界解釋了尋找所謂的畢達哥拉斯三元組的秘密。

　　畢達哥拉斯的三元組是 3 個恰好滿足畢達哥拉斯方程式 $x^2 + y^2 = z^2$ 的整數的組合。例如，如果 $x = 3$、$y = 4$、$z = 5$，那麼畢達哥拉斯方程式是對的：

$$3^2 + 4^2 = 5^2，9 + 16 = 25。$$

畢達哥拉斯三元組的另一種思考方式是利用重拼正方形的方法。如果你有一個由 9 塊瓷磚組成的 3×3 正方形，一個由 16 塊瓷磚組成的 4×4 正方形，那麼所有的瓷磚可以拼起來組成一個有 25 塊瓷磚的 5×5 正方形，如圖 4 所示。

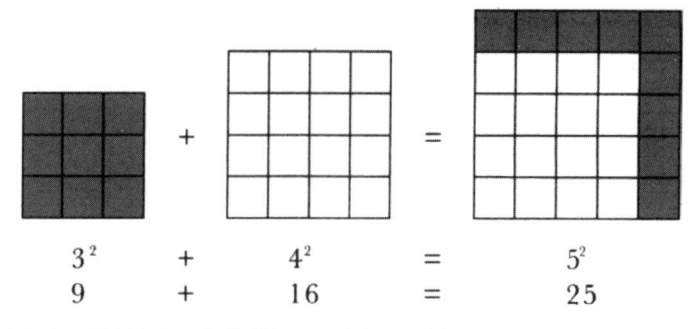

$$3^2 \quad + \quad 4^2 \quad = \quad 5^2$$
$$9 \quad + \quad 16 \quad = \quad 25$$

圖 4. 尋求畢達哥拉斯方程式的整數解可以想像為尋找 2 個正方形使得它們拼起來組成第 3 個正方形。例如，由 9 塊瓷磚組成的正方形可以和有 16 塊瓷磚的正方形合起來重新安排組成第 3 個有 25 塊瓷磚的正方形。

畢達哥拉斯的信徒們想發現其他的畢達哥拉斯三元組，能合起來組成第 3 個更大的正方形的其他正方形。另一個畢達哥拉斯三元組是 $x = 5$、$y = 12$ 和 $z = 13$：

$$5^2 + 12^2 = 13^2，25 + 144 = 169。$$

較大的畢達哥拉斯三元組是 $x = 99$、$y = 4900$ 和 $z = 4901$。當這些數變大時，畢達哥拉斯三元組變得更為少見，要找到它們變得越來越困難。為了發現盡可能多的三元組，畢達哥拉斯的信徒們發明了一種尋找它們的井井有條的方法，在此過程中他們證明了存在無限多個畢達哥拉斯三元組。

從畢達哥拉斯定理到費瑪最後定理

在埃里克・坦普爾・貝爾的《最後問題》一書中談到過畢達哥拉斯定理和三元組的無限性,圖書館中的這本書引起年輕的安德魯・懷爾斯的注意。雖然兄弟會對於畢達哥拉斯三元組已經有了幾乎完整的瞭解,但懷爾斯很快就發現這個表面上平淡無奇的方程式 $x^2 + y^2 = z^2$ 有著深藏的一面——貝爾的書描述了一頭數學怪獸的存在。

在畢達哥拉斯方程式中,3 個數 x、y 和 z 都被平方了(即 $x^2 = x \times x$):

$$x^2 + y^2 = z^2 。$$

然而,貝爾的書中描述了它的一個姐妹方程式,其中 x、y 和 z 被立方了(即 $x^3 = x \times x \times x$)。$x$ 在這方程式中的所謂冪不再是 2,而是 3:

$$x^3 + y^3 = z^3 。$$

尋找最初那個方程式的整數解,即畢達哥拉斯三元組,相對來說是容易的,但是將冪從「2」變成「3」再來求這個姐妹方程式的整數解似乎是不可能的。多少代的數學家們在埋首紙筆,反覆計算,卻無法找到適合這個方程式的數。

原來的「平方」方程式提出的挑戰是重新安排 2 個正方形中的瓷磚以組成第 3 個較大的正方形。而「立方」方程式的挑戰則是重新安排由

砌磚組成的 2 個立方體以組成第 3 個較大的立方體。顯然地，不管選擇哪兩個立方體，當它們被組合起來時，要麼是一個完整的立方體但留下一些多餘的磚，要麼就是一個不完整的立方體。與實現完美的重排最為接近的情形是多了 1 塊或是少了 1 塊磚。例如，如果我們從立方體 6^3（x^3）和 8^3（y^3）著手，重新安排砌磚，那麼我們只缺 1 塊磚就能組成一個完整的 $9\times 9\times 9$ 立方體，如圖 5 所示。

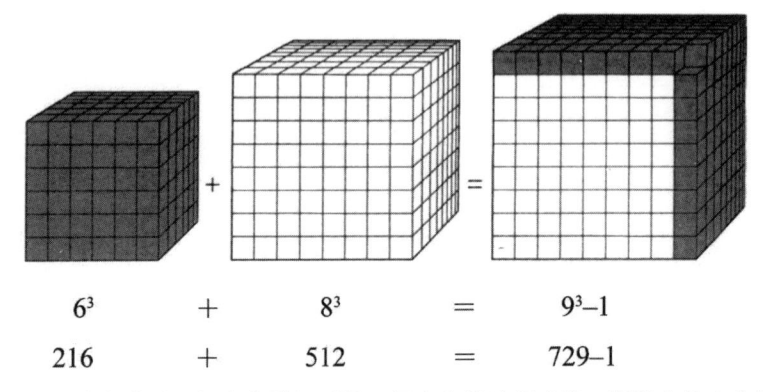

6^3 + 8^3 = $9^3 - 1$

216 + 512 = 729 - 1

圖 5. 能不能將砌磚從一個立方體加到另一個立方體以組成第 3 個較大的立方體？在圖中的情形，一個 $6\times 6\times 6$ 立方體加上一個 $8\times 8\times 8$ 立方體仍無足夠的砌磚組成一個 $9\times 9\times 9$ 立方體。第一個立方體中有 216（6^3）塊砌磚，第二個中有 512（8^3）塊。總共是 728 塊砌磚，這比 9^3 小 1。

尋找 3 個準確地適合這立方方程式的數似乎是不可能的。也就是說，方程式

$$x^3 + y^3 = z^3$$

似乎沒有整數解。更有甚者，如果冪從 3（立方）改為任何更大的數 n（即 4、5、6、……），那麼尋找解答似乎仍是不可能的，即更一般的方程式

$$x^n + y^n = z^n，當 n 大於 2 時，$$

似乎沒有整數解。在畢達哥拉斯方程式中僅僅將 2 改為任何更大的數，尋找整數解的工作就從相對簡單變得令人難以想像地困難。事實上，偉大的 17 世紀法國人皮埃爾‧德‧費瑪令人驚訝地宣稱，沒有人能找到任何解的原因就在於根本沒有解存在。

　　費瑪是歷史上最傑出的和最有迷惑力的數學家。他不可能將無窮多個數一一核對，但是他絕對確信沒有任何組合會準確地適合這個方程式，因為他的結論是以證明為依據的。就像畢達哥拉斯不是去核對每一個三角形才證明他的定理的正確一樣，費瑪也無需核對每一個數以證明他的定理的正確。著名的**費瑪最後定理**說：

$$x^n + y^n = z^n，當 n 大於 2 時沒有整數解。$$

隨著懷爾斯一章章地閱讀貝爾的書，他懂得了費瑪是怎樣被畢達哥拉斯的工作所吸引，最終去研究畢達哥拉斯方程式的變異形式的。然而，他讀到了費瑪宣稱即使全世界所有的數學家畢其生去尋找這個變異方程式的解，他們也不會找到一個解。當時懷爾斯一定是急切地翻閱著書頁，急於想查詢費瑪最後定理的證明。然而，書中沒有證明，任何地方都沒有這個證明。貝爾在書的結尾寫道，這個證明很久以前就被遺失了。懷

爾斯有一種困惑、被激怒和好奇的感覺。他找到了相同志趣的伙伴。

300多年來，許多最優秀的數學家試圖重新發現費瑪遺失了的證明，結果卻失敗了。每一代人的失敗令下一代人沮喪，但又使他們變得更堅定。在費瑪死後將近一個世紀的1742年，瑞士數學家萊昂哈德‧歐拉（Leonhard Euler）請他的朋友克雷洛（Clêrot）仔細檢查費瑪的住所，是否有重要的零星論文紙片留在那裡。但是關於費瑪的證明沒有發現任何線索。在第2章中我們將進一步揭示謎一般的皮埃爾‧德‧費瑪以及他的定理怎樣被遺失的真相，這裡暫且只要知道費瑪最後定理，這個吸引了數學家們長達幾個世紀的問題已經占據了年輕的安德魯‧懷爾斯的腦海就可以了。

一個10歲的男孩坐在彌爾頓路圖書館中，凝視著這個數學中難得出奇的問題。通常，數學問題中一半的困難在於理解這問題本身，但是現在的情形是簡單的——證明 $x^n + y^n = z^n$，當 n 大於 2 時沒有整數解。安德魯沒有被連我們星球上最有才智的人都未能重新發現這個證明的事實所嚇倒。他馬上著手工作，使用他從教科書上學到的技巧嘗試重新作出證明。他夢想自己能使世界震驚。

30年後，安德魯‧懷爾斯已經準備好了。站在牛頓研究所的演講廳裡，他在黑板上飛快地寫著，然後，努力克制住自己的喜悅，凝視著他的聽眾。演講正在達到它的高潮，而聽眾也明白這一點。他們之中有幾個人事先已將照相機帶進了演講廳，閃光燈頻頻亮起，記錄了他最後的論述。

1993 年 6 月 23 日，懷爾斯在劍橋大學牛頓研究所演講，宣布他對費瑪最後定理的證明。

　　手中拿著粉筆，他最後一次轉向黑板。這最後的幾行邏輯演繹完成了證明。300 多年來第一次，費瑪的挑戰被征服了。更多的相機閃爍著拍下了這個歷史性的時刻。懷爾斯寫上了費瑪最後定理的結論，轉向聽眾，平和地說道：「我想我就在這裡結束。」

　　200 多個數學家鼓起掌來，歡慶著。就連那些曾期望得到這個結果的人也不無懷疑地笑了起來。30 年後，安德魯‧懷爾斯終於相信他已經實現了他的夢想，歷經了 7 年的孤寂，他終於可以對外透露他的秘密的計算。然而，正當牛頓研究所裡洋溢著興奮自得之情時，災難卻在襲來。懷爾斯沈浸在喜悅之中，他和房間裡的其他人都沒意識到可怕的事正在來臨。

皮埃爾・德・費瑪

Chapter 2 出謎的人

「你聽我說，」魔王吐露道，
「就連其他星球上最出色的數學家——遠遠超出你們——
也沒能解開這個謎！嗨，土星上有個傢伙，
他看上去像是踩著高蹺的蘑菇，
能用心算解偏微分方程式，就連他也放棄了。」

阿瑟・波格斯，《魔王與西蒙・弗拉格》

皮埃爾·德·費瑪（Pierre de Fermat）在 1601 年 8 月 20 日出生於法國西南部的博蒙－德洛馬涅（Beaumont-de-Lomagne）鎮。費瑪的父親多米尼克·費瑪（Dominique Fermat）是一位富有的皮革商，所以皮埃爾幸運地享有特權進入方濟各會的格蘭塞爾夫（Grandselve）修道院受教育，隨後在圖盧茲大學做指定的工作。那裡沒有任何記錄顯示年輕的費瑪在數學方面具有特殊才華。

來自家庭的壓力導致費瑪走上文職官員的生涯。1631 年他被任命為圖盧茲議院顧問——請願者接待室的一名顧問。如果本地人有任何事情要呈請國王，他們必須首先使費瑪或他的一名助手相信他們陳情的重要性。顧問們提供了本省和巴黎之間極重要的聯繫。除了在本地和國王之間起聯絡作用之外，顧問還保證發自首都的詔令得以在本地區執行。費瑪是一位稱職的文職官員，根據各種流傳的說法，他是以體恤和寬大的方式完成他的任務的。

費瑪另外的職務包括在司法部門的工作，資深的他足以處理最最困難的案件。關於他的工作，英國數學家凱內爾姆·迪格比爵士（Sir Kenelm Digby）有過一段敘述。迪格比曾請求會見費瑪，但在給他們共同的朋友約翰·沃利斯（John Wallis）的一封信中他透露費瑪當時還在忙於一些緊迫的審判事務，因此不可能會見：

> 真的，我恰恰碰上了卡斯特爾的法官們調換到圖盧茲的日子。他（費瑪）是圖盧茲議會最高法庭的大法官，從那天以後，他就忙

於非常重要的死罪案件，其中最後的一次判決引起很大的騷動，它涉及到一名濫用職權的教士被判以火刑處死。這個案子剛判決，隨後就執行了。

費瑪定期與迪格比和沃利斯通信。以後我們將會看到這些信往往不是怎麼友好，但它們使我們能洞悉費瑪的日常生活，包括他的學術工作。

費瑪在文職官員的職位上晉升很快，成了一名社會傑出人物，使他有資格用「德」（de）作為姓氏的一部分。他的升職與其說是他的雄心所致，不如說是由於健康的原因。當時鼠疫正在歐洲蔓延，倖存者被提升去填補那些死亡者的空缺。甚至費瑪在 1652 年也感染上嚴重的鼠疫，而且病況十分沉重，以致於他的朋友伯納德·梅當（Bernard Medon）對幾位同事宣布了他的死訊。但之後不久，他又親自在一份給荷蘭人尼古拉斯·海因修斯（Nicholas Heinsius）的報告中糾正道：

> 我前些時候曾通知過您費瑪逝世。他仍然活著，我們不再擔心他的健康，儘管不久前我們已將他計入死亡者之中。瘟疫已不再在我們中間肆虐。

除了 17 世紀法國鼠疫的風險外，費瑪還經受了政治的風險。他被指派到圖盧茲議會時正好是在紅衣主教黎塞留（Richelieu）晉升為法國首相 3 年之後。這是一個充滿陰謀和詭計的時代，每個涉及國家管理的人，即使是在地方政府中，都不得不小心翼翼以防被捲入紅衣主教的陰謀詭

計中。費瑪採取的策略是有效地履行職責，而不把人們的注意力引向自己。他沒有很大的政治野心，並盡力避開議會中的混戰。相反，他將自己剩下的精力全都獻給了數學，在不用判決教士以火刑處死的日子裡，費瑪把時間都用在他的業餘愛好上了。費瑪是一個真正的業餘學者，一個被貝爾稱之謂「業餘數學家之王」的人。但是他的才華是如此出眾，以至當朱利安・庫利奇（Julian Coolidge）寫《業餘大數學家的數學》（*Mathematics of Great Amateurs*）這本書時將費瑪排除在外，理由是「他那麼傑出，應該算作專業數學家」。

在 17 世紀初，數學還正在從歐洲中世紀的黑暗時代中恢復過來，還不是很受重視的學科。同樣地，數學家也不很受尊重，他們中許多人不得不為自己的研究工作籌款。例如，伽利略（Galileo）無法在比薩大學研究數學，他被迫去尋找當私人教授的工作。事實上，當時歐洲只有一個研究單位積極贊助數學家，那就是牛津大學，那裡在 1619 年已設立了薩維爾幾何學教授的職位。確實可以說，大多數 17 世紀的數學家都是業餘的，但費瑪是最最突出的一個例子。他生活在遠離巴黎的地方，孤立於當時已存在的包括巴斯噶（Pascal）、加森蒂（Gassendi）、羅貝瓦爾（Roberval）、博格蘭德（Beaugrand）和最著名的馬林・梅森尼神父（Father Marin Mersenne）等這些人物在內的數學家小圈子之外。

梅森尼神父對數論僅僅作過小小的貢獻，但可以認為他在 17 世紀數學家中所起的作用，較之任何比他更受尊重的同事都重要得多。在 1611

年參加米尼姆的修道會後，梅森尼研究數學，然後向其他修士以及內弗斯的米尼姆女修道院的修女們教授這門學科。8年後他遷到巴黎參加阿諾希德的米尼姆修道會，靠近魯瓦爾廣場，一個知識分子慣常聚會的地方。梅森尼照例會遇到巴黎的其他數學家，但是他們與他，或他們彼此之間談話都顯得很勉強，為此他感到悲哀。

巴黎數學家們守口如瓶的性格是一種傳統，這是從16世紀的cossist沿襲下來的。cossists是精通各種計算的專家，受雇於商人和實業家，以解決複雜的會計問題。這個名稱來源於意大利語中意指「物」的詞cosa，因為他們利用符號表示一個未知的數量，就像今天數學家利用 x 那樣。這個時代的所有專業解題者都創造他們自己的聰明方法來進行計算，並盡可能地為自己的方法保密，以保持自己作為有能力解決某個特殊問題的獨一無二者的聲譽。僅有的一個例外是尼科羅·塔爾塔利亞（Niccolò Tartaglia），他發現了一個能迅速求解三次方程式的方法，並把他的發現透露給了西羅拉穆·卡爾達諾（Cirolamo Cardano），要他發誓保守秘密。10年後卡爾達諾違背諾言，在他的《大術》（*Ars Magna*）中公布了塔爾塔利亞的方法，這是塔爾塔利亞永遠不能原諒的一件事。他斷絕了與卡爾達諾的一切關係，接著還發生了一場公開的爭論，其作用只不過進一步促使其他數學家更保守自己的秘密。數學家這種守口如瓶的稟性一面保持到19世紀末，正如下面我們將會看到的那樣，甚至到20世紀還有秘密的天才人物工作的例子。

當梅森尼神父到達巴黎後，他決定改變這種保密的習慣，並試圖鼓勵數學家們交流他們的思想，互相促進各自的工作。這位修道士安排定期的會議，他的小組後來形成了法蘭西學院的核心。當任何人拒絕出席時，梅森尼會將他通過信件和文章掌握的任何發現在小組中傳開——儘管這些信件是出於信任才寄給他的。對於一個穿教士服的人，這是不符合職業道德的，但他以資訊交流對數學家和人類有好處為理由來辯解。這些洩密行為自然在善意的修道士和那些一本正經妄自尊大的人中引起爭論，最終毀壞了梅森尼和雷內·笛卡爾（René Descartes）之間的友誼，這種友誼是從兩人一起在拉弗萊什（La Flèche）的耶穌會學院學習時開始並保持下來的。梅森尼洩漏了笛卡爾的哲學著作，這些著作有冒犯基督教教會的傾向，但是值得讚揚的是，他為笛卡爾受到神學方面的打擊作了辯護，事實上早些時候他在伽利略的案子中也是這樣。在一個被宗教巫術主宰的時代，梅森尼堅持了理性的思想。

梅森尼在法國各地旅行並且還旅行到更遠的地方，傳播有關最新的發現的消息，他在旅行中總是不時地與皮埃爾·德·費瑪會見。事實上他似乎是僅有的一個與費瑪定期接觸的數學家。梅森尼對這位業餘數學家之王的影響大概僅次於《算術》（*Arithmetica*）——一直伴隨著費瑪的一本古希臘傳下來的數學專著。甚至當梅森尼無法再遊歷時，他還以大量的書信保持與費瑪及其他人之間的聯繫。在梅森尼去世後，人們發現他的房間裡堆放著 78 個不同通信者寫來的信件。

儘管梅森尼神父一再鼓勵，費瑪仍固執地拒絕公布他的證明。公開發表和被人們承認對他來說沒有任何意義，他因自己能夠創造新的未被他人觸及的定理所帶來的那種愉悅而感到滿足。然而，這位隱身獨處無意於名利的天才確實具有一種惡作劇的癖好，這種癖好加上他的保密使他有時候與其他數學家的通信僅僅是對他們的挑逗。他會寫信敘述他的最新定理，卻不提供相應的證明。發現這個證明就成了他向對方提出的一種挑戰。他這種從不願洩漏自己的證明的行為使其他人極為惱恨。笛卡爾稱費瑪為「吹牛者」；英國人約翰·沃利斯把他叫做「那個該詛咒的法國佬」；對英國人來說則更為不幸，費瑪特別喜歡戲弄他海峽對岸的同行。

費瑪只敘述問題而將它的解答隱藏起來的習慣，除了使他有一種讓同行們煩惱而帶來的滿足外，也確實有更為實在的動機。首先，這樣做意味著他無需花時間去全面地完善他的方法，相反卻能夠迅速地轉向征服下一個問題。此外，他也無需承受出於嫉妒的挑剔的折磨。證明一旦發表以後，就會被任何人仔細地探究和議論，只要這個人在這方面懂得一點。當布萊斯·巴斯噶（Blaise Pascal）催促費瑪發表他的某個成果時，這個遁世者回答道：「不管我的哪個工作被確認值得發表，我都不想其中出現我的名字。」費瑪是緘默的天才，他放棄了成名的機會，以免被來自吹毛求疵者的一些細微的質疑所分心。

這次與巴斯噶的通信是除了梅森尼以外費瑪與別人討論想法的僅有的一次，它涉及到一門全新的數學分支──機率論的創立。巴斯噶向這

位數學界的隱士介紹了這門學科，因而，儘管費瑪喜歡獨自研究，他還是感到有責任保持對話。費瑪和巴斯噶一起發現了機率論中最初的一些證明和骰子投擲中的機率，這是一門生來就難以捉摸的學科。巴斯噶對這門學科的興趣是被一個來自巴黎，綽號「梅雷騎士」的職業賭徒安托瓦尼·貢博（Antoine Gombaud）引發的，貢博提出了一個涉及稱為「點數」的機會對策的問題。這種博奕遊戲要靠骰子的滾動來贏得點數，博奕者中誰首先獲得某個數目的點數就是獲勝者並可占有賭金。

貢博曾與一賭伴進行點數遊戲，當時由於要去參加一個非去不可的活動，他們被迫中途放棄這場遊戲，於是就發生了如何處理賭金的問題。簡單的解決方法或許就是將所有的錢歸點數最多的那個競賽者所有，但是貢博請教巴斯噶，是否有更為公平的方法來分配這些錢。這就需要巴斯噶計算如果遊戲繼續進行的話，每個博奕者獲勝的機率，並且要假定博奕者贏得後面點數的機會是均等的。然後，賭金可以按照這些計算出來的機率進行分配。

在17世紀之前，機率大小的規律是賭徒們根據直覺和經驗來確定的，而巴斯噶與費瑪相互通信的目的則在於發現能更準確地描述機會規律的數學法則。三個世紀後，貝特蘭·羅素對這種明顯的矛盾評論說：「我們怎麼可以談論機會的規律呢？機會不正是規律的對立面嗎？」

這兩個法國人分析了貢博的問題，並立即認識到它是一個相當簡單的問題，可以通過嚴密地確定遊戲的所有可能的結果，對每一種結果給

出一個相應的機率來解決。巴斯噶和費瑪都有能力獨立解答貢博的問題，但是他們的合作加速了答案的發現，並導致他們進一步探索其他與機率有關的更微妙和更複雜的問題。

機率問題有時是會引起爭議的，因為對這種問題數學的答案（也即正確的答案）常常會與直覺所暗示的相反。直覺的這種失敗很可能會使人感到驚奇，因為「適者生存」的法則應該提供強烈的演化壓力，使人腦自然而然地有能力分析機率問題。你可以想像我們的祖先悄悄地靠近一頭幼鹿並盤算著是否發動進攻時的情景。附近有一頭成年牡鹿，牠準備保衛牠的後代並使攻擊者受到傷害的危險率是多少？另一方面，如果經判斷這一次太危險，那麼，出現更好的覓食時機的機會又是多少？分析機率的才智應該是我們的遺傳構成，不過我們的直覺常常誤導我們。

最違背直覺的機率問題是關於共有生日的可能性問題。假想有一個足球場上運動員和裁判一起共23人。那麼，這23人中的任何2個人有相同生日的機率是多少？23個人，而可選擇的生日有365個，似乎極不可能會有人共有同一個生日。如果請人估計這個機率是多少的話，絕大多數人恐怕會猜至多是10%。事實上，正確的回答是剛好超過50%——這就是說，根據機率的測算，球場上有2個人有相同生日的可能性比沒有人共有生日的可能性更大。

出現這麼高機率的原因是將人們配成一對對的方式的總數總是大於人的總數。當我們尋找共有的生日時，我們需要找成對的人而不是單個

的人。因為球場上只有 23 個人，所以有 253 種配對。例如，第一個人可以與其餘的 22 個人中的任何一個配對，這樣一開始就給出 22 種配對。然後，第二個人可以與剩下的 21 人中的任何一個配對（我們計算過第二個人與第一個人的配對，所以可能的配對數要減去 1），這樣給出另外的 21 種配對。接著，第三個人可以與剩下的 20 人中的任何一個配對，再給出另外的 20 種配對，以此類推直到最終我們得到總共 253 種配對。

在 23 人的人群中出現一個共有的生日的機率大於 50% 這個事實，單憑直覺猜測似乎是不正確的，但它在數學上則是無可否認的。諸如此類奇怪的機率，恰恰是賭注登記經紀人和賭棍們賴以掠取粗心上當者錢財的支柱。當你下次參加一個 23 人以上的聚會時，你可以押賭注來賭房間中一定有 2 個人的生日是相同的。請注意對 23 個人的人群來說這個機率只是略大於 50%，而當人數增加時這個機率迅速上升。因此，對一個有 30 人的聚會來說，賭其中將有 2 人有相同的生日肯定是值得的。

費瑪和巴斯噶建立了支配各種機會對策的基本法則，它可被博奕者們用來決定完善的博奕策略。此外，這些機率定律已經在從證券市場投機到核事故的機率估計等一系列場合得到了應用。巴斯噶甚至相信他能用他的理論證明信仰上帝是有理由的。他說：「賭徒在押注時感受到的刺激等於他可能贏得的錢數乘以他獲勝的機率。」然後他論證道：永恆的幸福具有無限的價值，由於生活道德高尚而進入天堂的機率不管怎麼小肯定是有限的。於是，按照巴斯噶的定義，宗教是一種有無窮刺激的

遊戲，一個值得參與的遊戲，因為無限的獎勵乘以一個有限的機率其結果是無窮大。

除了分享機率論創立者的榮譽之外，費瑪還在另一個數學領域——微積分——的建立中作出了很大貢獻。微積分是計算一個量關於另一個呈的變化率（稱為導數）的工具。例如，路程關於時間的變化率，眾所周知，就是速度。對數學家來說，這些量往往是抽象的和難以捉摸的，但是費瑪的工作產生的結果則是使科學發生一場革命。費瑪的數學使科學家們能更好地理解速度的概念，以及它與其他諸如加速度（速度關於時間的變化率）等基本量之間的關係。

經濟學是深受微積分影響的一門學科。通貨膨脹率是價格的變化率，稱為價格的導數；此外，經濟學家常常有興趣研究通貨膨脹率的變化率，稱為價格的二階導數。這些術語頻繁地被政治家使用。數學家雨果·羅西（Hugo Rossi）曾注意到下列事實：「1972 年秋天，尼克森總統宣布通貨膨脹率的增長正在下降。這是首次有現任總統使用一個三階導數來推進連任活動。」

幾個世紀來，一直都認為是艾薩克·牛頓獨立地發明了微積分，而不知曉費瑪的工作。但是在 1934 年，路易斯·特倫查德·穆爾（Louis Trenchard Moore）發現了一個註記，這個註記記錄了歷史的真實，並恢復了費瑪應得的榮譽。牛頓寫道，他在「費瑪先生的畫切線的方法」的基礎上發展了他的微積分。自 17 世紀以來，微積分一直用來描述牛頓的

引力定律和他的力學定律，這些定律都與距離、速度和加速度有關。

微積分和機率論的發明可能已完全足以使費瑪在數學家的榮譽殿堂中占有一席之地，但他最大的成就還是在另一個數學分支中。微積分自那時以來已經被用於將火箭送上月球，機率論也已被保險公司用於風險評估，費瑪卻特別鍾情於一門大體上無用的學科——數論。費瑪被一種強烈想要瞭解數的性質以及它們之間關係的念頭所驅使著。這是最純粹和最古老的數學形式。費瑪的研究是建立在從畢達哥拉斯一直傳到他的大量知識的基礎上的。

數論的演變

畢達哥拉斯死後，數學證明的思想迅速地在文明世界中傳播開來，在他的學派所在地被燒為平地兩個世紀後，數學研究的中心已經從克羅敦轉移到亞歷山大城。公元前332年，已經征服了希臘、小亞細亞和埃及的亞歷山大大帝（Alexander the Great）決定建造世界上最宏偉的都城。亞歷山大城確實是一座蔚為壯觀的大都市，但並沒有立即成為學術中心。一直到亞歷山大大帝死後，他的部將托勒密一世（Ptolemy I）登上埃及王位的時候，亞歷山大城才成為世界上破天荒第一所大學的所在地。數學家們和其他知識分子群集於托勒密王朝的這座文化城，雖然他們確實是被大學的聲譽所吸引，但最令他們感興趣的還是亞歷山大圖書館。

建立這座圖書館是迪米特里厄斯·法拉留斯（Demetrius Phalareus）的主意，他是一位不受歡迎的演說家，曾被迫潛逃出雅典城，並最終在亞歷山大城避難。他勸說托勒密把所有重要的圖書收集起來，並使他相信優秀的、有才智的人會隨之而來。埃及和希臘的大卷書籍被安置好後，王朝就迅速派出人員走遍歐洲和小亞細亞搜集更多的學術著作。甚至到亞歷山大城來的旅遊者也逃不出圖書館的饕餮大口。一旦他們進入該城，他們的書籍就被沒收並交給抄寫員。然後這些書被複製，因而在原書捐贈給圖書館的同時可以禮貌地將複製本交給原主。這種對古代旅遊者提供的非常仔細的複製服務，給今天的歷史學家們帶來某種希望——遺失了的珍貴版本也許有一天會出現在世界上某處的一個閣樓上。1906 年 J·L·海伯格（J. L. Heiberg）在君士坦丁堡[01]就發現過一份手稿《方法論》（*The Method*），它記載有阿基米德（Archimedes）的某些原著。

　　托勒密一世建造知識寶庫的夢想在他死後仍然延續下來，歷經幾代托勒密王朝的國王代代相傳之後，圖書館已擁有 60 多萬冊圖書。數學家們在亞歷山大城經過學習能學到當時世界上的任何知識，在那裡有最著名的科學家教他們。數學系的第一號人物不是別人，正是歐幾里得（Euclid）。

　　歐幾里得生於公元前 330 年。與畢達哥拉斯一樣，歐幾里得只是為數學本身而探求數學真理，在他的著作中並不追求應用。有一個故事講

---

[01]　現為土耳其的伊斯坦堡市。——譯者

到：有個學生問歐幾里德，他正在學習的數學有什麼用處，當講課一結束，歐幾里得就轉身向他的奴僕說：「給這個孩子一個硬幣，因為他想在學習中獲得實利。」然後這個學生就被逐走了。

歐幾里得一生的大量時間花在撰寫《幾何原本》（*Elements*）這本有史以來最成功的教科書上。直到本世紀之前，它是世界上僅次於聖經的第二位暢銷書。《幾何原本》共有 13 卷，其中一部分寫的是歐幾里得自己的工作，其餘部分則收集了當時所有的數學知識，包括有 2 卷全部寫的是畢達哥拉斯兄弟會的研究工作。自畢達哥拉斯以後的幾個世紀中，數學家們已經發明了許多可以應用於不同場合的邏輯推理方法，歐幾里得嫻熟地在《幾何原本》中使用了這些方法。特別是歐幾里得利用了一種稱之為反證法的邏輯武器，這種方法圍繞這樣一個有點不合情理的想法展開：企圖證明某個定理是真的，但首先假定它是假的；然後數學家去探討由於定理是假的而產生的邏輯結果。在邏輯鏈的某個環節上會出現一個矛盾（例如，$2+2=5$），而數學不能容忍矛盾，於是原來的定理不可能是假的，也就是說它是真的。

英國數學家 G·H·哈代在他的《一個數學家的自白》這本書中概括了反證法的精髓：「歐幾里得如此深愛的反證法是數學家最精妙的武器。它是比任何奕法更為精妙的棄子取勝法：棋手可能犧牲一只卒子甚至更大的棋子以取勝，而數學家則犧牲整個棋局。」

歐幾里得的一個最著名的反證法確立了所謂的無理數的存在性。有

人懷疑無理數最初是畢達哥拉斯兄弟會在早幾個世紀時發現的，只是由於畢達哥拉斯如此地厭惡這個概念以致他否認了這種數的存在。

當畢達哥拉斯聲稱天地萬物是由數支配的時候，他所指的「數」，只是總稱為「有理數」的整數以及整數的比（分數）。無理數是既不是整數又不是分數的數，這就是為什麼無理數使畢達哥拉斯如此驚駭的原因。事實上無理數是這樣地奇特，它們不能被寫成小數，即使是循環小數。像 0.11111……這樣的循環小數實際上是一個相當簡單的數，它等於分數 $\frac{1}{9}$。數字「1」永遠重複，這個事實意味著這個小數有非常簡單和規則的構成方式。這種規則性，儘管它無限次地延續，仍意味著這個小數可以被重新寫成為一個分數。然而，如果你企圖將一個無理數表示為一個分數，那麼最終會是一個構成方式毫無規則的（或者說非一貫的）永遠延續下去的數。

無理數的概念是一個重大的突破。數學家們當時正在尋找、發現或者說發明整數和分數以外的新的數。19 世紀的數學家利奧波德‧克羅內克（Leopold Kronecker）說：「上帝創造了整數；其餘則是我們人類的事了。」

最著名的無理數是 π。在學校裡，它有時被近似為 $3\frac{1}{7}$ 或 3.14；然而，π 的真正的值接近於 3.14159265358979323846，但即使這個值也只不過是一個近似值。事實上，π 不可能被精確地寫出，因為小數位會永遠延續下去且無任何模式。這種隨機的模式有一個美妙的特點，即它：

$$\pi = 4\left(\frac{1}{1} - \frac{1}{3} + \frac{1}{5} - \frac{1}{7} + \frac{1}{9} - \frac{1}{11} + \frac{1}{13} - \frac{1}{15} + \cdots\right)。$$

π 的超過 1500 位小數的值

3.14159265358979323846264338327950288419716939937510582097494459230781640628620899862803482534211706798214808651328230664709384460955058223172535940812848111745028410270193852110555964462294895493038196442881097566593344612847564823378678316527120190914564856692346034861045432664821339360726024914127372458700660631558817488152092096282925409171536436789259036001133053054882046652138414695194151160943305727036575959195309218611738193261179310511854807446237996274956735188575272489122793818301194912983367336244065664308602139494639522473719070217986094370277053921717629317675238467481846766940513200056812714526356082778577134275778960917363717872146844090122495343014654958537105079227968925892354201995611212902196086403441815981362977477130996051870721134999999837297804995105973173281609631859502445945534690830264252230825334468503526193118817101000313783875288658753320838142061717766914730359825349042875546873115956286388235378759375195778185778053217122680661300192787661119590921642019893809525720106548586327886593615338182796823030195203530185296899577362259941389124972177528347913151557485724245415069595082953311686172785588907509838175463746493931925506040092770167113900984882401285836160356370766010471018194295559619894676783744944825537977472684710404753464620804668425906494129331367702898915210475216205696602405803815019351125338243003558764024749647326391419927260426992279678235478163600934172164121992458631503028618297455570674983850549458858692699569092721079750930295532116534498720275960236480665499119881834797753566369807426542527862551818417574672890977727938000816470600161452491921732172147723501414419735

  通過計算開首的幾項，你會得到 π 的一個非常粗糙的值，但若計算越來越多的項，就會達到越來越準確的值。雖然知道 π 的 39 個小數位就足以計算銀河系的周界使其準確到一個氫原子的半徑，但這並不能阻止電腦科學家們將 π 計算到盡可能多的小數位。當前的記錄是由東

京大學的金田康正（Yasumasa Kanada）保持的，他於1996年將π計算到60億個小數位。最近的傳聞暗示，在紐約的俄國人丘德諾夫斯基（Chundnovsky）兄弟已經將π算到80億個小數位，他們的目標是達到1兆個小數位。但即使金田或者丘德諾夫斯基兄弟繼續計算直到他們的電腦耗盡世界上所有的能量為止，他們也仍然不會找到π的準確值。由此不難理解為什麼畢達哥拉斯要將這些難以駕馭的數的存在性隱瞞起來。

當歐幾里得大膽面對《幾何原本》第10卷中的無理數問題時，其目標是證明可能存在永不能寫成為一個分數的數。他並沒有嘗試證明π是無理數，而代之以研究2的平方根$\sqrt{2}$——自身相乘後等於2的數。為了證明$\sqrt{2}$不可能寫成一個分數，歐幾里得使用了反證法，並從假定它能寫成一個分數開始著手。然後他證明這個假定的分數總能簡化。分數的簡化意指，例如，分數$\frac{8}{12}$經過用2去除分子和分母可以簡化成$\frac{4}{6}$，接著$\frac{4}{6}$可以簡化成$\frac{2}{3}$，而$\frac{2}{3}$再也不能簡化，因而這個數被認為是$\frac{8}{12}$的最簡形式。然而，歐幾里得證明了他假定的代表$\sqrt{2}$的那個分數可以無限多次地反覆簡化，但不會化成它的最簡形式。這是荒謬的，因為一切分數最終一定有它的最簡形式。因而，這個假定的分數不可能存在。於是，$\sqrt{2}$不可能寫成一個分數，所以是一個無理數，附錄2中有歐幾里得證明的概要。

使用了反證法，歐幾里得得以證明無理數的存在性，這是第一次使數具有了一種嶄新的、更為抽象的性質。歷史上在這之前，一切數都可以表示成整數或分數，而歐幾里得的無理數向這種傳統的表示法掀起了

挑戰。除了把2的平方根表示成$\sqrt{2}$之外，沒有其他的方法來描述這個數，因為它不能寫成一個分數。而企圖將它寫成一個小數的結果永遠只能是它的一個近似值，例如1.414213562373……。

對畢達哥拉斯來說，數學的美在於有理數（整數和分數）能解釋一切自然現象。這種起指導作用的哲學觀使畢達哥拉斯對無理數的存在視而不見，甚至導致他的一個學生被處死。有個故事說，一個名叫希帕索斯（Hippasus）的年輕學生出於無聊擺弄起數$\sqrt{2}$來，試圖找到等價的分數，最終他認識到根本不存在這樣的分數，也就是，$\sqrt{2}$是一個無理數。希帕索斯想必對自己的發現喜出望外，但他的老師卻並不如此。畢達哥拉斯已經用有理數解釋了天地萬物，無理數的存在會引起對其信念的懷疑。希帕索斯的洞察力獲得的結果，一定經過了一段時間的討論和深思熟慮，在此期間畢達哥拉斯本應承認這個新數源。然而，畢達哥拉斯不願意承認自己是錯的，同時他又無法藉助邏輯推理的力量來推翻希帕索斯的論證。使他終身蒙恥的是：他判決將希帕索斯淹死。

這位邏輯和數學方法之父寧可訴諸暴力而不承認自己是錯的。畢達哥拉斯對無理數的否認是他最不名譽的行為，也可能是希臘數學的最大悲劇。只有在他死後無理數才得以安全地被提及。

雖然歐幾里得明顯地對數論有興趣，但這不是他對數學的最大貢獻。歐幾里得真正的愛好是幾何學。《幾何原本》13卷中的第1到第5卷，集中寫平面（二維的）幾何學，而第11到13卷則處理立體（三維的）

幾何學。它是如此完整的一套知識，以至《幾何原本》的內容在以後的二千年內構成中學和大學中幾何課程的基本內容。

在數論方面，編纂了有同樣價值的教科書的數學家是亞歷山大的丟番圖（Diophantus），他是希臘數學傳統的最後一位衛士。雖然丟番圖在數論方面的成就完好地記載在他的書中，但是關於這位傑出數學家的其他事，人們差不多一無所知。他的誕生地不詳，他到達亞歷山大的時間可以是5個世紀中的任何一年。在他的著作中，丟番圖引用了海普西克爾斯（Hypsicles）的話，因而他一定生活在公元前150年之後；另一方面，他自己的工作又被亞歷山大的西奧（Theon）所引用，因而他一定生活在公元364年以前。公元250年前後這段日期一般被認為是合理的估計。流傳下來的丟番圖的生平是以謎語的形式敘述的，很適合解題者的口味，據說曾被鐫刻在他的墓碑上：

上帝恩賜他生命的 $\frac{1}{6}$ 為童年；再過生命的 $\frac{1}{12}$，他雙頰長出了鬍子；再過 $\frac{1}{7}$ 後他舉行了婚禮；婚後5年他有了一個兒子。唉，不幸的孩子，只活了他父親整個生命的一半年紀，便被冷酷的死神帶走。他以研究數論寄託他的哀思，4年之後他離開了人世。

算出丟番圖的壽命是一個挑戰，答案可在附錄3中找到。

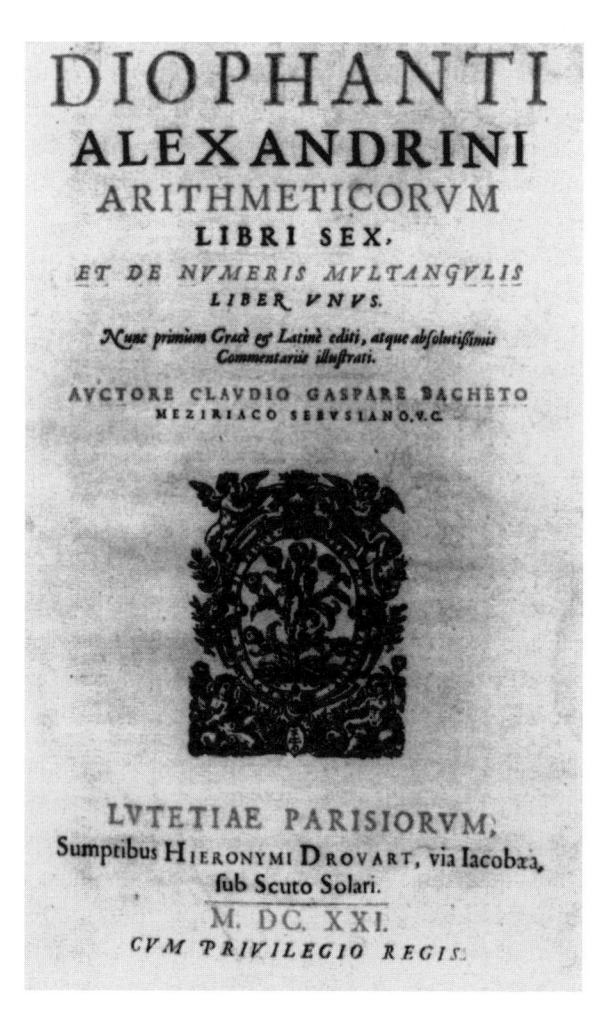

丟番圖《算術》的克勞德・加斯柏・貝切特譯本扉頁，出版於 1621 年。這本書成了費瑪的聖經，激勵他做了許多工作。

這個謎語是丟番圖喜愛的那類問題中的一個例子。他的專長是解答要求整數解的問題，在現今，這一類問題被稱為丟番圖問題。他在亞歷山大的生涯是在收集易於理解的問題以及創造新的問題中度過的，然後他將它們全部彙集成一部書名為《算術》的重要論著。組成《算術》的 13 卷書中，只有 6 卷逃過了歐洲中世紀黑暗時代的騷亂倖存下來，繼續激勵著文藝復興時期的數學家們，包括皮埃爾·德·費瑪在內。其餘的 7 卷在一系列的悲劇性事件中遺失，這些事件使數學倒退回巴比倫時代。

從歐幾里得到丟番圖之間的幾個世紀中，亞歷山大一直是文明世界的知識之都，但在整個這段時期裡，該城不斷地處於外敵的威脅之下。第一次大攻擊發生在公元 47 年，當時猶里烏斯·凱撒（Julius Caesar）企圖推翻克婁巴特拉（Cleopatra），放火焚燒了亞歷山大的艦隊。位於港灣附近的圖書館也被累及，成萬冊圖書被毀壞。對數學來說，幸運的是克婁巴特拉很看重知識的重要性，決心還圖書館昔日的輝煌。馬克·安東尼（Mark Antony）認識到圖書館是通向知識心臟的途徑，因而進軍帕加馬城。[02] 這個城市已經開始興建一座圖書館，並希望會給這個圖書館提供世界上最豐富的藏書，但是安東尼卻將全部藏書轉移到埃及，恢復了亞歷山大的最高地位。

在接下來的四個世紀中，圖書館繼續收藏圖書，直到公元 389 年它

---

[02] 猶里烏斯·凱撒（公元前 100- 前 44 年），羅馬統帥、政治家。克婁巴特拉（公元前 69- 前 30 年），埃及托勒密王朝末代女王。馬克·安東尼（公元前約 82- 前 30 年），古羅馬統帥和政治領袖。帕加馬，古希臘城市，現為土耳其伊茲密爾省貝爾加馬鎮。——譯者

遭受到兩次致命打擊中的第一次打擊為止,這兩次打擊都起因於宗教的偏見。信奉基督教的皇帝狄奧多西(Theodosius)[03]命令亞歷山大的主教狄奧菲盧斯(Theophilus)毀壞一切異教的紀念物。不幸的是,當克婁巴特拉重建和重新充實亞歷山大圖書館時,她決定將它放在塞拉皮斯(Serapis)[04]神廟之內,因而對聖壇和聖像的破壞就殃及圖書館。「異教」的學者們曾試圖挽救六個世紀積累的知識財富,但是來不及做任何事就被基督教的暴徒們屠殺。向著中世紀愚昧黑暗時代的沉淪開始了。

一些最重要的書籍的珍本倖免於基督教徒的襲擊,學者們繼續來到亞歷山大尋求知識。然後在 642 年,一場伊斯蘭教的進攻成功地打敗了基督教徒。當問及應該如何處置圖書館時,獲勝的哈里發奧馬爾(Omar)命令凡是違反可蘭經的書籍都應銷毀,而那些與可蘭經相符的書籍則是多餘的,也必須銷毀。那些手稿被用作公共浴室加熱爐的燃料,希臘的數學化為灰燼。丟番圖的絕大部分著作被毀滅了,這並不令人驚奇。實際上,《算術》中的 6 卷能設法逃過亞歷山大的這一場慘劇倒是一個奇蹟。

隨後的一千年中,西方的數學處於停滯狀態,只有少數印度和阿拉伯的傑出人物使這門學科繼續生存下去。他們複製了倖存下來的希臘手稿中描述的公式,然後他們自己著手重新創造許多遺失的定理。他們也給數學增添了新的成分,包括零這個數。

---

[03] 狄奧多西(346-395),羅馬帝國皇帝,在其統治期間確立基督教為國教。——譯者
[04] 希臘化時代埃及的冥界與王權之神。——譯者

在現代數學中，零有兩個功能。首先，它使我們得以區別 52 和 502 這樣的數。在一個數的位置代表該數值的體系中，需要有個記號來確認空著的位置。例如，52 表示 5 倍的 10 加上 2 倍的 1，而 502 表示 5 倍的 100 加上 0 倍的 10 再加上 2 倍的 1，這裡 0 對於消除含糊不清之處是關鍵的。甚至在公元前三千年代，巴比倫人就已經懂得使用零來避免混淆，而希臘人則採用了他們的思想，使用了類似於我們今天所用的圓形記號。然而，零有著更為微妙和深刻的意義，這種意義只是在幾個世紀以後才被印度的數學家們充分領會。印度人認識到零除了在別的數之間具空位作用外還有它獨立的存在性——零本身理所當然地是一個數，它表示「沒有」這個量。於是，「沒有」這個抽象概念第一次被賦予用一個有形的記號表示。

對當代的讀者來說，這似乎是微不足道的一步，但是所有的古希臘哲學家，包括亞里士多德（Aristotle），卻都否認零這個記號的深刻意義。亞里士多德辯解說，「零」應該是非法的，因為它破壞了其他數的一致性——用零除任何一個普通的數會導致不可理解的結果。到了公元 6 世紀，印度數學家們不再掩蓋這個問題，公元 7 世紀時的婆羅摩笈多（Brahmagupta）是個足智多謀的學者，他把「用零除」作為無窮大的定義。

在歐洲人放棄對真理的高尚追求的同時，印度人和阿拉伯人正在將那些從亞歷山大的餘燼中撿取的知識彙總起來，並以更新更有說服力的語言重新解釋它們。除了將零添入數學詞彙外，他們還用現在已被普遍

採用的記數系統替代了原始的希臘符號和累贅的羅馬數字。這似乎又像是一次沒多大價值的、不顯眼的進步，但是試一下用 DCI 乘 CLV，你就會領會到這種突破的重要性。用 601 乘 155 來完成這一相同的任務做起來要簡單得多。任何學科的發展依賴於其交流和表達思想的能力，而後者則又藉助於足夠細微和靈活的語言。畢達哥拉斯和歐幾里得的思想絲毫不會因為他們彆扭的表達而減色，但是轉譯成阿拉伯的記號後，它們將會得到蓬勃發展，並產生出更新和更豐富的想法。

公元 10 世紀時，奧里亞克的法國學者熱爾貝（Gerbert）從西班牙的摩爾人那裡學會了新的記數系統，通過他在遍布歐洲的教堂和學校中的教師職位，他得以將這種新的系統介紹給西方。999 年他當選為教皇西爾維斯特二世，這個職位使他能進一步促進印度－阿拉伯數字的使用。雖然這個系統的效能使會計結帳發生了革命性的變化，並且被商人們迅速採用，但是在激勵歐洲數學復甦方面幾乎沒有起什麼作用。

西方數學的重大轉折點出現於 1453 年，當時土耳其人攻占並洗劫了君士坦丁堡。在此前的一段歲月中，亞歷山大遭褻瀆後倖存下來的手稿已彙集到君士坦丁堡，但是它們又一次受到毀滅的威脅。拜占廷帝國的學者們攜帶著他們能保存的所有書籍向西方潛逃。躲過了凱撒、狄奧菲盧斯主教、哈里發奧馬爾以及這一次土耳其人的劫難之後，幾卷珍貴的《算術》終於回歸歐洲。丟番圖的著作註定要出現在皮埃爾·德·費瑪的書桌上。

謎的誕生

費瑪所擔任的司法職務占用了他許多時間，但是不管空閒的時間多麼少，他都全部貢獻給數學了。其中部分原因是 17 世紀時法國不鼓勵法官們參加社交活動，理由是朋友和熟人可能有一天會被法庭傳喚。與當地居民過分親密會導致偏袒。由於孤立於圖盧茲高層社交界之外，費瑪得以專心於他的業餘愛好。

沒有記錄說明費瑪曾受到過哪位數學導師的啟示，相反地，卻是一本《算術》成了他的指導者。因為《算術》出現於丟番圖的時代，所以它尋求的是通過一系列問題和解答來刻畫數的理論。事實上，丟番圖向費瑪展示的是歷經一千年所取得的對數學的認識。在其中的一卷中，費瑪找到了像畢達哥拉斯和歐幾里得這類人物所建立的關於數的全部結果。數論自亞歷山大的那場野蠻的大火之後一直沒有進展，不過費瑪現在已經準備重新開始研究這個最基礎的數學學科。

激勵著費瑪的這本《算術》是梅齊里克（Méziriac）的克勞德·加斯帕·貝切特（Claude Gaspard Bachet）完成的拉丁文譯本，據說他是全法國最博學的人。貝切特不僅是傑出的語言學家、詩人和古典學學者，他還喜歡數學謎語。他的第一本出版物就是一本謎語彙編，名為《數字的趣味問題》（*Problèmes Plaisans et délectables qui se font par les nombres*），其中包括過河問題、傾倒液體問題和幾個猜數遊戲。所提問

题中的一個是關於砝碼的問題：

最少需要多少個砝碼，可以在一台天平上稱出從 1 公斤到 40 公斤之間的任何整數公斤的重量？

貝切特有一個巧妙的解法表明，只要用 4 個砝碼即可完成這個任務。附錄 4 列出了他的解法。

雖然貝切特在數學方面只是一個淺薄的涉獵者，但是他對數學謎語的興趣已足以使他能認識到丟番圖所列舉的問題是高層次的，值得深入研究。他為自己定下了翻譯丟番圖著作的任務，並將它出版，以便讓希臘的技巧重放異彩。重要的是要認識到大量的古代數學知識已完全被遺忘了。當時，甚至在歐洲最著名的大學中也不講授較深的數學。只是由於像貝切特這樣的一些學者的努力，才使得這麼多的古代數學能如此迅速地重新復活。1621 年貝切特出版了《算術》的拉丁文版，他正在為數學的第二個黃金時代作出貢獻。

《算術》中載有 100 多個問題，丟番圖對每一個問題都找出了詳細的解答。這種認真的做法從來不是費瑪的習慣。費瑪對於為後代寫一本教科書不感興趣：他只是想通過自己解出問題來得到自我滿足。在研究丟番圖的問題和解答時，他會受到激勵去思索和解決一些其他相關的、更微妙的問題。費瑪會草草寫下一些必要的東西證明他已明白解法，然後他就不再費神寫出證明的剩餘部分。他往往會把他的充滿靈氣的註記丟進垃圾箱中，然後匆忙地轉向下一個問題。對我們來說幸運的是，貝切

特的《算術》這本書的每一頁都留有寬大的書邊空白，有時候費瑪會匆忙地在這些書邊空白上寫下推理和評註。對於一代代的數學家們來說，這些書邊空白上的註記（儘管不太詳細）成了費瑪最傑出的一些計算的非常寶貴的紀錄。

費瑪的一個發現涉及所謂的「親和數」（amicable number），它們與兩千年前使畢達哥拉斯著迷的完滿數密切相關。親和數是一對數，其中每一個數是另一個數的因數之和。畢達哥拉斯學派得到非平凡的發現，即 220 和 284 是親和數。220 的因數是 1、2、4、5、10、11、20、22、44、55、110，它們的和是 284；另一方面，284 的因數是 1、2、4、71、142，它們的和是 220。

這一對數 220 和 284 被認為是友誼的象徵。馬丁·加德納（Martin Gardner）的書《數學魔術》（*Mathematical Magic*）中談到過中世紀出售的一種護身符，這種護身符上刻有這兩個數字，其理由是佩戴這種護身符能促進愛情。有一種習俗，就是在一只水果上刻下 220 這個數字，在另一只水果上刻下 284，然後將第一只吃下，將第二只送給所愛的人吃。有個阿拉伯數字占卦家將此作為一種數學催欲劑記錄備案。早期的神學家注意到在〈創世紀〉中雅各（Jacob）給以掃（Esau）[05] 220 隻山羊。他們相信山羊的數目（一對親和數中的一個）表達了雅各對以掃的摯愛之情。

直到 1636 年費瑪發現 17296 和 18416 這對數之前，尚未有別的親和

---

[05] 以掃，基督教《聖經》故事人物，與雅各是孿生兄弟。——譯者

數被確認。雖然這不能算是深刻的發現,但它顯示了費瑪對數的熟悉程度以及他喜歡擺弄數的癖好。費瑪掀起了一陣尋找親和數的熱潮。笛卡爾發現了第 3 對(9363584 和 9437056),歐拉接著列舉了 62 對親和數。奇怪的是他們都忽略了一對小得多的親和數。1866 年,60 歲的義大利人尼科洛·帕格尼尼(Nicolò Paganini)發現了一對親和數 1184 和 1210。

在 20 世紀,數學家們把這個思想作了進一步的推廣,擴大到尋找所謂的「可交往」數(sociable number),即由 3 個或更多的數形成的一個閉循環的數。例如,三元數組(1945330728960;2324196638720;2615631953920)中,第一個數的因數加起來等於第二個數,第二個數的因數加起來等於第三個數,而第三個數的因數加起來等於第一個數。已知的最長的可交往循環由 28 個數組成,其中第一個數是 14316。

雖然發現一對新的親和數使費瑪有了點名氣,但是他的聲望真正被承認則是由於一系列的數學挑戰。例如,費瑪注意到 26 被夾在 25 和 27 之間,其中的一個是平方數($25 = 5^2 = 5 \times 5$),而另一個是立方數($27 = 3^3 = 3 \times 3 \times 3$)。他尋找其他的夾在一個平方數和一個立方數之間的數都沒有成功,於是他懷疑 26 可能是唯一的這種數。經過幾天的發奮努力後,他設法構造了一個精妙的論證,無可懷疑地證明了 26 確實是唯一的夾在一個平方數和一個立方數之間的數。他的一步步進行的邏輯證明表明,不存在別的數滿足這個要求。

費瑪向數學界宣布了 26 的這個獨一無二的性質,然後向他們挑戰:

證明這是對的。他公開地承認他本人已經有了一個證明；問題是其他人有無精妙的證明與之相匹敵？儘管這個命題很簡明，證明起來卻是異常地複雜，而費瑪特別樂於嘲弄英國數學家沃利斯和迪格比，他們兩人終於不得不承認失敗。但最終使費瑪獲得最高聲譽的原因是他對整個世界的另一個挑戰，然而這個挑戰卻只是一個被意外發現的謎，原本從未打算作公開討論。

頁邊的註記

在研究《算術》的第 2 卷時，費瑪碰到了一系列的觀察、問題和解答，它們涉及到畢達哥拉斯定理和畢達哥拉斯三元組。例如，丟番圖討論了特殊三元組的存在性，這種三元組構成所謂的「跛腳三角形」，即這種三角形的兩條短的側邊 x 和 y 只相差 1（例如，$x = 20$、$y = 21$、$z = 29$，而 $20^2 + 21^2 = 29^2$）。

費瑪被畢達哥拉斯三元組的種類和數量之多吸引住了。他知道好幾個世紀以前，歐幾里得已經敘述過一個證明，顯示事實上有無限多個畢達哥拉斯三元組存在，這個證明概要地列在附錄 5 中。費瑪一定是凝視著丟番圖對畢達哥拉斯三元組的詳細描述，盤算在這方面應該添加些什麼進去。當他看著書頁時，他開始擺弄起畢達哥拉斯方程式，試圖發現希臘人未曾發現的某些東西。突然，在才智迸發的一瞬間──這將使這

位業餘數學家之王名垂千古──費瑪寫下了一個方程式，儘管它非常相似於畢達哥拉斯的方程式，但是卻根本沒有解存在。這就是10歲的安德魯·懷爾斯在彌爾頓路上的圖書館中讀到的那個方程式。

費瑪不是考慮方程式

$$x^2 + y^2 = z^2，$$

他正在考慮的是畢達哥拉斯方程式的一種變異方程式：

$$x^3 + y^3 = z^3。$$

如同上一章提到的那樣，費瑪只不過將冪從2改為3，即從平方改為立方，但是他的新方程式看來卻沒有任何整數解。通過反覆試算立即顯示出，要找到兩個立方數它們加起來等於另一個立方數是困難的。難道這個小小的修改真的會使具有無限多個解的畢達哥拉斯方程式變成了根本沒有解的方程式嗎？

他進一步將冪改成大於3的數，得到新的方程式，並且發現要尋找每一個這種方程式的解有著同樣的困難。按照費瑪的說法，似乎根本不存在這樣的3個數，它們完全適合方程式

$$x^n + y^n = z^n，這裡 n 代表 3、4、5、……。$$

在他的《算術》這本書的頁邊靠近問題8的空白處，他記下了他的結論：

Cubum autem in duos cubos, aut quadratoquadratum in duos quadratoquadratos, et generaliter nullam in infinitum ultra quadratum potestatem in duos eiusdem nominis fas est dividere.

不可能將一個立方數寫成兩個立方數之和；或者將一個 4 次冪寫成兩個 4 次冪之和；或者，總的來說，不可能將一個高於 2 次的冪寫成兩個同樣次冪的和。

似乎沒有理由認為在一切可能的數中間竟然找不到一組解，但是費瑪說，在數的無限世界中沒有「費瑪三元組」的位置。這是一個異乎尋常的結論，但卻是費瑪相信他能夠證明的一個結論。在列出這個結論的第一個邊註後面，這個喜歡惡作劇的天才草草寫下一個附加的評註，這個評註苦惱了一代又一代的數學家們：

Cuius rei demonstrationem mirabilem sane detex hanc marginis exiguitas non caparet.

我有一個對這個命題的絕妙證明，這裡空間太小，寫不下。

這就是最讓人惱火的費瑪。他自己的話暗示人們，他由於發現這個「十分美妙」的證明而特別愉快，但卻不想費神寫出這個論證的細節，從不想要去發表它。他從未與任何人談到過他的證明，然而不管他如何謙遜和無心於此，費瑪最後定理（就像後來所稱呼的那樣）終將在未來的幾個世紀聞名於全世界。

最後定理終於公諸於世

費瑪令人矚目的發現發生在他數學生涯的早期，大約是 1637 年前後。大約 30 年後，當費瑪在卡斯特爾鎮執行他的司法任務時，不幸患上了嚴重的疾病。1665 年 1 月 9 日費瑪簽署了他的最後一份判決書，3 天後便去世了。由於他與巴黎的數學界依然不相往來，並且他的通信者由於遭到挫折也不一定對他懷有好感，費瑪的各種發現處於被永遠遺失的危險之中。幸運的是，費瑪的長子克來孟－塞繆爾（Clément-Samuel）意識到他父親的業餘愛好所具有的重要意義，決心不讓世界失去父親的發現。正是由於他的努力，才使我們終究瞭解到了些費瑪在數論方面傑出的突破性進展；特別是，若不是由於克來孟－塞繆爾，稱為費瑪最後定理的這個謎一定已經隨同他的創造者一起消失了。

克來孟－塞繆爾花了 5 年的時間收集他父親的註記和信件，檢查在他那本《算術》書的頁邊空白處草草寫下的字跡。那條被稱為費瑪最後定理的邊註只是塗寫在這本書中的許多由靈感而生的思想之一。克來孟－塞繆爾設法將這些註記在《算術》的一種特殊版本中發表。1670 年他在圖盧茲出版了《附有費瑪評註的丟番圖的算術》（*Diophantus' Arithmetica Containing Observations by P. de Fermat*）。與貝切特的原版希臘文和拉丁文譯文一起的還有費瑪所做的 48 個評註，圖 6 中所示的第 2 個評註就是後來稱為費瑪最後定理的那個評註。

克來孟－塞繆爾·費瑪出版於 1670 年的《丟番圖的算術》版本的扉畫。這個版本載有他父親所做的邊註。

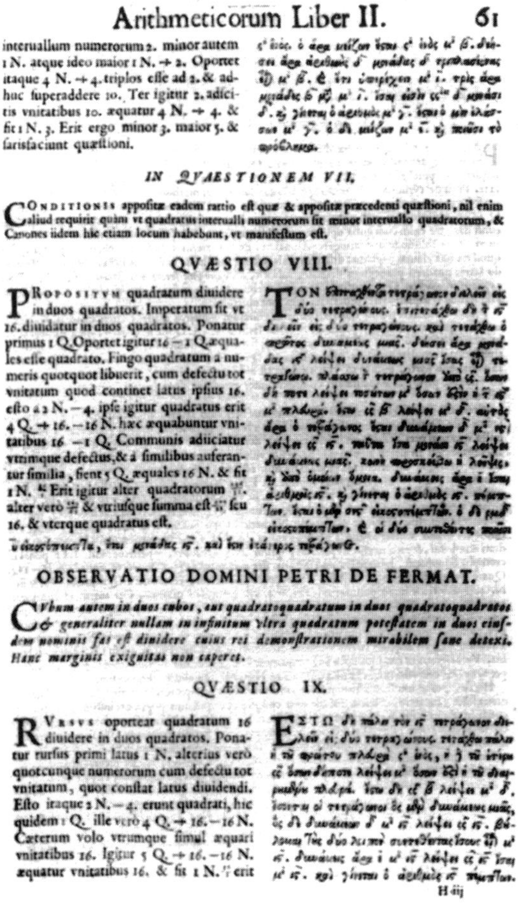

Arithmeticorum Liber II. 61

interuallum numerorum 2. minor autem 1 N. atque ideo maior 1 N. + 2. Oportet itaque 4 N. + 4. triplos esse ad 2. & adhuc superaddere 10. Ter igitur 2. adscitis vnitatibus 10. æquatur 4 N. + 4. & fit 1 N. 3. Erit ergo minor 3. maior 5. & satisfaciunt quæstioni.

IN QVÆSTIONEM VII.

CONDITIONIS appositæ eadem ratio est quæ & appositæ præcedenti quæstioni, nil enim aliud requirit quàm vt quadratus interualli numerorum sit minor interuallo quadratorum, & Canones iidem hic etiam locum habebunt, vt manifestum est.

QVÆSTIO VIII.

PROPOSITVM quadratum diuidere in duos quadratos. Imperatum sit vt 16. diuidatur in duos quadratos. Ponatur primus 1 Q. Oportet igitur 16 − 1 Q. æquales esse quadrato. Fingo quadratum à numeris quotquot libuerit, cum defectu tot vnitatum quod continet latus ipsius 16. esto à 2 N. − 4. ipse igitur quadratus erit 4 Q. + 16. − 16 N. hæc æquabuntur vnitatibus 16 − 1 Q. Communis adiciatur vtrimque defectus, & à similibus auferantur similia, fient 5 Q. æquales 16 N. & fit 1 N. 16/5. Erit igitur alter quadratorum 256/25. alter verò 144/25 & vtriusque summa est 400/25 seu 16. & vterque quadratus est.

OBSERVATIO DOMINI PETRI DE FERMAT.

CVbum autem in duos cubos, aut quadratoquadratum in duos quadratoquadratos & generaliter nullam in infinitum vltra quadratum potestatem in duos eiusdem nominis fas est diuidere cuius rei demonstrationem mirabilem sane detexi. Hanc marginis exiguitas non caperet.

QVÆSTIO IX.

RVRSVS oporteat quadratum 16 diuidere in duos quadratos. Ponatur rursus primi latus 1 N. alterius verò quotcunque numerorum cum defectu tot vnitatum, quot constat latus diuidendi. Esto itaque 2 N. − 4. erunt quadrati, hic quidem 1 Q. ille verò 4 Q. + 16. − 16 N. Cæterum volo vtrumque simul æquari vnitatibus 16. Igitur 5 Q. + 16. − 16 N. æquatur vnitatibus 16. & fit 1 N. 16/5 erit

H iij

圖 6. 載有皮埃爾 · 德 · 費瑪的令人矚目的評註的書頁。

一旦費瑪的評註被廣為傳知，人們就清楚地看到他寫給同行的那些信件只不過展示了他的寶貴發現中的一小部分。他本人的註記包含了整整一系列的定理。不幸的是，對這些評註或者根本沒有任何解釋，或者僅僅給出對背後的證明的一點點提示。其中略微透露出帶有挑逗性的邏輯推理，足以使數學家們毫不懷疑費瑪已經有了證明的方法，而補全所有的細節就作為一種挑戰留給了他們。

萊昂哈德·歐拉是 18 世紀最偉大的數學家，他曾嘗試證明費瑪的最精妙的評註——一個關於素數的定理。素數是沒有因數的數，即除了 1 和該數本身以外沒有因數能整除它的數。例如，13 是素數，但 14 不是素數。沒有數能整除 13，但 2 和 7 能整除 14。所有的素數可以分成兩類，一類等於 $4n + 1$，另一類等於 $4n - 1$，其中 n 等於某個整數。所以 13 屬於前面的一類（$4 \times 3 + 1$），而 19 屬於後面的一類（$4 \times 5 - 1$）。費瑪的素數定理斷言，第一類的素數總是兩個平方數之和（$13 = 2^2 + 3^2$），而第二類素數永遠不能寫成這種形式（$19 = ?^2 + ?^2$）。素數的這個特性是出奇的簡單，但是試圖證明這個特性對每一個素數都成立卻是十分困難。對費瑪來說，這只不過是他許多不為人知的證明中的一個。歐拉面臨的這個挑戰是重新發現費瑪的證明。最終在 1749 年，經過 7 年的工作，幾乎是在費瑪去世後一個世紀，歐拉成功地證明了這個素數定理。

費瑪擁有的全套定理中，既有重要的，也有僅僅是趣味性的，數學家們根據定理對其他的數學分支的影響大小來區分它們的重要程度。首

先，如果一個定理具有普遍的正確性，也就是說，如果它適用於一大群數，那麼它就被為認為是重要的定理。就素數定理來說，它不是只對某些素數成立，而是對一切素數都成立。其次，定理應該對數之間的關係揭露出更深層的真理。一個定理可以是產生一大群其他定理的跳板，甚至推動整個數學新分支的發展。最後，如果整個研究領域由於缺少它這個邏輯環節而受阻，那麼這個定理就是重要的。許多數學家曾經一再公開宣稱，只要他們能建立他們的邏輯鏈中缺少的一個環節，那麼他就能獲得重大的成果。

因為數學家們使用定理成為通向其他成果的階梯，所以費瑪的每一個定理都應該加以證明，這是至關重要的。不能僅因為費瑪說過他對某一定理已有一個證明就信以為真。每一個定理在能被使用之前，必須經過極其嚴格的證明，否則其後果可能是災難性的。例如，設想數學家們已經承認費瑪的一個定理，然後它會被採用，作為一系列其他較大的證明中一個不可或缺的要素。到時候這些較大的證明又會被用於更大的證明中，……。最終，可能有成百個定理要依賴於這個最初的未經核查的定理的正確性。然而，如果費瑪犯了一個錯誤，而這個未經核查的定理事實上是錯的，那會怎麼樣呢？所有採用這個定理的其他定理就也可能是錯的，龐大的數學領域將會崩潰。定理是數學的基礎，因為一旦它們的正確性被證明，就可以放心地在它們上面建立別的定理。未經證實的想法是很難評價的，因此被稱之為猜想。任何依靠猜想而進行的邏輯推

理，其本身也是一個猜想。

費瑪說過他對他的每一個評註都有一個證明，因而在他看來它們都是定理。然而，在數學界能重新發現這一個個的證明之前，每一個評註只能被當作猜想。事實上，近350年來，費瑪最後定理應該更準確地被稱作為費瑪大猜想。

隨著幾個世紀時光的流逝，所有他的其他評註一個接一個地被證明了，但是費瑪最後定理卻固執地拒絕被如此輕易地征服。事實上，它之被稱為「最後」定理，是因為它是需要被證明的評註中的最後一個。三個世紀的努力未能找到一個證明，這使它作為數學中最費解的謎而名聲遠揚。然而，這種公認的困難並不一定意味著費瑪最後定理在前面所描述的意義上是一個重要的定理。費瑪最後定理，至少到目前為止，似乎並不能滿足這幾個標準——對它的證明看來好像並不會引導出更深刻的東西來，它也不會給出有關數的任何特別深入的瞭解，而且它似乎也不會有助於證明任何其他的猜想。

費瑪最後定理的名聲僅僅是來自於為了證明它，而需克服的那種極端的困難。這位業餘數學家之王聲稱他能夠證明這個此後困惑了一代又一代專業數學家的定理，這又為它增添了分外的光彩。費瑪在他的那本《算術》頁邊上手寫的評註，被認為是對世界發出的一個挑戰。他已經證明了這個最後定理：問題是有無數學家能與他的卓越才華相媲美？

G·H·哈代具有一種古怪的幽默感，他想出一個可能會同樣地使人

感到沮喪的遺言。哈代的挑戰是以保險單中的慣用語句寫成的，以幫助他克服乘船航行時產生的恐懼。每當他不得不渡海航行時，他會首先發個電報給他的一個同事說：

已經解決黎曼猜想
回來時將給出細節

黎曼猜想（Riemann hypothesis）是一個自 19 世紀以來一直使數學家們苦惱的問題。哈代的邏輯是：上帝將不會允許他被淹死，否則又將使數學家們為第二個可怕的不解之謎苦思冥想。

費瑪最後定理是一個極為難解的問題，但是它卻以一個小學生可以理解的形式來敘述。在物理學、化學或生物學中，還沒有任何問題可以敘述得如此簡單和清晰，並且這麼久依然未被解決。貝爾在他的《最後問題》一書中寫道，文明世界也許在費瑪最後定理得以解決之前就已走到盡頭。證明費瑪最後定理已經成為數論中最值得為之奮鬥的事，說它已經導演出數學史上一些最激動人心的故事也是不令人驚訝的。尋求費瑪最後定理的證明牽動了這個星球上最有才智的人們，巨額的賞格，自殺性的絕望，黎明時的決鬥。

這個謎語的地位已經超越了封閉的數學界。在 1958 年，它甚至進入了一個浮士德式的故事中。這是一本書名為《與魔王的交易》（*Deals with the Devil*）的選集，收有阿瑟·波格斯（Arthur Poges）寫的一篇短篇故事。在〈魔王與西蒙·弗拉格〉中，魔王請西蒙·弗拉格問他一個問

題。如果魔王在 24 小時內成功地解答了這個問題，那麼他將帶走西蒙的靈魂；但是，如果他失敗了，那麼他必須給西蒙 10 萬美元。西蒙提出的問題是：費瑪最後定理是不是正確的？魔王隱身而去，風掣電馳般地繞著地球將世上已有的數學知識一古腦兒都吸納進去。第二天，他回來了，並且承認自己失敗了。

「你贏了，西蒙，」他說道，幾乎是是喃喃而語，並以由衷地敬佩的眼光看著西蒙，「即使我能夠在知此短的時間中學會足夠的數學，對這麼困難的問題我還是贏不了。我越是鑽進去，情況就越糟糕。什麼不唯一的因數分解啦、理想啦——呸！你聽我說，」魔王吐霧說，「就連其他星球上最出色的數學家——遠遠超出你們——也沒能解開這個謎！嗨，土星上有個傢伙——他看上去像是踩著高蹺的蘑菇——能用心算解偏微分方程式，就連他也放棄了。」

萊昂哈德・歐拉

Chapter 3 數學史上黯淡的一頁

數學不是沿著清理乾淨的公路謹慎行進的，

而是進入一個陌生荒原的旅行，

在那裡探險者往往會迷失方向。

撰史者應該注意這樣的嚴酷事實：

繪就的是地圖，而真正的探險者卻已消失在別處。

W・S・安格林

「從我孩提時代第一次遇到費瑪最後定理以來，它就一直是我最大的興趣所在，」安德魯·懷爾斯回憶道，語調顯得有些躊躇，透露出他對這個問題的激情。「我發現了這個歷時三百多年還未能解決的問題。我想到我的許多校友並不熱衷於數學，所以我不去與同年齡的人討論這個問題，但我有一個老師，他曾研究過數學，他給了我一本數論方面的書。這本書為我如何著手解決這個問題提供了一些線索。我假定費瑪懂得的數學並不比我已經懂得的多很多，根據這個假定我開始工作。我嘗試使用他可能用過的方法來找出他遺失了的解法。」

懷爾斯是一個單純而又有抱負的孩子，他看到了一個成功的機會，一代代的數學家在這個機會面前都失敗了。在別人看來這似乎像一個魯莽的夢想，但是年輕的安德魯卻想到了他——一個20世紀的中學生——懂得的數學與17世紀的天才皮埃爾·德·費瑪一樣多，或許由於他的天真會使他碰巧找到一個其他世故得多的學者未曾注意到的證明。

儘管他充滿熱情，每一次的計算卻總以失敗告終。他絞盡腦汁，翻遍了他的教科書，卻依然一無所獲。經受了一年的失敗之後，他改變了策略，他拿定主意認為也許能夠從那些更為高明的數學家的錯誤中學到一些有用的東西。「費瑪最後定理有這麼難以置信的傳奇性經歷，許多人都思考過它，而且過去試圖解決這個問題並失敗了的大數學家越多，它的挑戰性就越大，它的神秘色彩就越濃。在18世紀和19世紀中，許多數學家用過如此多的不同方法試圖解決它，所以，作為一個十幾歲的

少年，我決定我應該研究那些方法，並且設法理解他們在做什麼。」

年輕的懷爾斯仔細研究了每一個曾經認真地試圖證明費瑪最後定理的人所用的方法。他從研究歷史上最富有創造力並在對費瑪的挑戰中首先取得突破的數學家的工作著手。

數學的獨眼巨人

創建數學是一個充滿痛苦且極為神秘的歷程。通常證明的目標是清楚的，但是道路卻隱沒在濃霧之中。數學家們躊躇不決地計算著、擔心著每一步都有可能使論證朝著完全錯誤的方向進行。此外，還要擔憂根本沒有路存在。數學家可能會相信某個命題是對的，並且花費幾年的功夫去證明它確實是對的，可是它實際上完全是錯的。於是，在效果上，這個數學家只是一直在企圖證明不可能的事。

在這門學科的歷史中，只有少數幾個數學家似乎擺脫了那種威脅著他們的同事的自我猜疑。這樣的數學家中最著名的代表也許就是18世紀的天才萊昂哈德·歐拉，正是他首先對證明費瑪最後定理做出了突破性的工作。歐拉有著令人難以置信的直覺和超人的記憶力，據說他能夠在頭腦中詳細列出一大堆完整無缺的演算式，而無需用筆寫在紙上。在整個歐洲他被譽為「分析的化身」，法蘭西科學院院士弗朗索瓦·阿拉戈（François Arago）說：「歐拉計算時就像人呼吸或者鷹乘風飛翔一樣無

需明顯的努力。」

　　萊昂哈德·歐拉1707年生於瑞士巴塞爾，是基督教新教加爾文宗牧師保羅·歐拉（Paul Euler）的兒子。雖然年輕的歐拉顯示出異常的數學才能，他的父親還是決定他應該研究神學，並從事神職工作。萊昂哈德恭順地服從了父親的意願，在巴塞爾大學學習神學和希伯來語。

　　對歐拉來說幸運的是，傑出的伯努利（Bemoullis）家族也居住在巴塞爾城。伯努利家族可以輕鬆地宣稱自己是最精通數學的家族，他們僅僅三代人中，就出了8個歐洲最優秀的數學家。有人曾說過，伯努利家族之於數學，就如同巴哈（Bach）家族之於音樂一樣。他們的名聲超越了數學界，有一個傳說可以勾勒出這個家族的形象。丹尼爾·伯努利（Daniel Bemoulli）有一次正在作穿越歐洲的旅行，他與一個陌生人開始了談話。片刻之後他謙恭地自我介紹：「我是丹尼爾·伯努利。」他的旅伴挖苦地說：「那麼我就是艾薩克·牛頓。」丹尼爾在好幾個場合深情地回憶起這次邂逅，將它當作他曾聽到過的最衷心的讚揚。

　　丹尼爾和尼古拉·伯努利（Nikolaus Bernoulli）是萊昂哈德·歐拉的好友，他們意識到最傑出的數學家正在變為最平庸的神學家。他們向保羅·歐拉呼籲，請求他允許萊昂哈德放棄教士的職務而選擇數學。保羅·歐拉過去曾向老伯努利（即雅各布·伯努利［Jakob Bernoulli］）學習過數學，對這個家族懷有特殊的敬意，儘管有點勉強，他還是接受了他的兒子註定是從事計算的，而不是佈道的看法。

萊昂哈德·歐拉不久就離開瑞士，前往柏林和聖彼得堡的宮廷，在那裡度過了他碩果纍纍的大部分歲月。在費瑪的時代，數學家被看成為業餘玩數字把戲的人；但是到了 18 世紀，他們已被作為職業解題者對待。數的文化已顯著地發生了變化，這種變化一部分是由艾薩克·牛頓爵士和他的科學計算引起的。

牛頓認為數學家們正在把他們的時間浪費在以無意義的謎語互相逗趣上。與之相反，他要將數字應用於物理世界，計算出從行星軌道到砲彈飛行軌跡等各種問題。到 1727 年牛頓去世時，歐洲已經經歷了一場科學革命，在這同一年，歐拉發表了他的第一篇論文。雖然這篇論文包含了精妙的、創新的數學，但其主要目的還是解決涉及船桅定位的技術問題。

歐洲的當權者對於用數學來揭示只有內行才懂的抽象概念不感興趣；相反，他們需要利用數學來解決實際問題，他們競相聘用最好的學者。歐拉在俄國沙皇那裡開始了他的專業生涯，隨後應普魯士的腓特烈大王（Frederick the Great）[01]的邀請到了柏林科學院。最終他又回到俄國，當時正是俄國女皇葉卡捷琳娜二世（Catherine II）統治期間，[02] 在那裡他度過了最後的歲月。在他的科學生涯中，他曾處理過包括從航海到財政，從聲學到灌溉等各式各樣的問題。參與解決實際問題並沒有使歐拉的數學才能減弱，相反，每著手處理一個新任務總會激勵歐拉去創造新穎的、

---

[01] 普魯士國王，公元 1740-1786 年在位。——譯者
[02] 公元 1762-1796 年在位。——譯者

巧妙的數學。他專心致志的熱情驅使他一天寫幾篇論文。據說，即使是在第一次與第二次叫他吃飯的間隔中，他也會力圖趕快寫完可以發表的完整計算結果。一刻都不會被浪費，甚至當他一手抱著小孩時，也會用另一隻手去寫證明。

歐拉最重要的成就是對理論計算方法的發展。歐拉的計算方法適合於處理那些看上去不可能解決的問題。這類問題之一是高精度地預報月球在未來長時間中的位相——這些資料可用於擬訂極其重要的航海表。牛頓已經證明，預測一個星球繞行另一個星球運行的軌道是比較容易的，但對月球而言，情況就不是這麼簡單。月球繞地球運行，可是還有第三個星球——太陽，它使事情變得非常複雜。在地球和月亮互相吸引的同時，太陽會使地球的位置發生攝動，產生對月球軌道的撞擊效應。可以用方程式來確定其中任何兩個星球之間的這種效果，但是18世紀的數學家們還不能夠在他們的計算中對第三個星球的影響加以考慮。即使到今天，仍然不可能得到這個所謂的「三體問題」的精確解。

歐拉認識到航海者並不需要知道絕對準確的月球位相，而只需要有足夠的精確度使得他們能在幾海浬範圍內確定自己的位置。結果，歐拉發展了一種方法，可以得到一個不完全但充分準確的解。這種方法，可稱為演算法，其原理是先求出一個粗糙但尚能使用的結果，之後將它回饋到演算法中再產生一個更為精細的結果。然後，這個精細的結果再回饋到演算法中產生一個更加準確的結果，如此反覆進行。經過百次或更多的迭代以後，

歐拉就能提供月球的位置，這個結果用於航海的目的是足夠準確的了。他將他的算法提交給英國海軍部，後者獎賞歐拉 300 英鎊以表彰他的工作。

歐拉被譽為能解決任何難題的人，一個似乎超越了科學領域的天才。他在葉卡捷琳娜二世的宮庭逗留時，遇到了偉大的法國哲學家德尼·狄德羅（Denis Diderot）。狄德羅是堅定的無神論者，想花功夫將俄羅斯人轉變為無神論者。這觸怒了葉卡捷琳娜，她請歐拉終止這個無神論法國佬的企圖。

歐拉對此事想了一下，然後宣稱他對上帝的存在有了一個代數的證明。葉卡捷琳娜二世邀請歐拉和狄德羅來到皇宮，並召集她的朝臣們一起來聽這場神學辯論。歐拉站在聽眾面前宣布：

「先生，$\frac{a+b^n}{n}=x$，因此上帝存在；請回答！」

由於對代數不很懂，狄德羅無法與這位歐洲最偉大的數學家爭辯，他一言不發地離開了。由於遭到羞辱，狄德羅離開了聖彼得堡，返回巴黎。狄德羅走後，歐拉繼續享受重返神學研究的樂趣，發表了幾個其他關於上帝的本性和人的靈魂的模擬證明。

一個更為實在，也適合歐拉異想天開本性的問題，與普魯士城市柯尼斯堡（Königsberg）有關，該地現為俄羅斯的加里寧格勒（Kaliningrad）。這個城市建立在普雷格爾河（River Pregel）邊上，由 4 個相互分離，被 7 座橋梁連接起來的地區組成。圖 7 顯示了該城的布局。有些非常好奇的居民在想：是否可能設計一次旅行，穿越所有的 7 座橋卻無需重複走過

任何一座橋？柯尼斯堡的居民試了各種各樣的路線，但每一次都失敗了。歐拉也未能找到一條成功的路線，但他卻成功地解釋了為什麼這樣的旅行是不可能的。

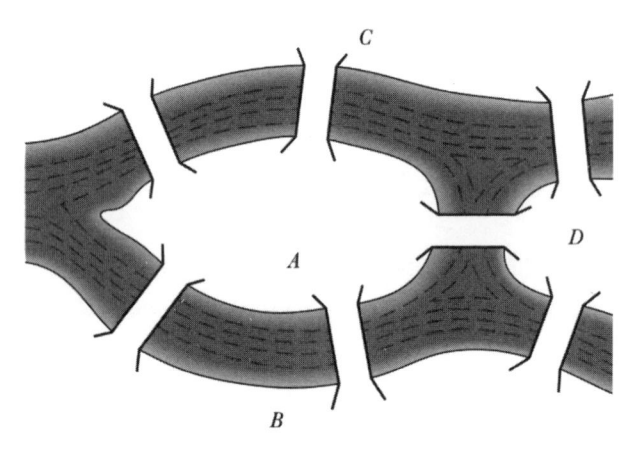

圖7. 普雷格爾河將柯尼斯堡分成4個互相分離的地區A、B、C和D。7座橋連接這個城鎮的各個地區。當地的一個謎題：是否可能一次走遍這7座橋，而且每座橋都走過一次並且只走過一次？

歐拉從這座城市的平面圖著手，畫出一張它的簡化表示圖，其中陸地部分被簡化成點，而橋則用線來代替，如圖8所示。然後他論證道，一般地為了進行一次成功的旅行（即通過所有的橋僅僅一次），一個點應該連接著偶數條線。這是因為在旅行中當旅行者通過一塊陸地時，他必須沿一座橋進入，然後沿不同的橋離開。這個規則只有兩個例外情況——即旅行者開始或者結束時。在旅行開始時，旅行者離開一塊陸地，

僅僅需要一座橋讓他離開；而在旅行結束時，旅行者到達一塊陸地，也僅僅需要一座橋讓他進入。如果旅行開始和結束於不同的位置，那麼這兩塊陸地可以允許有奇數座橋。但是如果旅行開始和結束於同一個地方，那麼這點與所有其他的點一樣，都必須有偶數座橋。因此，一般來說，歐拉的結論是，對任何橋網絡，如果所有的陸地塊都有偶數座橋，或者恰好有兩個陸地塊有奇數座橋。那麼才有可能越過每座橋僅僅一次的完全的旅行。在柯尼斯堡的情形中，總共有 4 塊陸地，它們都連接著奇數座橋──3 個點連接有 3 座橋，1 個點有 5 座橋。歐拉解釋了為什麼不可能穿越每一座柯尼斯堡橋一次且僅僅一次的原因，他還提出一個法則，這個法則可以應用於世界上任何城市的任何橋網絡。他的論證絕妙而簡單，或許這還正是他飯前趕寫完成的那一類邏輯問題。

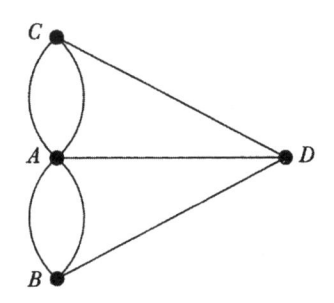

圖 8. 柯尼斯堡的簡化表示圖

　　柯尼斯堡橋遊戲是應用數學中所謂的網絡問題，但是它激勵歐拉去考慮更為抽象的網絡。他繼續發現了一條關於所有的網絡的基本定理，

即所謂的網絡公式，而且他只要經過很少的幾步邏輯推理就能證明這個定理。網絡公式表達了描述網絡的 3 個數之間的一個永恆的關係式：

$$V + R - L = 1，$$

其中

$V =$ 網絡中頂點（即交點）的個數，

$L =$ 網絡中連線的個數，

$R =$ 網絡中區域（即圍成的部分）的個數。

歐拉宣稱：對任何網絡，將頂點和區域的個數加起來並減去連線的個數，其結果將總等於 1。例如，圖 9 中的網絡服從這個法則。

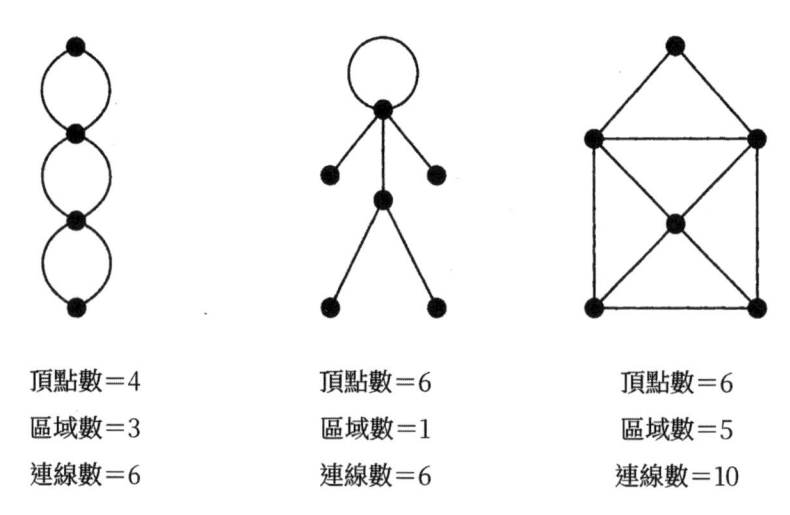

頂點數＝4　　　頂點數＝6　　　頂點數＝6
區域數＝3　　　區域數＝1　　　區域數＝5
連線數＝6　　　連線數＝6　　　連線數＝10

圖 9. 所有可想像的網絡都服從歐拉的網絡公式

可以設想用一大堆網絡去測試這個公式,如果每一次的結果都是對的,那麼這就會誘導人們承認這個公式對一切網絡都是對的。雖然對於科學理論來說,這樣可能已經算是有足夠的證據了,但是它對於確認一條數學定理的正確性來說還是不充分的。證明這公式對每一個可能的網絡都成立的唯一方法是,構造一個十分簡單明瞭的論證,這恰恰是歐拉所做的事情。

歐拉從考察所有網絡中最簡單的網絡,即從如圖 10(a) 中所示的單點開始著手。對於這個網絡,公式顯然是對的:存在 1 個頂點,沒有連線和區域,因而

$$V + R - L = 1 + 0 - 0 = 1。$$

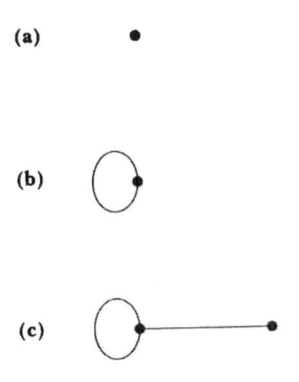

圖 10. 歐拉先證明他的網格公式對最簡單的網絡是對的,然後再證明不管對這個單點網絡如何擴充,這個公式仍然是對的。這樣就證明了他的網絡公式。

然後，歐拉考慮如果他對這個最簡單的網絡加上一些東西，那麼會發生什麼事情。將這個單點擴充就需要增加一條線。這條線可以將已有的頂點與自己連接，或者它可以將已有的頂點與另一個新的頂點連接。

首先，讓我們看一下用這條增加的線將頂點與它自己連接的情形。如圖 10(b) 所示，當增加這條線後，這就生成了一個新的區域。於是網絡公式仍然是對的，因為增加的區域（＋1）抵消了增加的連線（－1）。如果以這種方式增加更多的連線，那麼公式將仍然是對的，因為每一條新的連線會製造一個新的區域。

其次，讓我們看一下用這條增加的線將原來的頂點與一個新的頂點連接起來的情形，如圖 10(c) 所示。再一次，網絡公式仍然是對的，因為增加的頂點（＋1）抵消了增加的連線（－1）。如果以這種方式增加更多的連線，網絡公式將仍然是對的，因為每一條新的連線會製造一個新的頂點。

這就是歐拉為證明他的公式所需要的一切。他論證了網絡公式對所有網絡中最簡單的一種——單點網絡是對的。進一步，所有其他的網絡，不管如何複雜，總能通過從最簡單的網絡出發每次增加一條連線構造而得。而每增加一條新的連線時，網絡公式仍然是對的，因為這樣總會增加一個新的頂點或者一個新的區域，從而產生補償效果。歐拉發展了一個簡單但管用的策略。他證明這個公式對最基本的網絡，即單點網絡是對的，然後他證明任何使這個網絡複雜起來的操作將繼續保持這個公式

的正確性。於是,這個公式對一切可能的網絡都是對的。

當歐拉第一次碰到費瑪最後定理時,想必他曾希望過他能採用類似的策略來解決它。費瑪最後定理和網絡公式來自於數學中非常不同的領域,但是它們有一點是相同的,即它們敘述的都是關於無窮多個對象成立的某件事。網絡公式說,對現存的無窮多個網絡,其頂點和區域的總數減去連線的數總等於1;費瑪最後定理則宣稱,對無窮多個方程式,它們都沒有任何整數解。我們回想一下,費瑪說下列方程式沒有任何整數解:

$x^n + y^n = z^n$,其中 n 是任何大於 2 的整數。

這個方程式代表了無窮多個方程式:

$$x^3 + y^3 = z^3,$$
$$x^4 + y^4 = z^4,$$
$$x^5 + y^5 = z^5,$$
$$x^6 + y^6 = z^6,$$
$$x^7 + y^7 = z^7,$$
$$\vdots$$

歐拉想知道,是否他能先證明其中一個方程式沒有解,然後再對其餘的方程式推斷這個結果,就像他對所有的網絡證明網絡公式時從最簡單的

情形（即單點網絡）推廣到其餘情形那樣。

歐拉的計畫已經有一個良好的開端，因為當時他發現了隱藏在費瑪草草寫下的註記中的一條線索。雖然費瑪從未寫下過最後定理的證明，但是他在他的那本《算術》書中其他地方隱蔽地描述了對特殊情況 $n = 4$ 的一個證明，並且在一個完全不同的問題的證明中採用了這個證明。雖然這已是費瑪寫在紙上的最完整的演算，但細節仍是概略的，而且含糊不清。費瑪在結束證明時說，由於缺少時間和紙使他無法詳細地解釋。儘管費瑪潦草寫下的內容中缺少細節，但是它們清楚地展示了一種特殊形式的反證法，稱之為「無窮遞降法」。

為了證明方程式 $x^4 + y^4 = z^4$ 沒有解，費瑪從假設存在一個假定解

$$x = X_1, y = Y_1, z = Z_1$$

著手。通過研究 (X_1, Y_1, Z_1) 的性質，費瑪能夠證明：如果這個假定解確實存在，那麼一定會存在一個更小的解 (X_2, Y_2, Z_2)。然後通過再研究這個新解的性質，費瑪又能證明存在一個還要小的解 (X_3, Y_3, Z_3)，這樣一直進行下去。

於是費瑪找到了一列逐步遞減的解，理論上它們將永遠繼續下去，產生越來越小的解，然而，x、y 和 z 必須是整數，因此這個永無止境的梯隊是不可能存在的，因為必定會有一個最小的可能解存在。這個矛盾證明了最初的關於存在一個解 (X_1, Y_1, Z_1) 的假設一定是錯的。使用無窮遞降法，費瑪證明了 $n = 4$ 時這個方程式不允許有任何解，因為否則

的話其結果將是荒謬的。

歐拉試圖以此作為出發點，對所有的其他方程式構造一般的證明。除了要構造到 $n = \infty$（無窮）外，他還必須向下構造 $n = 3$ 的情形。他首先嘗試的正是這僅有的向下的一步。1753 年 8 月 4 日，歐拉在給普魯士數學家克里斯蒂安·哥德巴赫（Christian Goldbach）的信中宣布，他採用費瑪的無窮遞降法成功地證明了 $n = 3$ 的情形。100 多年來，這是第一次有人針對費瑪的挑戰成功地取得了進展。

為了將費瑪的證明從 $n = 4$ 延伸到包括 $n = 3$ 的情形，歐拉必須採用一個稱為虛數的古怪概念，這是歐洲數學家們在 16 世紀發現的概念。把新的數當作是被「發現」出來的，這在現在看來是有點奇怪的，主要因為我們現在是如此地熟悉我們經常使用的這些數，以致忘記了這些數中的某些數曾有一段時間是人們不知道的。負數、分數和無理數都是被發現出來的，每一次發現這種數都是為了回答不這樣就無法回答的問題。

數的歷史是以簡單的計數數（1、2、3、…）開始的，它們也稱為自然數。這些數用於諸如羊或金幣這樣簡單的整量相加時，是完全令人滿意的，這時得到的總數也是一個整量。與加法一樣，另一種簡單運算乘法也將整數運算成其他整數。然而除法運算卻產生一個尷尬的問題。8 被 2 除等於 4，而 2 被 8 除卻等於 $\frac{1}{4}$。後面的這個除法的結果不再是一個整數，而是一個分數。

除法是在自然數中進行的一種簡單運算，為了得到答案，它需要我

們越出自然數的範圍。如果不能至少在理論上回答每一個合理的問題，這對數學家來說是不可思議的。這種必要性叫「完全性」。有某些涉及自然數的問題，不藉助於分數是無法回答的。數學家對這種情形的說法是，分數是完全性所必需的。

正是完全性這種需要，導致印度人發現了負數。印度人注意到，當 5 減去了 3 時明顯地等於 2，而從 3 減去 5 就不是那麼簡單的事了。自然數已無法給出答案，只能通過引入負數的辦法來給出答案。有些數學家不接受這種抽象化的拓廣，把負數稱之為「荒謬的」和「虛構的」。會計人員可以持有一個金幣，或甚至半個金幣，但不可能持有一個負金幣。

希臘人也追求過完全性，這導致他們發現了無理數。在第 2 章中已提出過這個問題：什麼數是 2 的平方根——$\sqrt{2}$？希臘人知道這個數大約等於 $\frac{7}{5}$，但當他們試圖找出一個精確的分數時，他們發現它根本不存在。於是，有這麼一個永遠不可能表示成一個分數的數存在，而對於回答「2 的平方根是什麼」這個簡單的問題，這個新型的數又是必不可少的。完全性的要求意味著數的王國裡還應添加另一塊轄地。

到文藝復興時期（14 — 16 世紀），數學家們認為他們已發現了天地萬物中的一切數。所有的數可以被看作落在一條數直線（一條以零為中心的無限長直線）上，如圖 11 所示。整數沿數直線等距離地分布，正數在零的右邊延伸到正無窮，負數在零的左邊延伸到負無窮。分數占有整數之間的位置，無理數則散布在分數之間。

```
  -4    -3    -2    -1         +1    +2    +3    +4
───┼─────┼─────┼─────┼─────┼──┼──┼─────┼─────┼─────┼───►
                           0  ½  √2
```

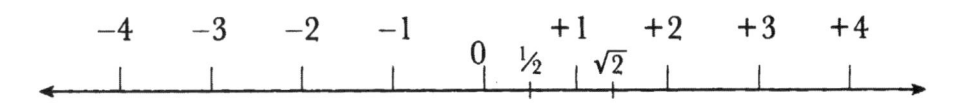

圖 11. 所有的數可以在數直線上定位，數直線在兩端無限延伸。

數直線使人想到完全性明顯地已經實現。所有的數似乎都已在位子上，準備好回答任何數學問題——無論如何，在數直線上已經沒有多餘的地方來表示新的數了。然後，在 16 世紀，不安的隆隆聲又再次響起。義大利數學家拉斐羅·邦貝利（Rafaello Bombelli）在研究各種數的平方根時碰巧遇到一個無法回答的問題。

這個問題開始於問 1 的平方根$\sqrt{1}$是什麼？一個顯然的答案是 1，因為 $1 \times 1 = 1$。不那麼明顯的答案是 -1，因為負數與負數相乘得到正數。這意味著 $(-1) \times (-1) = 1$。所以，$+1$ 和 -1 都是 $+1$ 的平方根。這樣豐富的答案是不錯的，但接著問題就發生了，-1 的平方根 $\sqrt{-1}$ 是什麼？這個問題似乎很難對付。答案不可能是 $+1$ 或 -1，因為這兩個數的平方都是 $+1$。然而，也不存在明顯的候選者。同時，完全性又要求我們必須能回答這個問題。

邦貝利的解答是創造一個新的數 i，稱為「虛數」，它就被定義成問題「-1 的平方根是什麼」的解。這可能有點像懦夫的解答，但是它與引進負數的方式沒有任何差別。「0 減去 1 是什麼？」面對這個以另外方式無法回答的問題，印度人簡單地定義 -1 作為這個問題的解。只是因

為我們對類似的概念「負債」有經驗，所以比較容易接受－1這個概念，但在現實世界中我們沒有任何事物支持虛數這個概念。17世紀的德國數學家戈特弗里德·萊布尼茲（Gottfried Leibniz）對虛數的奇異性質作了優雅的描述：「虛數是非凡思想的美好而奇妙的源泉，近乎於存在與非存在之間的兩棲物。」

一旦我們定義了 i 為－1的平方根，那麼必定存在 $2i$，因為這是 i 加 i 的和（也是－4的平方根）。類似地，$\frac{i}{2}$ 必定存在，因為這是用2除 i 的結果。通過進行簡單的運算，可以得到每一個所謂的「實數」的虛對等物，即虛自然數、虛負數、虛分數和虛無理數。

現在出現的問題是虛數在實數直線上沒有自然的位置。數學家們通過設置一條獨立的虛數直線再次解決了這個危機，虛數直線與實數直線垂直，並相交於零這個位置，如圖12所示。現在數不再限制在一維直線上，而是占有二維的平面。純虛數和純實數被限制在它們各自的直線上，而實數和虛數的組合（例如 $1+2i$）——稱為「複數」——則分布在所謂的數平面上。

特別值得注意的是複數可用來解任何方程式。例如，為了計算 $\sqrt{(3+4i)}$，數學家無需藉助於發明新型的數——答案是另一個複數 $2+i$。換言之，虛數似乎是完全性所需要的最後的要素。

雖然負數的平方根被稱作虛數，但是數學家並不認為 i 比負數或任何的計數數更為抽象。此外，物理學家發現虛數為描述現實世界的某些現

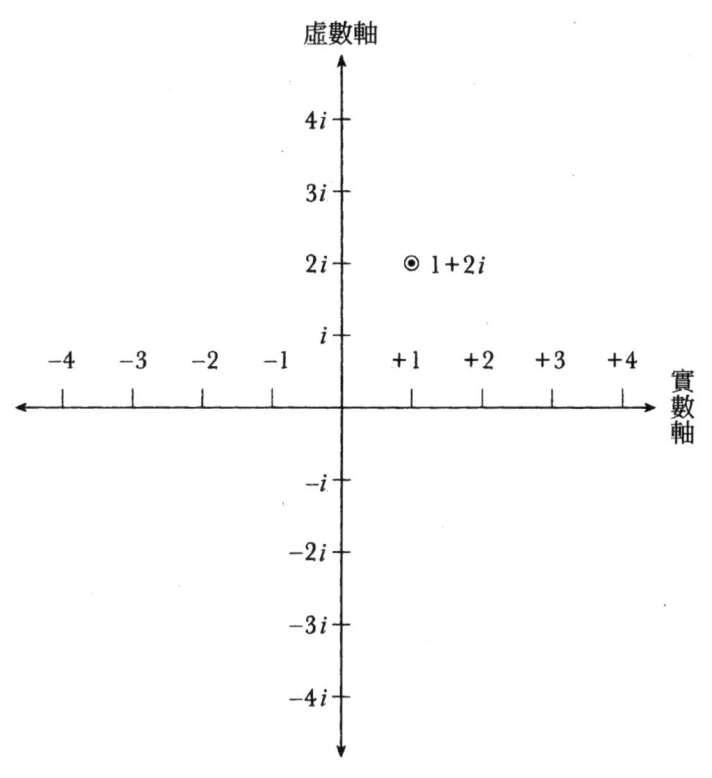

圖 12. 引入一條軸代表虛數就使數直線變成數平面。實數和虛數的任何組合在數平面上都有一個位置。

象提供了最適用的語言。在分析諸如鐘擺之類物體的自由擺動運動時，藉助虛數只需要做少量不複雜的運算，因而它是理想的工具。這類運動技術上稱為正弦振盪，它在自然界是到處可以發現的，因此虛數已經成為許多物理計算中不可或缺的部分。如今，電氣工程師在分析振盪電路

時就會想到 i，而理論物理學家則藉助於虛數來計算量子力學中的振盪波產生的影響。

純粹數學家也在使用虛數，用它們解決以前難以攻克的問題。虛數確實為數學開闢了新天地，歐拉希望利用這個額外的自由度來著手證明費瑪最後定理。

以前，其他數學家已經嘗試過採用費瑪的無窮遞降法來研究除 $n = 4$ 之外的情形，但是每一次拓展這種證明的嘗試總是以邏輯推理的中斷告終。然而，歐拉向人們表明，通過將虛數 i 引入到他的證明中，他能填補證明中的漏洞，使得無窮遞降法適用於 $n = 3$ 的情形。

這是一個巨大的成就，但是卻無法在費瑪最後定理的其他情況中重現：很不走運，歐拉使其論證適用於其餘情形的努力以失敗告終。這個比歷史上任何人都創造了更多的數學的數學家，在費瑪的挑戰面前遭到了挫折。他唯一的安慰是，他對這個世界上最艱難的問題已經取得了首次突破。

歐拉沒有因這次失敗而氣餒，他繼續不斷地創造輝煌的數學成就，直到逝世為止。在他生命的最後幾年裡，他已完全失明。這個事實使他的成就顯得愈加不凡。他的失明開始於 1753 年，當時巴黎科學院懸賞徵解一個天文學問題，這個問題極難對付，以致數學社團請求科學院給他們幾個月的時間作出回答，但歐拉認為這是不必要的。他被這項任務迷住，連續工作了 3 天，並正式贏得了獎金。然而，艱苦的工作條件加上

緊張使當時才二十幾歲的歐拉付出了巨大的代價——一隻眼睛的視力。這在歐拉的許多肖像中明顯可見。

根據讓·勒隆·達朗貝爾（Jean Le Rond d'Alembert）的建議，約瑟夫－路易·拉格朗日（Joseph-Louis Lagrange）接替歐拉成為腓特烈大王宮庭中的數學家，他後來評論說：「我感謝你們的關心和推薦，使兩隻眼睛的數學家代替了獨眼的數學家，這會使我們科學院中的解剖學院士們特別滿意。」歐拉回到了俄國，葉卡捷琳娜二世迎回了她的「數學的獨眼巨人」。[03]

失去一隻眼睛只不過是小小的障礙。歐拉曾宣稱：「現在我將更不會分心了。」40年後，已經60多歲的歐拉的狀況大大地惡化了。當時歐拉視力良好的眼睛得了白內障，這意味著他註定會完全失明。他決心不為之屈服，並開始練習閉上那隻視力正在消退的眼睛進行書寫，以便在黑暗襲來之前，就使他的書寫技術達到完美的程度。幾個星期後他失明了。先前的練習產生一段時間的好效果，但是幾個月後歐拉的字跡變得難以辨認，於是他的兒子阿爾貝（Albert）擔當起謄寫員的角色。

在後來的17年中歐拉繼續發展著數學，如果說有什麼不同，那就是他比以前更為多產。他具有的無比的智慧，使他能巧妙地把握各種概念和想法，而無需將它們寫在紙上；他非凡的記憶力使他的頭腦有如一個堆滿知識的圖書館。他的同事們說失明的襲擊似乎擴大了他想像的範圍。

---

[03] 獨眼巨人係希臘神話生物。——譯者

值得注意的是，歐拉關於月球位置的計算是在他失明期間完成的。在歐洲的君主們看來，這是最值得獎勵的數學成就。這個問題一直困惑著歐洲包括牛頓在內的偉大數學家們。

在 1776 年，為了除去白內障，歐拉作了一次手術。有好幾天歐拉的視力似乎已經恢復。然後發生感染，歐拉再次被投入黑暗。他仍不屈不撓地繼續工作，直到 1783 年 9 月 18 日他遭到致命的打擊為止。用數學家兼哲學家德‧孔多塞侯爵（Marquis de Condorcet）的話來說：「歐拉停止了生命，也停止了計算。」

小小的一步

在費瑪去世一個世紀後，還只有對費瑪最後定理的兩個特殊情形的證明。費瑪給數學家們開了個好頭，為他們提供了方程式

$$x^4 + y^4 = z^4$$

無解的證明。歐拉修改了這個方法，證明了方程式

$$x^3 + y^3 = z^3$$

無解。在歐拉的突破之後，仍要做的是證明下面的無限多個方程式：

$$x^5 + y^5 = z^5$$

$$x^6 + y^6 = z^6$$
$$x^7 + y^7 = z^7$$
$$x^8 + y^8 = z^8$$
$$x^9 + y^9 = z^9$$
$$\cdot$$
$$\cdot$$
$$\cdot$$

沒有整數解。雖然數學家們取得的進展慢得令人發窘，但情況還不像初看時感到的那麼糟糕。對 $n = 4$ 的情形的證明，也可以證明 $n = 8$、12、16、20、……的情形，其理由是任何可以寫成 8（或 12、16、20、……）次冪的數也可以改寫成 4 次冪。例如，數 256 等於 2^8，但是它也等於 4^4。於是對 4 次冪行得通的任何證明，也將對 8 次冪以及任何是 4 的倍數的冪行得通。利用同樣的原理，歐拉對 $n = 3$ 的證明，自動地證明了 $n = 6$、9、12、15、……的情形。

突然之間，個數大大地減少了，費瑪最後定理看起來似乎可以攻克了。對情形 $n = 3$ 的證明是特別有意義的，因為數字 3 是素數的一個例子。正如前面解釋過的那樣，素數有特殊的性質，即它不是 1 以及它本身以外任何整數的倍數。另外的素數還有 5、7、11、13、……。剩下所有數都是素數的倍數，稱為非素數或合數。

數學家們認為素數是最重要的數，因為它們是數學中的原子。素數

是數的建築材料，因為所有其他數都可以由若干個素數相乘而得。這似乎會通向一個值得注意的突破口。為了證明費瑪最後定理對 n 的一切值適合，我們僅僅需要證明它對 n 的所有素數值適合。所有其他的情形只不過是素數情形的倍數，因而無疑地也會被證明。

直覺上，這大大地簡化了問題，因為你可以忽略那些涉及非素數的 n 的方程式。現在剩下的方程式的個數大大地減少了。例如，對於到 20 為止的 n 的值，只有 6 個值需要加以證明：

$$x^5 + y^5 = z^5,$$
$$x^7 + y^7 = z^7,$$
$$x^{11} + y^{11} = z^{11},$$
$$x^{13} + y^{13} = z^{13},$$
$$x^{17} + y^{17} = z^{17},$$
$$x^{19} + y^{19} = z^{19}。$$

如果對 n 的一切素數值證明了費瑪最後定理，那麼就對於 n 的一切值證明了費瑪最後定理。如果考慮所有的整數，那很明顯有無窮多個數。如果只考慮素數，它們只是全體整數中的一小部分，那麼這個問題不是就簡單得多了嗎？

直覺會使人認為，如果你從一個無窮量開始，然後從中去掉它的一大部分，那麼你會期望剩下的是有限的。不幸的是，數學真理的仲裁者不是直覺，而是邏輯。事實上，可以證明素數表是沒有終端的，於是，

儘管可以忽略為數眾多與 n 的非素數值相關的方程式，剩下的與 n 的素數值相關的方程式的個數卻仍然是無窮的。

存在無窮多個素數的證明一直可追溯至歐幾里得，這是最經典的數學論證之一。一開始歐幾里得假定有一張有限的已知素數表，然後證明對這張表一定可以補充無限多個新的素數。假定在歐幾里得的有限表中有 N 個素數，將它們編號為 P_1、P_2、P_3、……、P_N。於是歐幾里得可以生成一個新的這樣的數 Q_A：

$$Q_A = (P_1 \times P_2 \times P_3 \cdots \times P_N) + 1。$$

這個新的數 Q_A 是素數或不是素數。如果它是素數，那麼我們已經成功地得到一個新的更大的素數，於是原來的素數表不是完全的。另一方面，如果 Q_A 不是素數，那麼它必定被任一素數整除。這個素數不可能是已知素數中的一個，因為用任何已知素數去除 Q_A 將不可避免會導致餘數 1。於是必定存在某個新的素數，我們將它記為 P_{N+1}。

現在我們面臨這樣的局面：Q_A 是一個新的素數，或我們有另外一個新的素數 P_{N+1}。無論哪種方式，我們都已經擴大了原來的素數表。在表中加入新的素數（P_{N+1} 或 Q_A）以後，我們可以重複這個過程，又得到某個新的數 Q_B。這個新的數將是另一個新的素數，又或者必定存在某個另外的不屬於我們的已知素數表中的新素數 P_{N+2}。這個論證的結局是：無論我們的素數表多麼長，總可以找到新的素數。於是，素數表是沒有終端的，是無窮的。

但是，肯定比一個無窮量要少的量，怎麼也是無窮的呢？德國數學家大衛·希爾伯特（David Hilbert）曾經說過：「無窮！還沒有別的問題如此深地打動人們的心靈；也沒有別的想法如此有效地激發人的智慧；更沒有別的概念比無窮這個概念更需要澄清。」為了分析無窮這個似是而非的矛盾說法，必須明確定義無窮的意義。一直和希爾伯特並肩工作的格奧爾格·康托爾（Georg Cantor）將沒有終端的自然數表（1、2、3、4、……）的大小定義為無窮。由此，任何大小與此可比的量都同樣是無窮。

根據這個定義，直覺上似乎要少一些的偶數的個數也是無窮的。這是容易證明的，自然數的數量和偶數的數量是可比的，因為我們可以將每一個自然數與對應的偶數配對：

$$\begin{array}{ccccccc} 1 & 2 & 3 & 4 & 5 & 6 & 7 \\ \downarrow & \downarrow & \downarrow & \downarrow & \downarrow & \downarrow & \downarrow \\ 2 & 4 & 6 & 8 & 10 & 12 & 14 \end{array}$$

如果自然數表中的每一個數可以與偶數表中的一個數相匹配，那麼這兩張表的大小一定是相同的。這種比較的方法會引出某些驚人的結論，包括存在無窮多個素數這個事實。雖然康托爾是以形式化的方法處理無窮的第一個人，但是他的這個激進的定義從一開始就遭到來自數學界的嚴厲批評。到他生命的後期，這種攻擊越來越成為人身攻擊，這導致康托爾精神失常，得了嚴重的抑鬱症。在他死後，他的思想終於作為唯一關

於無窮的恰當、準確且有效的定義而被廣泛接受。希爾伯特讚頌道：「沒有人會把我們趕離康托爾為我們創造的這個天堂。」

希爾伯特接著設計了無窮的另一個例子，稱為「希爾伯特的旅館」，這個例子清楚地說明了無窮的奇怪性質。這個假想的旅館有個討人喜歡的特性，即它有無窮多個房間。有一天，來了個新客，他失望地知道，儘管旅館的房間是無窮多的，但是房間都有人住著。旅館的接待員希爾伯特想了一下，然後向這位新來的客人保證他會找到一個空房。他請每一位住客都搬到隔壁的房間去住，結果 1 號房間的客人搬到 2 號房間，2 號房間的客人搬到 3 號房間，依此類推，原來住在旅館中的每一位客人仍然有一個房間，而新來的客人則可以住進空出來的 1 號房間。這表明無窮加上 1 等於無窮。

第二天晚上，希爾伯特必須對付的則是一個更大的問題。旅館仍然是客滿的，而這時無窮多輛馬車載著無窮多個新客人來到了。希爾伯特依然十分鎮定，搓著他的雙手，心裡想著旅館又將有無窮多的進帳了。他請每一位住客搬到房號為他們現在住著的房間號兩倍的房間中去。結果 1 號房間的客人搬到了 2 號房間，2 號房間的客人搬到了 4 號房間，依此類推。原來住在旅館中的每一位客人仍然有一個房間，而無窮多個房間，即奇數號的房間都空出來讓新來的客人居住。這表明 2 倍的無窮仍然是無窮。

希爾伯特的旅館似乎暗示所有的無窮都是彼此一樣大的，因為各種

chapter 3　數學史上黯淡的一頁

各樣的無窮似乎可以被擠進同樣無窮的旅館——全體偶數的無窮可以與全體自然數的無窮相匹配和對照，反過來也是如此。然而，某些無窮確實要大於其他無窮。例如，將每一個有理數與每一個無理數配對起來的企圖最終會歸於失敗，事實上可以證明無理數組成的無窮集大於有理數組成的無窮集。數學家們已經不得不建立一整套的術語來處理各種不同等級的無窮，而設想這些概念則是目前最熱門的課題之一。

雖然素數的無窮性使早期證明費瑪最後定理的希望破滅，但素數的這種性質的確在諸如諜報活動和昆蟲演化等其他領域具有比較積極的意義。在回到尋求費瑪最後定理的證明之前，稍微研究一下素數的正常使用和濫用是值得的。

素數理論是純粹數學中已經在現實世界中找到直接應用的少數領域之一，它在密碼學中有直接應用。密碼學涉及到將需要保密的訊息打亂，使得只有接收者才能整理出它們，而其他任何可能截獲它們的人都無法整理出它們。這種打亂的過程需要使用保密的密碼本，而整理這些訊息按慣例只需要接收者反過來使用密碼本就行了。在這個程序中，密碼本是保密環節中最薄弱的一環。首先，接收者和發送者必須約定密碼本的詳細內容，而這種訊息的交流是一個存在洩密風險的過程。如果敵方能截獲正在交流的密碼本，那麼他們就能譯出此後所有的訊息。其次，為了保持安全性，密碼本必須定期更改，而每一次更改時，都有新的密碼本被截獲的危險。

密碼本的問題圍繞著下面的事實展開：它的使用，一次是打亂訊息，另一次是反過來整理出訊息，而整理訊息幾乎與打亂訊息同樣容易。然而，經驗告訴我們，在許多情況中整理要比打亂困難得多——打碎一個雞蛋是相對容易的，而重新拼好它則困難得多。

　　在 1970 年代，惠特菲爾德·迪菲（Whitfield Diffie）和馬丁·海爾曼（Martin Hellman）提出了這樣的思想：尋找一種按一個方向很容易進行，而按相反方向進行則不可思議地困難的運算流程。這種流程將會提供十分完美的密碼本。舉例來說，我可以有自己用的、由兩部分組成的密碼本，並且在公用指南中公開它的用於打亂訊息的那部分。於是，任何人都可以向我發送打亂過的訊息，但是只有我知道密碼本中用於整理訊息的那一半。雖然人人都瞭解密碼本中關於打亂訊息的那部分，但是它和密碼本中用來整理訊息的那部分毫無關聯。

　　在 1977 年，麻省理工學院一群數學家和電腦專家羅納德·里維斯特（Ronald Rivest）、艾迪·沙米（Adi Shamir）和倫納德·阿德里曼（Leonard Adleman）認識到素數可能是易打亂／難整理過程的理想基礎。為了製成我自己的私人密碼本，我會取兩個大素數，每一個多達 80 個數字，然後將它們乘起來得到一個大得多的非素數。為了打亂訊息所需要的一切，就是知道這個大的非素數，然而要整理訊息，則需要知道已經被乘在一起的原來的兩個素數，它們稱為素因數。現在我可以公開大的非素數，也即密碼本中打亂訊息的那一半，而自己保存那兩個素因數，

即密碼本中整理訊息的那一半。重要的是，即使人人都知道這個大的非素數，他們要判斷出那兩個素因數卻非常困難。

舉一個簡單的例子，我可以交出非素數589，這可能會使每個人都能代我打亂訊息。然而，我將保守589的兩個素因數的秘密，結果只有我能夠整理訊息。如果其他人能判斷出這兩個素因數，那麼他們也能整理我的訊息，但是即使是對這個不大的數，兩個素因數是什麼也不是顯而易見的。在589這個情形中，桌上型電腦只要花幾分鐘就可算出兩個素因數實際上是31和19（31×19＝589），所以我的密碼本的秘密不會持久。

然而，實際上我公布的非素數將會有100位以上的數字，這就使找出它的素因數的任務變得幾乎不可能的。即使用世界上最快的電腦來將這個巨大的非素數（打亂訊息的密碼）分解成它的兩個素因數（整理訊息的密碼），也要花幾年時間才能得到答案。於是，為挫敗外國間諜，我僅僅需要每年一次更改我的密碼本。每年一次我宣布我的巨大的非素數，任何人要想嘗試整理我的訊息，就必須從頭開始設法算出這兩個素因數。

除了在諜報活動中發現應用外，素數也出現在自然界中。在昆蟲中十七年蟬的生命周期是最長的。它們獨有的生命周期開始於地下，蟬蛹在地下耐心地吮吸樹根中的汁水。然後，經過17年的等待，成年的蟬鑽出地面，無數的蟬密集在一起，一時間掩蓋了一切景色，在幾個星期中，

它們交配、產卵，然後死去。

使生物學家困惑的問題是：「為什麼這種蟬的生命周期如此之長？」以及「生命周期的年數是素數這一點有無特殊的意義？」另一種昆蟲十三年蟬，每隔 13 年密集一次，也暗示生命周期的年數為素數，也許有著某種演化意義上的優勢。

有一種理論假設蟬有一種生命周期也較長的寄生物，蟬要設法避開這種寄生物。如果這種寄生物的生命周期比方說是 2 年，那麼蟬就要避開能被 2 整除的生命周期，否則寄生物和蟬就會定期相遇。類似地，如果寄生物的生命周期是 3 年，那麼蟬要避開能被 3 整除的生命周期，否則寄生物和蟬又會定期相遇。所以最終為了避免遇到它的寄生物，蟬的最佳策略是使它的生命周期的年數延長為一個素數。由於沒有數能整除 17，十七年蟬將很難得遇上它的寄生物。如果寄生物的生命周期為 2 年，那麼它們每隔 34 年才遇上一次；倘若寄生物的生命周期更長一些，比方說 16 年，那麼它們每隔 272（16×17）年才遇上一次。

為了回擊，寄生物只有選擇兩種生命周期可以增加相遇的頻率──1 年期的生命周期以及與蟬同樣的 17 年期的生命周期。然而，寄生物不可能活著接連重新出現達 17 年之久，因為在前 16 年出現時沒有蟬供它們寄生。另一方面，為了達到為期 17 年的生命周期，一代代的寄生物在 16 年的生命周期中首先必須得到演化，這意味著在演化的某個階段，寄生物和蟬會有 272 年之久不相遇！無論哪一種情形，蟬的漫長的年數為

素數的生命周期都保護了它。

這或許解釋了為什麼這種假設的寄生物從未被發現！在為了跟上蟬而進行的賽跑中，寄生物很可能不斷延長它的生命周期，直至到達 16 年這個難關。然後它將有 272 年的時間遇不到蟬，而在此之前，由於無法與蟬相遇，它已被趕上了絕路。剩下的是生命周期為 17 年的蟬，其實它已不再需要這麼長的生命周期了，因為它的寄生物已不復存在。

勒布朗先生

到 19 世紀初，費瑪最後定理已經成為數論中最著名的問題。自從歐拉的突破性工作以來，還沒有進一步的進展，但是一個年輕的法國女性所作的激動人心的聲明，又使尋找費瑪的遺失的證明這件事重新活躍起來。索菲·熱爾曼（Sophie Germain）生活在一個充滿偏見和大男人主義的時代，為了從事她的研究工作，她不得不採用假身分，在惡劣的條件中進行研究，在與學術界隔絕的情形下工作。

多少世紀以來，婦女研究數學一直未受鼓勵，但是儘管有這種歧視，還是有幾位女性數學家與傳統社會抗爭，並在數學編年史上不可磨滅地刻上了她們的名字。已知的對這門學科起過推動作用的第一位女性是公元前 6 世紀的西諾，她起初是畢達哥拉斯的學生，接著成為他的最傑出的信徒，最終與他結婚。畢達哥拉斯被稱為「主張男女平等的哲學家」，

因為他積極地鼓勵女性學者，西諾只是畢達哥拉斯兄弟會的 28 名姐妹中的一個。

在後來的幾個世紀中，蘇格拉底（Socrates）和柏拉圖[04]等人也繼續邀請女性參加他們的學派，但直到公元 4 世紀才有一位女性數學家建立了自己有影響的學派。希帕蒂婭（Hypatia）是亞歷山大大學一位數學教授的女兒，她的演講極受歡迎，並且還是最優秀的解題者，她因此而出名。一些數學家在對某個問題久攻不下時，就會寫信給她尋求解法，希帕蒂婭很少使她的崇拜者失望。她著迷於數學和邏輯證明，當被問及為什麼她一直不結婚時，她回答說她已和真理訂了婚。她對理性主義事業的忠誠最終使她突然倒下，當時亞歷山大的教長西里爾（Cyril）開始壓制哲學家、科學家和數學家，稱他們為持異端者。歷史學家愛德華‧吉本（Edward Gibbon）對西里爾陰謀反對希帕蒂婭，並煽動民眾反對她後發生的一幕，提供了逼真的描繪：

> 神聖的封齋期日子裡，致命的一天，希帕蒂婭從她的馬車裡被拉了出來，剝光了衣服，拖到教堂，被一群野蠻人和毫無仁慈之心的狂熱者慘無人道地宰割了；她的肉從她的骨頭上被鋒利的牡蠣殼刮了下來，她顫抖著的斷臂殘肢被扔進火中。

---

[04] 蘇格拉底（公元前 469-399 年），古希臘哲學家。柏拉圖（公元前 427-397 年），古希臘哲學家，蘇格拉底的學生。——譯者

希帕蒂婭死後不久，數學進入了停滯時期。直到文藝復興時期才有另一位女性以數學家而聞名於世。瑪麗亞‧阿涅西（Maria Agnesi）於 1718 年出生在米蘭，與希帕蒂婭一樣是數學家的女兒。她被公認為歐洲最優秀的數學家之一，尤其以她關於曲線切線的論文而著名。在意大利語中，曲線稱為 *versiera*，出自拉丁文 *vertere*，意為「轉彎」，但是它也是 *avversiera*（意為「魔王的妻子」）一詞的縮寫。阿涅西研究過的一條曲線（versiera Agnesi）翻譯成英語時被誤譯為「阿涅西的女巫」（witch of Agnesi），經過一段時間後，人們也就以同樣的頭銜稱呼這位女數學家。

雖然全歐洲的數學家們公認阿涅西的才能，但許多科學機構，特別是法蘭西科學院，卻拒絕給她研究職位。研究機構對婦女的歧視一直持續到 20 世紀，當時，被愛因斯坦譽為「自婦女開始受到高等教育以來最傑出的、富有創造性的數學天才」的埃米‧諾特（Emmy Noether）被拒絕授予她哥廷根大學的授課資格。大部分的教授反對道：「怎麼能允許一個女人成為講師呢？如果她成了講師，以後就會成為教授，成為大學評議會的成員……。當我們的士兵回到大學時，發現他們將在一個女人的腳下學習，他們會怎麼想呢？」她的朋友和導師大衛‧希爾伯特回答道：「我的先生們，我不認為候選人的性別是反對她成為講師的理由，評議會畢竟不是澡堂。」

後來，有人問她的同事埃德蒙‧蘭道（Edmund Landau），諾特是否

真是一個偉大的女數學家,他回答說:「我可以作證她是一個偉大的數學家,但是對她是一個女人,這點我不能發誓。」

　　除了遭受歧視外,諾特與許多世紀以來的其他女數學家還有不少相同之處,例如她也是一個數學教授的女兒。許多數學家(男女都有)是來自數學家家庭的,這使得人們會不經意地談論起數學基因來,但是在女數學家中這個比例特別高。一種可信的解釋是,大多數有潛力的婦女從未接觸過這門學科,或者受到勸阻而沒有從事這個職業,而那些出身於教授家庭的則難免耳濡目染,最終沉溺於對數的研究之中。此外,像希帕蒂婭、阿涅西和大多數女數學家一樣,諾特終身未婚,這主要因為婦女從事這個職業還未得到社會的認可,而且也沒有多少男人準備娶這種有爭議的背景的新娘。偉大的俄國數學家索菲婭·柯瓦列夫斯卡婭(Sofya Kovalevskya)是一個例外,她與弗拉季米爾·柯瓦列夫斯基(Vladimir Kovalevsky)安排了一場權宜婚姻,後者同意與她維持柏拉圖式的關係。對雙方來說,這場婚姻使他們得以脫離各自的家庭,集中精力於他們的研究工作;而對索菲婭來說,一旦成為一個受尊重的已婚婦女,單獨周遊歐洲就方便得多了。

　　在所有的歐洲國家中,法國對於受過教育的婦女的大男人主義態度表現得最為突出,聲稱數學不適合於婦女,並且是她們的智力不能承受的。雖然巴黎的沙龍在 18 世紀和 19 世紀的絕大多數時間裡對數學界起著決定性影響,然而只有一名婦女成功地擺脫了法國社會的束縛,使自

己成為一個優秀的數論家。索菲·熱爾曼革新了對費瑪最後定理的研究，而且她作出的貢獻比生活於她之前的任何男性都更為傑出。

索菲·熱爾曼

索菲·熱爾曼生於 1776 年 4 月 1 日，是商人安布羅斯－弗朗索瓦·熱爾曼（Ambroise-François Germain）的女兒。除了她的工作之外，她的生活也受到法國大革命引起的動亂的嚴重影響——她喜歡上數學的那一年，巴士底獄被摧毀，而她對微積分的研究處於恐怖統治[05]的陰影之下。儘管她的父親在商業上是成功的，她的家庭還不屬於貴族特權階級。

---

[05] 指法國資產階級革命高潮時期從 1793 年 10 月至 1794 年 7 月實行的雅各賓專政。——譯者

雖然像有熱爾曼這種家庭背景的女性並沒有受到積極的鼓勵去研究數學，但是被要求對這門學科有相當的瞭解，以便在禮節性的談話中，涉及這類話題時也能參與討論。為此目的，當時一些人寫了一批教科書，幫助年輕婦女瞭解數學和科學中的最新發展。《為女士而寫的艾薩克·牛頓爵士哲學》（*Sir Isaac Newton's Philosophy Explain'd for the Use of Ladies*）一書的作者是弗朗西斯科·阿爾加洛蒂（Francesco Algarotti）。由於阿爾加洛蒂相信婦女只對浪漫故事有興趣，所以他試圖通過一位侯爵夫人和她的對話者之間的挑逗性的對話來解釋牛頓的發現。例如，對話者概略地敘述了引力的反平方定律，於是侯爵夫人就談她自己對這個物理基本定律的解釋：「我禁不住想到……位置的距離的平方這個比例……甚至在愛情中也可觀察到。因此，分別 8 天以後，愛情就變得比第一天時弱 64 倍了。」

絲毫不意外的，這種華而不實的書不會激起索菲·熱爾曼對數學的興趣。改變她的生活的事情發生在某一天，當時她正在她父親的圖書館中隨便翻閱，偶然翻到了讓－艾蒂安·蒙圖克拉（Jean-Etienne Montucla）的《數學史》（*History of Mathematics*）。蒙圖克拉寫的關於阿基米德的生活的那一章引發了她的幻想。他對阿基米德的種種發現所作的描述無疑是有趣的，但特別使熱爾曼著迷的是圍繞著阿基米德之死展開的情節。阿基米德生活在敘拉古（Syracuse），[06] 在相對平靜的環境中研究

---

[06] 現屬西西里島。——譯者

數學，但是當他將近 80 歲時，和平被羅馬軍隊的入侵所破壞。傳奇故事說，在羅馬軍隊入侵時，阿基米德正全神貫注於研究沙堆中的一個幾何圖形，以致疏忽了沒有回答一個羅馬士兵的問話。結果他被劍刺死。

熱爾曼得出這樣的結論：如果一個人會如此癡迷於一個導致他死亡的幾何問題，那麼數學必定是世界上最迷人的學科了。她立刻著手自學數論和微積分的基礎知識，不久就經常工作到深夜，研究歐拉和牛頓的著作。她對這樣一門不適合女性的學科突然產生的興趣，使她的父母擔心起來。這個家庭的一位朋友，佐馬雅（Sommaja）的古列爾莫·利布里－卡魯奇伯爵（Count Guglielmo Libri-Carrucci）說，索菲的父親沒收了她的蠟燭和衣服，並且搬走任何可以取暖的東西，以阻止她繼續學習。僅僅相隔幾年後，在英國，年輕的數學家瑪麗·薩默維爾（Mary Somerville）也同樣被父親沒收了蠟燭，她的父親堅持說：「我們必須結束這一切，否則用不了多久就得給瑪麗穿約束衣了。」

熱爾曼的對付辦法是使用偷偷藏著的蠟燭和用床單包裹自己。利布里－卡魯奇記敘道，冬夜是如此寒冷以致墨水凍結在墨水瓶中，但索菲不顧一切地堅持著。有些人把她描寫成一個怕羞和笨拙的女人，但是她堅定無比，最終她的父母動了憐憫之心，同意她繼續學習。熱爾曼終生未婚，在她的整個生涯中，是她的父親資助她的研究工作。熱爾曼繼續獨自學習了許多年，因為她的家庭裡沒有數學家能向她介紹最新的思想，而她的家庭教師又不願認真地對待她。

之後，在 1794 年，綜合工科學校在巴黎誕生了。它是作為為國家培養數學家和科學家的一所優秀學校而建立的。這本可以是熱爾曼發展她的數學才能的理想地方，可是它卻是一所只接受男性的學院。她天生的靦腆性格使她不敢去見學校的管理當局，於是，她就冒名為這個學校以前的一個男學生安托尼－奧古斯特·勒布朗（Antoine-August Le Blanc）偷偷摸摸地在學校裡學習。學校的行政當局不知道真正的勒布朗先生已經離開巴黎，所以繼續為他印發講義和習題。熱爾曼設法取得了原本給勒布朗的講義，並且每星期以這個化名交上習題的解答。一切都按計畫順利地進行著，直到兩個月後，當時這門課的指導教師約瑟夫－路易斯·拉格朗日再也不能無視勒布朗先生在習題解答中表現出來的才華。勒布朗先生的解答不僅巧妙非凡，而且它顯示了一個學生的深刻變化，這個學生以前曾因其糟透了的數學能力而出名。拉格朗日是 19 世紀最優秀的數學家，他要求這個改頭換面的學生來見他，於是熱爾曼被迫洩漏了她的真實身分。拉格朗日感到震驚，他很高興見到這個年輕的女學生，並成為她的導師和朋友。索菲·熱爾曼終於有了一位能激勵她前進的老師，她可以對他坦誠地展示她的才能和抱負。

　　熱爾曼變得越來越有信心，她從解答課程作業中的習題轉為研究數學中未開發的領域。尤其重要的是她對數論發生了興趣，這使她必然會知道費瑪最後定理。她對這個問題研究了好幾年，最後到達了她自信已經有了重要突破的階段。她需要和一位男性數學家討論她的想法，並決

定直接找最好的數學家去討論。於是她去請教當時世界上最傑出的數論家——德國數學家卡爾·弗里德里希·高斯（Carl Friedrich Gauss）。

高斯被公認為歷史上最傑出的數學家。E·T·貝爾稱費瑪為「業餘數學家之王」，而將高斯稱為「數學家之王」。熱爾曼是在研究他的傑作《算術研究》（*Disquisitiones Arithmeticae*）時第一次瞭解他的工作的，這本書是自歐幾里得的《幾何原本》之後最重要和內容最廣的專著。高斯的工作影響著數學的每一個領域，但很奇怪的是，他從未發表過論述費瑪最後定理的文章。在一封信中，他甚至流露出對這個問題的蔑視。高斯的朋友，德國天文學家海因里希·奧伯斯（Heinrich Olbers）曾經寫信給他，勸說他去競爭巴黎科學院為費瑪最後定理徵解而設的獎：「在我看來，親愛的高斯，你應該為此忙碌一下。」兩星期後，高斯回信說：「我非常感謝你關於巴黎的那個獎的消息。但是我自認為費瑪最後定理作為一個孤立的命題對我來說幾乎沒有什麼興趣，因為我可以很容易地寫下許多這樣的命題，人們既不能證明它們，又不能否定它們。」高斯有權利發表他的意見，但是費瑪曾經明確地說過存在這樣一個證明，並且後來的尋找這個證明的嘗試儘管失敗了，卻產生了一些新穎的方法，例如「無窮遞降法」和虛數的應用。或許高斯過去曾嘗試過這個問題但失敗了，他對奧伯斯的回答只不過是智力上酸葡萄的一個例子罷了。雖然如此，當他收到熱爾曼的信時，他對她的突破性工作驚喜萬分，以致一下子忘記了他對費瑪最後定理的矛盾態度。

75 年以前，歐拉發表了他對 $n = 3$ 的情形的證明。此後，數學家們徒勞地試圖證明其他的情形。然而，熱爾曼採用了一種新的策略，她向高斯描述了所謂的對這個問題的一般處理方法。換言之，她直接的目標並不是去證明一種特殊的情形，而是一次就得出適合許多種情形的解答。她在給高斯的信中大致地敘述了一種計算，這種計算是針對使得 $(2p + 1)$ 也是素數的那類素數 P 進行的。熱爾曼的素數表中包括 5，因為 11（2×5 + 1）也是素數；但是它不包括 27，因為 27（2×13 + 1）不是素數。

對其值為熱爾曼素數的 n，她使用了一種巧妙的論證推得大概方程式 $x^n + y^n = z^n$ 不存在解。這裡「大概」的意思，熱爾曼指的是有解存在是不太可能的，因為如果有解存在，那麼 x、y 中的一個或 z 將是 n 的倍數，而這就將對解加上非常嚴厲的限制。她的同行們對她的素數表上的素數一個一個地研究，嘗試證明 x、y 或 z 不可能是 n 的倍數，從而證明對 n 的哪些值解不存在。

在 1825 年，由於兩位相差一個世代的數學家古斯塔夫·勒瑞納－狄利克雷（Gustav Lejeune-Dirichlet）和阿德利昂－瑪利埃·勒讓德（Adrien-Marie Legendre）的工作，使熱爾曼的方法第一次獲得完滿的成功。勒讓德是 70 多歲的老人，經歷了法國大革命的政治動亂。他由於沒有支持政府方面提出的國家研究院候選人而被終止了養老金。到他對費瑪最後定理作出成績時，他已處於貧困之中。另一方面，狄利克雷是一個志向遠大的年輕數論家，還剛剛 20 歲。他們倆獨立地證明了 $n = 5$ 的

情形不存在解，但是他們的證明是在索菲·熱爾曼的基礎上完成的，因而他們的成功要歸功於索菲·熱爾曼。

14年後，法國人作出了另一個突破性工作。加布里爾·拉梅（Gabriel Lamé）對熱爾曼的方法作了一些進一步的、巧妙的補充，並證明了 $n = 7$ 的情形。熱爾曼已經告訴數論家們怎樣去攻克完整的一批素數，現在，繼續一次證明費瑪最後定理的一個情形的任務則留給她的同行們去共同努力了。

加布里爾·拉梅

熱爾曼關於費瑪最後定理的工作是她對數學的最大貢獻，但是起初她的突破性工作並未被記在她的名下。當熱爾曼寫信給高斯時，她還只有 20 多歲。雖然她在巴黎已經有了點名氣，但她仍然害怕這個大人物因為她的性別而不會認真地對待她。為了保護自己，熱爾曼再一次用了她的化名，信上署名為勒布朗先生。

她的擔心以及對高斯的尊敬可以在她給高斯的一封信中看出：「不幸的是，我智力之所能比不上我欲望的貪婪。對於打擾一位天才我深感魯莽，尤其是當除了所有他的讀者都必然擁有的一份傾慕外別無理由蒙其垂顧之際。」高斯並不知道他的通信者真正的身分，他試圖安慰熱爾曼，回信說：「我很高興算術找到了你這樣有才能的朋友。」

要不是拿破崙皇帝，熱爾曼的貢獻可能已經被永遠錯誤地歸之於神秘的勒布朗先生了。1806 年拿破崙入侵普魯士，法國軍隊一個接一個地猛攻日耳曼城市。熱爾曼擔心落在阿基米德身上的命運，也會奪走她的另一個崇拜對象高斯的生命，因此她寫了封信給她的朋友約瑟夫－瑪利埃·帕尼提（Joseph-Marie Pernety）將軍，當時他正負責指揮前進中的軍隊。她請求他保證高斯的安全，結果將軍對這位德國數學家給予了特別的照顧，並向他解釋是熱爾曼小姐挽救了他的生命。高斯非常感激，也很驚訝，因為他從未聽說過索菲·熱爾曼。

遊戲結束了。在熱爾曼給高斯的下一封信中，她勉強地透露了她的真實身分。高斯完全沒有因受矇騙而發怒，他愉快地給她寫了回信：

當我看到我尊敬的勒布朗先生將自己蛻變為這位傑出人物時，我的欽佩和驚訝不知該如何向您描述，他為我提供了如此出色的例子，令我難以置信。一般而言，對抽象的科學，尤其是對神秘的數論的愛好是非常罕見的。這門高尚科學只對那些有勇氣深入其中的人展現其迷人的魅力。而當一位在世俗和偏見的眼光看來一定會遭遇比男子多得多的困難才能通曉這些艱難研究的女性終於成功地越過種種障礙，洞察其中最令人費解的部分時，那麼毫無疑問她一定具有最崇高的勇氣、超常的才智和卓越的創造力。事實上，還沒有任何東西能以如此令人喜歡和毫不含糊的方式向我證明，這門為我的生活增添了無比歡樂的科學所具有的吸引力絕不是虛構的，如同你的偏愛使它更為榮光一樣。

索菲·熱爾曼與高斯的通信，對熱爾曼的許多工作起了很大的促進作用。但在 1808 年這種關係突然結束了。高斯被聘為哥廷根大學的天文學教授，他的興趣從數論轉移到應用數學方面，他不再費神給熱爾曼回信。失去了導師，她的信心開始減弱，一年以後她放棄了純粹數學。

雖然此後她對證明費瑪最後定理沒有再作出貢獻，但她又開始了作為物理學家的重要生涯，在這門學科中她又一次出類拔萃，不料卻遭到權勢集團的反感。她對這門學科最重要的貢獻是《彈性板振動研究》(*Memoir on the vibrations of elastic plates*)，這是一篇傑出的、見解深刻的論文，它奠定了現代彈性理論的基礎，由於這篇論文以及她關於費

瑪最後定理所作的工作，她榮獲法蘭西科學院的金質獎章，成了第一位不是以某個成員夫人的身分出席科學院講座的女性。後來，在將近她生命的盡頭時，她恢復了與高斯的聯繫。高斯說服哥廷根大學授予她名譽博士學位。可悲的是，在哥廷根大學可以授予她這個榮譽之前，索菲‧熱爾曼死於乳腺癌。

　　考慮到所有這一切，她或許是法國迄今出現過的造詣最深的潛心於學術研究的女性。但令人感到奇怪的是，當國家官員為這位法蘭西科學院一些最傑出的成員的卓越同行和合作者出具死亡證明書時，竟將她的身分記為 rentière-annuitant（無職業未婚婦女）──而不是 mathématicienne（女數學家）。事情還不止於此。在建造愛菲爾鐵塔的過程中，工程師們必須特別注意所用材料的彈性。當愛菲爾鐵塔落成之時，在這座高聳的建築物上鐫刻著 72 位專家的名字。但是人們在這個名單中，卻找不到這位以其研究工作為金屬彈性理論的建立作出過巨大貢獻的天才女性的名字──索菲‧熱爾曼。難道她被排除在這個名單之外也是出於與阿涅西不能入選法蘭西科學院院士同樣的理由，只是因為她是一個女人嗎？事情似乎就是如此。如果真的是這樣，那麼對一位如此有功於科學，且由於她的成就而在名譽殿堂中已經獲得值得羨慕的地位之人做出這種忘恩負義的事來，那些對此負有責任的人該是多麼感到羞恥。

　　　　　　　　　　　　　　H‧J‧莫贊斯（H. J. Mozans）於 1913 年

蓋章密封的信封

在索菲·熱爾曼的突破性工作之後，法蘭西科學院設立了一系列的獎項，包括金質獎章和 3000 法朗的獎金，以獎勵能最終揭開費瑪最後定理的神秘面紗的數學家。現在，除了享有證明費瑪最後定理的聲望外，這個挑戰還附加了巨額的獎金。巴黎的沙龍裡充斥著關於某某正採用某種策略以及他們離宣布結果還有多遠等等的傳聞。然後，在 1847 年 3 月 1 日，科學院舉行了富有戲劇性的會議。

科學院的通報描述了加布里爾·拉梅（他早些年曾證明了 $n = 7$ 的情形）怎樣登上講台，面對那個時代最卓越的數學家們宣布他差不多已證明費瑪最後定理了。他承認自己的證明還不完整，但是他概略地敘述了他的方法，並自信地預言幾星期後他會在科學院期刊上發表一個完整的證明。

全體聽眾都愣住了。但是拉梅一離開講台，另一位巴黎最優秀的數學家奧古斯汀·路易斯·柯西（Augustin Louis Cauchy）就請求允許他發言。柯西向科學院宣布他一直在用與拉梅類似的方法進行研究，並且他也即將發表一個完整的證明。

無論柯西還是拉梅都意識到時間是至關重要的。誰能率先交出一個完整的證明，誰就會獲得數學中最權威且獎金豐厚的獎項。雖然他們之中誰也沒有完整的證明，但這兩位競爭對手都急於立樁標明所有權，所

奧古斯汀・柯西

以只過了三個星期，他們就各自聲明自己在科學院存放了蓋章密封的信封，這是當時常有的做法。這能使數學家們的思想被記錄下來，而又不洩漏他們研究工作的確切細節。如果後來關於想法的出處發生爭議，那麼密封的信會對判斷誰先擁有這種想法提供必需的證據。

在整個4月，隨著柯西和拉梅在科學院通報上發表了他們磨人但又含糊的證明細節後，人們的期望越來越迫切。雖然整個數學界都極想看到完成的證明，但他們之中許多人暗地裡卻希望是拉梅，而不是柯西，

贏得這場競賽。根據各種流傳的說法，柯西是一個自以為正直的人，一個狂熱的教徒，特別不受他的同事的歡迎。只是因為他的傑出才華，他才能待在科學院中。

接著，在 5 月 24 日，有人宣讀了一份聲明，結束了種種推測。既不是柯西，也不是拉梅，而是約瑟夫・劉維爾（Joseph Liouville）在科學院發表談話。劉維爾宣讀了德國數學家恩斯特・庫默爾（Ernst Kummer）的一封信的內容，震驚了全體聽眾。

恩斯特・庫默爾

庫默爾是一位最高級的數論家，但在他生命的許多年中，出於對拿破侖的憎恨而產生強烈的愛國主義，使他偏離了他真正的事業。當庫默爾還是一個孩童的時候，法國軍隊入侵他的家鄉索拉烏鎮（Sorau），[07]給他們帶來了斑疹傷寒的流行。庫默爾的父親是鎮裡的醫生，幾星期後他也死於這個疾病。這段經歷使庫默爾在心靈上受到很大的創傷，他發誓要盡最大努力使他的祖國免遭再次打擊，一讀完大學他就立即用他的知識去研究砲彈的彈道曲線問題。最終，他在柏林軍事學院教導彈道學。

在從事軍職的同時，庫默爾積極地進行純粹數學的研究。他對發生在法蘭西科學院中的一系列事件一清二楚。他從頭到尾地讀了科學院的通報，分析了柯西和拉梅敢於透露出來的少數細節。對於庫默爾來說，十分清楚這兩個法國人正在走向同一條邏輯的死胡同，他在給劉維爾的這封信中，概要地敘述了他的理由。

根據庫默爾的說法，基本的問題是柯西和拉梅的證明都要藉助於使用數的一種稱為「唯一因子分解」的性質。唯一因子分解是說，對於給定的一個數，只有一種可能的素數組合，它們乘起來等於該數。例如，對於數 18 來說，唯一的素數組合是

$$18 = 2 \times 3 \times 3。$$

類似地，下面的這些數按下列方式被唯一地分解：

---

[07] 索拉烏鎮現屬波蘭。

$$35 = 5 \times 7,$$
$$180 = 2 \times 2 \times 3 \times 3 \times 5,$$
$$106260 = 2 \times 2 \times 3 \times 5 \times 7 \times 11 \times 23。$$

唯一因子分解性質是公元 4 世紀時歐幾里得發現的。他證明了這個性質對於一切自然數是正確的，並在他的《幾何原本》的第 9 卷中敘述了證明。唯一因子分解對一切自然數成立這個事實，在許多別的證明中是一個要點，現在把它稱為算術基本定理。

初看起來，似乎沒有理由說明為什麼柯西和拉梅不可以像他們之前的成百個數學家那樣藉助唯一因子分解性質。不幸的是，他們倆的證明都用到了虛數。雖然唯一因子分解對實數是正確的，但庫默爾指出，當引進虛數後它就不一定成立了。按照他的說法，這是一個致命的缺陷。

例如，如果我們限於實數的情形，那麼數 12 只能分解成 $2 \times 2 \times 3$。然而，如果我們允許在證明中運用虛數，那麼 12 也可以分解成下列形式：

$$12 = (1 + \sqrt{-1}) + (1 - \sqrt{-11})。$$

這裡，$(1 + \sqrt{-11})$ 是一個複數，即實數和虛數的結合。雖然複數的乘法過程比普通數的乘法要繁複得多，但是複數的存在確實導致另外的分解 12 的方法。另一種分解 12 的方法是 $(2 + \sqrt{-8}) \times (2 - \sqrt{-8})$。唯一因子分解不再成立，而是有各種可選擇的因子分解方法。

唯一因子分解性質不成立，嚴重地破壞了柯西和拉梅的證明，但是

它並不一定使它們徹底無效。這些證明的目的是要證明方程式 $x^n + y^n = z^n$ 無解，這裡 n 表示任何大於 2 的自然數。像本章前面討論過的那樣，這種證明只要對 n 的素數值行得通就可以了。例如對所有小於（包括等於）31 的素數，唯一因子分解的問題可以設法規避。然而，素數 $n = 37$ 就不可能這麼容易地處理了。在小於 100 的其他素數中，還有兩個（$n = 59$ 和 $n = 67$）也是很難對付的情形。這些所謂的非規則素數，它們散落在其餘的素數之中，現在成了一個完整證明的絆腳石。

庫默爾指出，現有的數學還不能夠一下子攻克所有的這種非規則素數。然而，他確實相信，通過對每一個特定的非規則素數有針對性地仔細修改方法，它們可以一個個地被解決。找出這些按具體目標設計的方法將會是一項曠日持久的艱辛任務，更糟的是，非規則素數的個數仍然是無限的，一個個地處理它們將使這個世界的數學界人士忙到世界末日來臨。

庫默爾的信使拉梅一下子洩了氣。事後想來，唯一因子分解的假設從最好的方面來看也是過於樂觀的，而從最壞的方面來看則顯得十分魯莽。拉梅意識到，如果他將他的工作更為公開一些，也許他早就會發現錯誤了。他寫信給他在柏林的同事狄利克雷：「要是當初你在巴黎或者我在柏林，那麼所有這一切就不會發生了。」

在拉梅感到羞恥的同時，柯西則拒絕承認失敗。他認為與拉梅的證明相比，他自己的方法對唯一因子分解的依賴程度較輕，而且庫默爾的

分析在被完全核對之前仍存有缺陷的可能性。在幾個星期中，他繼續發表有關這個題材的文章，但是到夏季結束的時候他也變得安靜了。

庫默爾已經論證了費瑪最後定理的完整證明，是當時的數學方法不可能實現的。這是數學邏輯光輝的一頁，但也是對希望能解決這個世界上最棘手的數學問題的整整一代數學家的巨大打擊。

柯西將情況作了總結，他在1857年寫了科學院關於費瑪最後定理獎的最終報告：

>關於競爭數學科學大獎的報告。競爭開始於1853年，終止於1856年。
>
>曾經有11份專題學術論文提交給秘書，但是沒有一份解決了所提議的問題。因此，經過多次推薦獲獎之後，這個問題仍停留在庫默爾先生指出的那種情形。然而，數學科學應該為幾何學家們，尤其是庫默爾先生，出於他們解決該問題的願望所做的工作而慶幸。委員們認為，如果撤消對這個問題的競賽而將獎授予庫默爾先生，以表彰他關於由單位根和整數組成的複數所做的美妙工作，那將是科學院作出的一項公正而有益的決定。

兩個多世紀中，每一次試圖重新發現費瑪最後定理的證明都以失敗告終。在整個青少年時代，安德魯·懷爾斯研究了歐拉、熱爾曼、柯西和拉梅的工作，最後研究了庫默爾的工作。他希望自己能從他們的錯誤

中學到一些有用的東西，可是到他成為牛津大學的學生時，也遭到了庫默爾曾面臨的同一堵磚牆的阻擋。

一些懷爾斯的同代人開始懷疑這個問題是不可能解決的。或許費瑪是自己騙自己，因而，為什麼沒有人重新發現費瑪的證明，就是因為根本不存在這樣的證明。懷爾斯不顧這種懷疑論調繼續尋求證明。鼓舞著他的是這樣的認識：過去有幾種情形的證明是經過一百多年的努力才最終被發現的，而且其中有一些情形，解決問題的那種洞察力的閃現並未依靠新的數學。相反它是很久以前就能夠被完成的那種證明。

一個幾十年未能解決的問題的例子是「點猜測」。這個挑戰涉及一系列的點，它們彼此之間都有直線相連接，如圖 13 中所顯示的點那樣。這個猜測斷言，不可能畫出一個點圖使得每條直線上至少有 3 個點（所有的點都在同一條直線上的圖形除外）。確實，試一下幾個圖形，似乎這是對的。例如，圖 13(a) 有 5 個點被 6 條直線相連接。其中 4 條直線上面沒有 3 個點，因此這種布局不滿足所有直線都要有 3 個點的要求。通過加上一個點和附加的直線，如圖 13(b) 所示，那麼圖上沒有 3 個點的直線數減少到 3 條。然而，試圖進一步修改這圖形使得所有直線都有 3 個點似乎是不可能的。當然，這並不能證明沒有這種圖形存在。

幾代的數學家試圖對這個看上去簡單的點猜測找出一個證明，但都失敗了。更令人生氣的是，當最終找到這個猜測的證明時，它居然只涉及極少的數學再加上幾分計謀。這個證明概述於附錄 6 中。

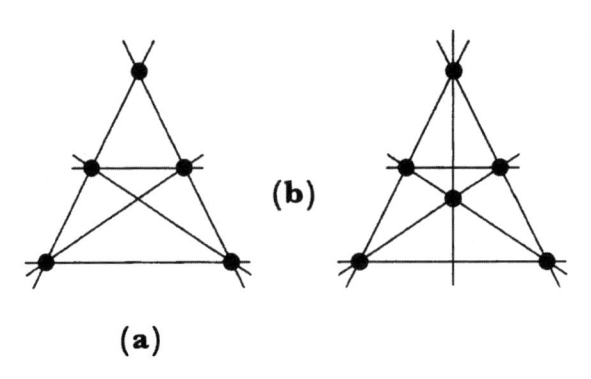

圖 13. 這些圖形中每個點與每一個其他的點都有直線相連接。是否可能構造一個圖形使得每條直線上至少有 3 個點？

存在一種可能性，就是證明費瑪最後定理所需的全部技術是現成的，唯一缺少的是足智多謀。懷爾斯不準備放棄：尋求費瑪最後定理的證明已經從一個孩子的幻想，轉變成了完全成熟的追求。在精通 19 世紀數學中所有需要掌握的東西後，懷爾斯決定用 20 世紀的技術來武裝自己。

chapter 3　數學史上黯淡的一頁

保羅・沃爾夫斯凱爾

Chapter 4 進入抽象

證明是一個偶像,數學家在這個偶像前折磨自己。

阿瑟・愛丁頓爵士[01]

---

[01] 阿瑟・愛丁頓(Arthur Eddington, 1882-1964)英國天文學家、物理學家。——譯者

在恩斯特·庫默爾的工作之後，發現費瑪最後定理證明的希望比以前更渺茫了。此外，數學正開始轉向各種不同的研究領域，並且存在著新一代的數學家不再理睬那些似乎不可能解決的、進入死胡同的問題的危險。到 20 世紀初，這個問題依然在數論家的心目中占有特殊的地位，不過他們對待費瑪最後定理就像化學家對待煉金術一樣，兩者都是來自過去年代的荒謬和富有浪漫色彩的夢。

然後，在 1908 年，達姆斯塔特（Darmstadt）的一位德國實業家保羅·沃爾夫斯凱爾（Paul Wolfskehl）給這個問題注入了新的生命力。沃爾夫斯凱爾家族以其財富和樂於資助藝術和科學而聞名，保羅也不例外。他在大學裡學過數學，雖然他的絕大部分時間花在營造家族的商業帝國上，但他仍與職業數學家保持著聯繫，並且繼續涉獵數論。特別是，沃爾夫斯凱爾拒絕放棄對費瑪最後定理的愛好。

沃爾夫斯凱爾絕不是一個有天賦的數學家，也不是生來就註定會對發現費瑪最後定理的證明作出重大貢獻的人。然而由於一連串不可思議的事件，他卻與費瑪問題永遠相伴在一起，鼓舞著數以千計的人去攻克這個富有挑戰性的問題。

故事是從沃爾夫斯凱爾對一位漂亮女性的迷戀開始的，她的真實身分至今未被確定。使沃爾夫斯凱爾倍感沮喪的是，這位神秘的女性拒絕了他，這使他處於一種極端失望的境況以致決定自殺。他是個感情強烈的人，但並不魯莽。他極其謹慎地計畫他的死亡，包括每個細節。他定

下了自殺的日子，決定在午夜鐘聲響起時開槍射擊自己的頭部。在剩下的日子裡，他仍然處理他所有的重要商業事務。在最後一天，他寫下了遺囑，並且給他所有的親朋好友和親屬寫了信。

　　沃爾夫斯凱爾的高效率，使得所有的事情略早於他午夜的時限就辦完了。為了消磨這幾個小時，他到圖書室裡開始翻閱數學書籍。不久，他就不知不覺地被庫默爾解釋柯西和拉梅失敗原因的經典論文吸引住了。那是一篇那個時代最偉大的計算，很適合一個要自殺的數學家在最後時刻閱讀。沃爾夫斯凱爾一行接一行地進行計算，突然他驚呆了：似乎邏輯上有一個漏洞——庫默爾提出了一個假定，卻未能在他的論證中說明其合理性，沃爾夫斯凱爾不清楚到底是他發現了一個嚴重的缺陷呢，還是庫默爾的假定是合理的。如果是前者，那麼費瑪最後定理的證明就有可能比許多人推測的容易得多。

　　他坐了下來，仔細審閱那一段不充分的證明，漸漸地全神貫注於作出一個小證明，這個證明或者會加強庫默爾的工作，或者會證明他的假定是錯的，在後一種情形，庫默爾的所有工作將都是無效的。直到黎明時分他的工作才完成。壞消息（就數學方面而言）是，庫默爾的證明被補救了，而最後定理依舊處於不可達的境界中。好消息是，預定的自殺時間已經過了，沃爾夫斯凱爾對於自己發現並改正了偉大的恩斯特·庫默爾工作中的一個漏洞感到無比驕傲，以致他的失望和悲傷都消失了。數學重新喚起了他生命的欲望。

由於那個夜晚發生的一切，沃爾夫斯凱爾撕毀了他寫好的告別信，重新立了他的遺囑。在他1908年去世時，新遺囑被宣讀，沃爾夫斯凱爾家族震驚地發現保羅已經把他財產中的一大部分遺贈作為一個獎，規定將獎勵頒發給任何能證明費瑪最後定理的人。獎金為10萬馬克，按現在的幣值計算，其價值超過100萬英鎊。這是他對這個挽救過他生命的複雜難題的報恩方式。

負責掌管這筆錢的是哥廷根的皇家科學協會，它在同一年正式宣布了沃爾夫斯凱爾獎的競賽規則：

> 根據在達姆斯塔特去世的保羅·沃爾夫斯凱爾博士授予我們的權力，我們在此設立10萬馬克的獎賞，準備授予第一個證明費瑪最後定理的人。
>
> 下列規定將予以遵守：
>
> (1) 哥廷根皇家科學協會擁有絕對的權力決定該獎授予何人。本會拒絕接受任何以參與競賽獲得該獎為唯一目的而寫的任何稿件。本會只考慮在定期刊物上以專著形式發表的或在書店中出售的數學專題論著，協會要求作者呈交至少5本已出版的樣本。
>
> (2) 凡以評委會挑選的學術專家不能理解的語言發表的著作不屬本競賽考慮範圍。這類著作的作者可以用忠實於原文的翻譯本代替原著。
>
> (3) 協會沒有責任審查未提請它注意的著作，也不對可能由於著作

的作者，或部分作者不爲協會所知這個事實而造成的差錯承擔責任。

(4) 在有多名人員解答了這個問題，或者該問題的解答是由幾名學者共同努力所致的情況下，協會保留決定權，特別是對獎金分配的決定權。

(5) 協會舉行頒獎不得早於被選中的專著發表後的兩年。這段時間供德國和外國的數學家對所發表的解答的正確性提出他們的意見。

(6) 此獎的授予由協會確定後，秘書就以協會的名義立即通知獲獎者，此結果將在上一年曾宣布過這項獎的各地公布。協會對該獎的指派一經決定就不再更改。

(7) 在頒布後 3 個月內，將由哥廷根大學皇家出納處向獲獎者支付獎金，或者由受獎者自己承擔風險在他指定的其他地點支付。

(8) 錢款可按協會的意願以現金或等值的匯票送收。匯票送達即認爲已完成獎金的支付，即使在這天結束時匯票的總價值可能不到 10 萬馬克。

(9) 如果到 2007 年 9 月 13 日尚未頒布此獎，將不再繼續接受申請。

皇家科學協會
1908 年 6 月 27 日，哥廷根

值得注意的是，雖然委員會將授予第一個證明費瑪最後定理成立的數學家 10 萬馬克，但他們對任何能證明它不成立的人則是一分錢也不給。

所有的數學期刊都刊登了設立沃爾夫斯凱爾獎的通告，競賽的消息

迅速傳遍歐洲，但儘管有宣傳攻勢和巨額獎金帶來的額外刺激，沃爾夫斯凱爾委員會仍未能喚起正統數學家的很大興趣。大多數職業數學家把證明費瑪最後定理看作為必然會失敗的事情，認為不值得浪費時間去做這件蠢事。然而，這個獎確實成功地將這個問題介紹給了一大群新的參與者——一批潛藏著的熱心學者，他們願意投身於這個最艱難的謎，並將沿著一條從未有人走過的道路去接近它。

智力遊戲、謎和恩尼格碼密碼機的時代

　　自希臘人開始，數學家們就設法通過把證明和定理改用解數學謎題的形式進行表述，為他們的教科書增添趣味。在 19 世紀的後半期，這門學科的趣味性處理方法進入了流行的報刊，數字遊戲和縱橫填字謎及字謎遊戲一起出現在報刊中。業餘愛好者們可以仔細琢磨從最簡單的謎語到深奧的數學問題都有的各種各樣遊戲，其中甚至包括費瑪最後定理。在這過程中，逐漸地形成了日益增多的喜愛數學難題的讀者。

　　當時最多產的製謎者大概是亨利·杜登尼（Henry Dudeney），他為幾十種報紙和雜誌創作謎題，其中包括《岸濱雜誌》（*Strand*）、《卡塞爾雜誌》（*Cassell's*）、《女王》（*the Queen*）、《趣聞雜誌》（*Tit-Bits*）、《每周新聞》（*Weekly Dispatch*）和《布萊蒂雜誌》（*Blighty*）。維多利亞時代的另一位大製謎家是查爾斯·道奇森牧師（the Reverend

Charles Dodgson），他是牛津大學基督堂學院的數學講師，他更為人知的名字是作家劉易斯・卡羅爾（Lewis Carroll）。[02] 道奇森花幾年的功夫編纂了一套書名為《數學珍品》（*Curiosa Mathematica*）的大型智力遊戲手冊，雖然沒有全部完成，但他確實寫了好幾卷，包括《枕邊問題集》（*Pillow Problems*）。

製謎者中最優秀的一位是美國的奇才薩姆・洛伊德（Sam Loyd, 1841-1911），當他還是一個十幾歲的少年時，就通過製作新謎和改造舊謎賺得一筆可觀的錢。他在《薩姆・洛伊德和他的謎：自傳性的回顧》（*Sam Loyd and his Puzzles: An Autobiographical Review*）中回憶說，他早期的謎題是為馬戲團主和魔術師 P・T・巴能 (P. T. Barnum) 製作的。

> 許多年以前，當巴能的馬戲團的確是「世界上最偉大的表演」時，這位著名的表演家要我為他準備一系列的有獎猜謎用作廣告。由於它為正確解答者提供大額獎金，這些謎題變得非常出名，被稱為「斯芬克司的問題」。[03]

奇怪的是，這本自傳寫於洛伊德去世 17 年後的 1928 年。洛伊德將他的靈巧和智謀傳給了名字也叫薩姆的兒子，後者才是這本書的真正作

---

[02] 英國兒童文學作家、數學家，本名查爾斯・L・道奇森（1832-1898）。他的作品《愛麗絲夢遊記》已成為世界兒童文學的名著。——譯者

[03] 斯芬克司（Sphinx）為希臘神話中帶翼的獅身女怪，傳說常叫過路行人猜謎，猜不出者即遭殺害。——譯者

者，他非常清楚任何購買這本書的人都會誤以為這本書是更有名的老薩姆‧洛伊德寫的。

圖14. 反映薩姆‧洛伊德的「14－15」遊戲引起狂熱的一幅漫畫。

洛伊德最著名的創作是「14－15」智力玩具它相當於維多利亞時代的魔術方塊，[04]玩具店裡現在還可以買到。將編號為1到15的15塊塑膠片排列在一個4×4的網格中，遊戲的目的是滑動這些塑膠片，將它們重新排成正確的次序。洛伊德的「14－15」智力玩具出售時，塑膠片的排列次序如圖14所示。洛伊德提供了一筆大獎金，無論誰能通過一連串的塑膠片滑動將「14」與「15」交換到它們正常的位置，就算完成這個

---

[04] 魔術方塊為匈牙利教師魯比克（Rubik）發明的一種智力玩具。——譯者

遊戲，也就能得到獎金。洛伊德的兒子對這個有形的，但本質上卻是數學的智力遊戲所引起的狂熱作了這樣的描寫：

> 為這個問題的第一個正確答案提供的 1000 美元獎金從未有人得到過，雖然有數以千計的人聲稱他們做到了所要求的那一步。人們被這個遊戲弄得神魂顛倒，有些荒謬可笑的傳說講道，一些店主忘了打開店門；一個很出名的牧師竟會整個冬夜佇立在路燈下，苦苦思索著想回憶出他曾經完成的那一個步驟。這個遊戲的一個神秘特點是，似乎沒有人能記住移動塑膠片的一系列步驟，他們認為按照這種步驟他們肯定成功地解答過這個難題。傳說有的輪船駕駛員差一點使他們的船出事，有的火車司機把火車開過了站。一位著名的巴爾的摩編輯講過這樣一件事：他出去吃午飯，結果當他的緊張萬分的同事在午夜過後很久找到他時，他還在一只盆子裡將餡餅片推來推去。

洛伊德卻始終堅信他永遠不需要付出這 1000 美元獎金，因為他知道不可能做到只把兩塊塑膠片調換好而不破壞遊戲中其他塑膠片之間的次序。採用數學家用來證明某個特定的方程式無解所用的同樣方法，洛伊德能夠證明他的「14－15」難題也是不能解的。

洛伊德的證明首先要定義一個用來衡量遊戲中無次序程度的量——錯序參數 D_p。一個給定排列的錯序參數等於次序錯誤的塑膠片對的個數。所以，對正確的排列，如圖 15(a) 中所示，$D_p = 0$，因為任何兩片之間的次序都不錯。

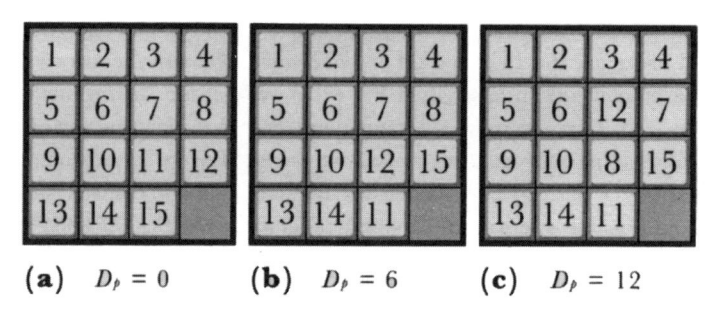

圖15　通過滑動調換各片，可以做出各種各樣的錯序排列。對每種排列可以用錯序參數 D_p 來衡量錯序的程度。

如果從次序正常的排列開始，然後將塑膠片滑動調換，那麼達到圖 15(b) 中所示的排列是比較容易的。看一下塑膠片 12 和 11，它們之間的次序是錯的。顯然，塑膠片 11 應該在塑膠片 12 之前，所以這一對塑膠片的次序錯誤。次序錯誤的塑膠片對一共有下面這些：（12、11）、（15、13）、（15、14）、（15、11）、（13、11）和（14、11）。這個排列中次序錯誤的片對有 6 對，所以 $D_p = 6$。（注意：塑膠片 10 和塑膠片 12 彼此相鄰，這也是不正確的，但是它們的次序並沒有錯，因而這種塑膠片對在錯序參數中不予計算。）

再多做一些滑動，我們就到達圖 15(c) 中所示的排列。如果你算一下次序錯誤的片對個數，那麼你將發現 $D_p = 12$。需注意的要點是，在所有的情形 (a)、(b) 和 (c) 中，錯序參數的值均為偶數（0、6 和 12）。事實上，如果你從正確的排列開始，對它進行重新排列，那麼上述結論總是對的。只要那個空著的方格在結束時位於右下角，那麼不管滑動調換多少次，最

後 D_p 總是偶數值。因此，對於從最初的正確的排列出發而得的排列來說，錯序參數的值為偶數是一個共同的性質。在數學中，對於所述對象不管施行多少次變換仍然能保持成立的性質稱為不變性質或不變量。

然而，請仔細研究一下洛伊德出售的那種排列，其中 14 和 15 被調換了次序，所以它的錯序參數是 1，即 $D_p = 1$，唯一的次序錯誤的片對是 14 和 15。對於洛伊德的排列，錯序參數是一個奇數值！但是我們知道，從正確的排列出發而得的排列其錯序參數值應是偶數。於是，結論是洛伊德的排列不可能是從正確的排列出發得到的，反過來說，也不可能從洛伊德的排列返回到正確的排列——洛伊德的 1000 美元是安全的。

洛伊德的智力遊戲和錯序參數展示了不變量的威力。在證明不可能將一個對象變換成另一個對象時，不變量為數學家提供了一種重要的策略。例如，當前活躍的一個領域涉及對扭結（knot）的研究，扭結理論家自然對設法證明一個扭結是否能通過扭曲和打環但不切斷的方法變換成另一個扭結的問題很感興趣。為了回答這個問題，他們試圖找出第一個扭結的一種不管做多少次扭曲和打環都不會被破壞的性質——扭結不變量。然後，對第二個扭結計算這個量。如果這兩個值是不同的，那麼結論就是將第一個扭結變換成第二次扭結必定是不可能的。

在這個方法被庫特·雷德馬斯特（Kurt Reidemeister）於 1920 年代發明之前，要證明一個扭結不能轉換成其他扭結是無法做到的。換言之，在扭結不變量被發現以前，不可能證明易散結與方結、反手結或甚至根

本沒有結的環之間是根本不同的。在許多別的數學證明中，不變量的想法也是重要的。像我們將在第 5 章中看到的那樣，費瑪最後定理回到數學的主流也是這個想法起了關鍵作用。

在 19 和 20 世紀之交，由於像薩姆·洛伊德和他的「14－15」，這樣的遊戲，在歐洲和美國出現了成百萬個業餘解題者，他們急切地期待著新的挑戰。當關於沃爾夫斯凱爾的遺產的消息在這些初露頭角的數學家們中間傳開時，費瑪最後定理就再一次成為世界上最著名的問題。費瑪最後定理比即使算最難解的洛伊德的謎也要複雜不知多少，但是獎金也是多得多。業餘愛好者們夢想著他們能找到相對簡單的、沒有被過去的大教授們發現的巧妙方法。在對數學技巧的瞭解方面，20 世紀出色的業餘愛好者們在很大程度上與皮埃爾·德·費瑪是不相上下的。其挑戰則是與費瑪比試一下在使用他的技術方面的創造性。

在沃爾夫斯凱爾獎宣布後的幾個星期內，參賽的論文像雪片似地飛到哥廷根大學。毫不奇怪，所有的論文都是令人失望的。雖然每個參賽者都確信他們已經解決了這個世紀難題，但他們都在他們的邏輯中犯了難以捉摸的，有時也不是那麼難以捉摸的錯誤。數論這門藝術是如此抽象，以致極容易離開邏輯的道路漫步亂走而自己卻未意識到已經進入荒謬之中。附錄 7 顯示了急於求成的業餘愛好者容易忽視的一個典型錯誤。

每一份證明，不管是誰送交的，都必須經過嚴格認真地審查，以防萬一有個不出名的業餘愛好者碰巧發現了那個數學中眾人苦苦尋找的證

明。在 1909 年到 1934 年期間，哥廷根大學數學系的系主任是埃德蒙・蘭道教授，審查沃爾夫斯凱爾獎的參賽論文是他的職責。蘭道發現，由於每個月必須處理放在他桌上的幾十份煩人的證明，他的研究工作常常被迫中斷。為了應付這種狀況，他發明了一種卸去這項工作擔子的巧妙方法。教授印製了幾百張卡片，上面印著：

親愛的＿＿＿：

謝謝您寄來的您關於費瑪最後定理的證明的稿件。

第一個錯誤是在：

＿＿＿頁＿＿＿行。

這使得證明無效。

E・M・蘭道教授

然後，蘭道把每份新的參賽論文連同一張印好的卡片交給他的一個學生，要求學生填寫空白處。

參賽論文的數量多年來持續不見減少，即使在第一次世界大戰後由於高通貨膨脹引起沃爾夫斯凱爾獎嚴重貶值之後也是如此。傳聞說，今天任何贏得這個競賽的人所得到的獎金幾乎不夠買一杯咖啡，但是這種說法有點過份誇張。在 1970 年代負責處理參賽論文的 F・施利克汀（F. Schlichting）博士寫的一封信裡，他解釋說獎金在當時仍然值 1 萬馬克

以上。這封信是寫給保羅·里本博瓦姆（Paulo Ribenboim）的，並發表在他的《費瑪最後定理十三講》（*13 Lectures on Fermat's Last Theorem*）一書中。從這封信中可以洞悉沃爾夫斯凱爾委員會的工作：

親愛的先生：

迄今為止尚未有對投寄來的「解答」的總數的統計。在第一年（1907-1908）科學院的檔案中登記有 621 份解答，而現在關於費瑪問題的來往信件他們已存放了約有 3 公尺高。在最近 10 年中，它們是按下列方式處理的：科學院的秘書將寄來的稿件分成：

(1) 完全無意義的，這些稿件立即被退回；

(2) 看起來有點像數學的稿件。

第二部分的稿件被交到數學系，在那裡，閱讀、找出錯誤和作出答覆的工作被委託給一位科學助手去做（在德國大學裡這些科學助手是大學畢業後攻讀博士學位的人）──而當時我正是受害者。每個月大約有 3 到 4 封信要答覆，其中還包括許多滑稽可笑和稀奇古怪的東西。例如，有個人寄來他的解答的前一半，並且許諾如果我們先預付 1000 馬克的話就再寄來後一半；再如另一個人，他許諾將他成名後從出版、電台或電視台採訪中獲取的收益的 1% 給我，只要我現在支持他，若我不這樣做，他威脅說他要把論文寄給蘇聯的數學研究部門，從而剝奪我們發現他的榮譽。時常會有人出現在哥廷根，堅持要求面談討論。

幾乎所有的「解答」都是在非常初級的水準上（使用中學數學以及可能是數論中某些未經整理的論文中的概念）寫成的，但儘管如此，理解起來卻是非常的複雜。在社會地位方面，寄論文者常常是受過一種專業教育但事業上失敗的人，他們試圖以證明費瑪最後定理找回成功。我將一些稿件交給了診斷嚴重精神分裂症的醫生。

沃爾夫斯凱爾最終遺願的一個條件是，科學院必須每年在一些主要的數學期刊上發布關於這個獎的通告。但是在第一年後那些期刊就拒絕刊登這個通告，因為寄來的信件和瘋狂古怪的稿件多得使他們無法容納。

我希望這些消息對你會有用處。

你的誠摯的
F·施利克汀

像施利克汀提到的那樣，參賽者還不只限於把他們的「解答」寄給科學院。世界上每個數學研究部門大概都有存放業餘數學愛好者送來所謂「證明」的小木櫥。大多數機構對這些業餘證明不予理睬，也有一些收到者以極具想像力的方式來處理它們。數學作家馬丁·加德納回想起一個朋友的做法：他回寄一張字條解釋說，他沒有能力研究寄來的證明，而且他向他們提供這個領域中能夠幫助做這件事的一位專家的姓名和地址——也就是，稍早寄給他一份證明的業餘愛好者的姓名和地址。加德納則是這樣答覆：「我有一個很好的證明反駁你試圖完成的證明，但不

幸的是這張紙不夠大以致無法寫下。」

雖然全世界的業餘數學家們在這個世紀中嘗試著證明費瑪最後定理和贏得沃爾夫斯凱爾獎並且都失敗了，但專業數學家們依然對這個問題置之不理。數學家們不再在庫默爾和其他的 19 世紀數論家的工作上添磚加瓦，而是開始探索他們自己學科的基礎，目的在於提出關於數的一些最基本的問題。20 世紀的一些最優秀的人物，包括貝特蘭·羅素、大衛·希爾伯特和庫特·哥德爾（Kurt Gödel），試圖弄清楚數的最深刻的性質以便掌握它們的真實意義和發現哪些問題是數論能回答的，更重要的是發現哪些問題是數論無法回答的。他們的工作將動搖數學的基礎，最終也對費瑪最後定理有所影響。

認識的基礎

幾百年來，數學家們一直在使用邏輯證明，從已知世界向未知世界進軍。每一代新的數學家都擴大了他們的重大成果，並創造了關於數和幾何的新概念，獲得的進步是非凡的。然而，到了 19 世紀末，數理邏輯學家們不是向前看而是開始回過頭來審視作為這一切支柱的數學基礎。他們想要證實數學的基本原理，並且嚴格地從基本原理出發重建一切，以恢復自己對這些基本原理的信心。

需要經過確實無疑的證明才能承認某個結論，對這一點數學家是以

其一絲不苟而著稱的。伊恩・斯圖爾特（Ian Stewart）在《現代數學的觀念》（*Concepts of Modern Mathematics*）一書中講的一個故事清楚地反映了他們的這種聲譽：

> 一位天文學家、一位物理學家和一位數學家（據說）正在蘇格蘭度假。當他們從火車車廂的窗口向外瞭望時，觀察到田地中央有一隻黑色的羊。「多麼有趣，」天文學家評論道，「所有蘇格蘭的羊都是黑色的！」物理學家對此反駁說：「不，不！某些蘇格蘭的羊是黑色的！」數學家祈求地凝視著天空，然後吟誦起來：「在蘇格蘭至少存在著一塊田地，至少有一隻羊，這隻羊至少有一側是黑色的。」

專門研究數理邏輯的數學家甚至比普通的數學家還要嚴格。數理邏輯學家開始質疑其他數學家們多年來都認為是理所當然的那些思想。例如，三分律說，每個數或者是負數或者是正數，要不就是零。這似乎是顯然的，數學家們心照不宣地認為它是對的，根本沒有人想費神去證明它確實是對的。邏輯學家意識到，在三分律被證明是真的之前，它仍有可能是假的。而如果真是假的，那麼整幢知識大廈——在這條定律上建立起來的一切東西都將崩坍。對於數學家來說，幸運的是在上世紀末三分律被證明是真的。

自古希臘以來，數學已經積累了越來越多的定理和事實，雖然它們中的大部分已經被嚴格地證明了，但數學家們仍然擔心它們中像三分律這樣沒被正常地證明過的東西有所增多。某些思想已經成了約定俗成的東西，即使它們確實曾經被證明過，也沒有人確切地知道它們最初是怎

樣被證明的。所以邏輯學家決定從基本原理出發將每一個定理證明一遍。然而，每個真理必須是根據別的真理推斷出來的，而那些真理仍然必須根據更為基本的真理來證明。依次類推下去，最終邏輯學家發現自己正在處理幾個最本質的命題，這些命題是如此的基本以致它們本身不再可能被證明。這些基本的假定就是數學中的公理。

公理的一個例子是加法交換律，它直截了當地說：對任何數 m 和 n 成立

$$m + n = n + m。$$

這個公理和另外極少數公理被認為是不證自明的，可以方便地通過具體的數驗證它們。迄今為止，這些公理都通過了每一次的驗證，已經被承認為數學的基本事實。對邏輯學家的挑戰是，從這些公理出發重建所有的數學。附錄8定義了一套數學公理，並描述了邏輯學家如何開始重建其餘的數學。

眾多邏輯學家參與了這個緩慢而棘手、只使用最少個數的公理來重建這座無比複雜的數學知識大廈的過程。想法是完全按照最嚴格的邏輯標準對數學家認為他們已經知道的東西進行整頓。德國數學家赫爾曼·魏爾（Hermann Weyl）對當時的基調作了概括：「邏輯是數學家用來使他的思想保持健康有力的保健法。」除了淨化已知的東西外，另一個希望是這種基要主義的研究方法也能把包括費瑪最後定理在內，至今尚未解決的問題搞清楚。

這個計畫是由那個時代最傑出的人物大衛·希爾伯特領導進行的。希

爾伯特相信，數學中的一切能夠且應該根據基本的公理加以證明。這樣做的結果，最終將是要證明數學體系中的兩個最重要的基本要求。首先，數學應該（至少在理論上）有能力回答每一個問題——這與對完全性的要求是相同的，這種要求在過去曾迫使數學家創造出像負數和虛數這樣的新的數。其次，數學不應該有不相容性——那就是說，如果用一種方法證明了某個命題是真的，那麼就不可能用另一種方法證明這同一命題是假的。希爾伯特確信，只需承認少數幾個公理，就可以回答任何想像得到的數學問題而無需擔心會出現矛盾。

大衛·希爾伯特

1900 年 8 月 8 日，希爾伯特在巴黎的國際數學家大會上作了一個歷史性的演講。希爾伯特提出了數學中的 23 個未解決的問題，他相信這些問題是最迫切需要解決的重要問題。其中某些問題與數學中更一般的領域有關。但大多數問題集中於數學的邏輯基礎。提出這些問題是為了集中數學界的注意力並提供一個研究計畫。希爾伯特想要激勵數學界來幫助他實現他的建立可信的並且相容的數學體系的夢想——他銘刻在他的墓碑上的雄心壯志：

Wir müssen wissen,
Wir werden wissen.
我們必須知道，
我們將會知道。

高特洛布·弗雷格（Gottlob Frege）是所謂的希爾伯特計畫的主要人物，雖然有時候他也是希爾伯特厲害的對手。在十多年中，弗雷格極為投入地從簡單的公理出發推導了數以百計的複雜定理，他的成功導致他相信自己已正確地行進在實現非常宏偉的希爾伯特之夢的道路上。弗雷格的重大的突破性工作，就是創造了數的一種定義。例如，我們講到數字 3 時，它的真實含意是什麼？結果發現，為了定義數 3，弗雷格必須首先定義「倍三性」。

「倍三性」是包含 3 個對象的對象集合所共有的抽象性質。例如，「倍三性」可以用來刻畫流行兒歌中瞎眼耗子的集合，或者刻畫三角形的邊

的集合。弗雷格注意到存在許多具有「倍三性」的集合，並且用集合的思想定義「3」本身。他創造了一個新的集合，並將所有的具有「倍三性」的集合放在其中，而把這個新的集合組成的集合稱為「3」。於是，一個集合具有 3 個成員當且僅當它在集合「3」裡面。

對於一個我們每天使用的概念來說，這個定義似乎過於複雜了，但是弗雷格對「3」的描述是嚴格和無可挑剔的，並且對於希爾伯特的不屈不撓的計畫是完完全全必要的。

1902 年，弗雷格的艱辛努力似將告一段落，因為他當時準備出版《算術的基本規律》（*Grundgesetze der Arithmetik*）── 一部龐大的權威性兩卷本著作，意在建立數學中可信性的新標準。就在這同時，也在為希爾伯特的偉大計畫作努力的英國邏輯學家貝特蘭·羅素卻有了一個毀滅性的發現。儘管遵循著希爾伯特的嚴格規定，羅素還是碰到了一種不相容性。當意識到數學可能生來就有矛盾時，羅素回憶他自己的反應時說：

> 最初，我認為我應該能夠相當容易地克服這個矛盾，或許是推理時犯了某種微不足道的小錯誤。然而，逐漸地越來越清楚情況並不是這樣……。在 1901 年的整個下半年中，我想解答會是容易的；但是到了年終時，我已經斷定這將是一個大工程……。每天晚上從 11 點到凌晨 1 點，我在公有牧地上蕩來蕩去，在那段時間裡，我終於懂得了歐洲夜鷹發出的三種不同的呼呼聲（大多數人只懂一種呼呼聲）。我正努力設法解決這個矛盾。每天早晨，我在一張白紙前

坐下，整整一天，除了短暫的午飯時間外，我總是凝視著這張白紙。經常當夜幕降臨時，它仍然是白紙一張。

矛盾而無法迴避。羅素的工作將給建立不容懷疑的、相容的和無悖論的數學體系夢想帶來巨大的災難。他寫信告訴弗雷格，當時弗雷格的書稿已經在排印中。這封信使弗雷格這本融注著他生命的著作變得毫無價值，但是他置這個致命的打擊於不顧，仍然出版了他的巨著，只是在第 2 卷中添加了一個後記：「正當工作完成時，基礎卻倒塌了，科學家也許不會遭遇比這更不幸的結局了。當本書即將印刷完畢時，貝特蘭·羅素先生給我的一封信使我陷入的正是這種困境。」

具有諷刺意味的是，羅素的矛盾出自於弗雷格非常心愛的集合這個概念。許多年以後，在他的著作《我的哲學觀的形成》（*My Philosophical Development*）中，羅素回憶那些曾激發起他對弗雷格的工作產生疑問的想法時說：「對我來說，似乎一個類有時候是，而有時候又不是它自身的一個成員。例如，茶匙的類不是另一把茶匙，但是，不是茶匙的物組成的類是一種不是茶匙的物。」正是這種好奇的、表面上無關痛癢的看法導致災難性的悖論。

羅素的悖論經常是用一個細心的圖書管理員的故事來說明的：一天，當圖書管理員在書架間走來走去時，他發現一套目錄，其中對小說、參考書、詩集等都有單獨的目錄冊。圖書管理員注意到有些目錄冊把自己也列在其中，而另一些目錄冊則不將自己列在其中。

貝特蘭・羅素

　　為了簡化目錄冊體系，圖書管理員製作了兩本大的目錄冊，其中一本列出所有的將自己列在其中的目錄冊，另一本則列出所有不將自己列在其中的目錄冊。在快完成這項工作的時候，圖書管理員發現一個問題：列出所有不將自己列在其中的目錄冊的那個大目錄冊是否應該在本身中列出？如果列出的話，那麼按照定義，它不應該被列出。然而，如果不列出的話，那麼按照定義，它應該被列出。圖書管理員處於無論怎麼做都不會對的情況。

　　目錄冊與弗雷格用作為數的基本定義的集合或類非常相似。於是，

使得圖書管理員毫無辦法的不相容性也會在所設想的數學邏輯結構中引起問題。數學不允許不相容性、悖論或矛盾。例如，反證法這個有力工具要依賴於數學中沒有悖論這個前提。反證法說，如果一個假定導致荒謬，那麼這個假定一定是錯的。但是按照羅素的結論，即使公理也可能導致荒謬。因而反證法可以證明一個公理是錯的，可是公理是數學的基礎，而且被承認是對的。

許多學者對羅素的工作提出質問，他們聲稱數學明顯地是一種成功的、完美無缺的研究。對此，他以下列方式解釋他的工作的意義作為回答：

「但是，」你可能會說，「無論什麼都不能動搖我對 2 加 2 等於 4 的信念。」你是正確的，除了極端的情形之外——當你懷疑某隻動物是否是一隻狗或者某個長度是否比 1 公尺短時，這就是極端情形。2 一定是指 2 個某種東西，命題「2 加 2 等於 4」除非能被應用否則是無價值的。2 隻狗加 2 隻狗確實等於 4 隻狗，但是會出現你懷疑其中 2 隻狗是否真是狗的情形。「那麼，無論如何有 4 隻動物，」你可能會這樣說。但是某些微生物的存在又使人懷疑它們究竟是動物還是植物。「好，那麼就算是活的有機體總可以吧，」你說。但是它們又有某種跡象使人懷疑它們是否是活的。你將被迫說：「2 個實體加 2 個實體等於 4 個實體。」但當你告訴我「實體」是什麼時，我們又會重新爭論起來。

羅素的工作動搖了數學的基礎，使數理邏輯的研究處於混亂的狀態。邏輯學家們知道潛藏在數學基礎中的悖論遲早總會冒頭並且引起嚴重的問題。與希爾伯特和其他邏輯學家一起，羅素開始設法補救這種情形，恢復數學的合理性。

這種不相容性是使用數學公理的直接結果，這些公理到目前為止被認為是不證自明的，而且足以用來定義剩下來的那部分數學。一種解決方法是，再添加一條公理，規定任何類不能是自身的一個成員。這條公理使得是否應列入由不將自己列在其中的目錄冊組成的目錄冊的問題成為多餘的，從而避免了羅素的悖論。

羅素又花了 10 年的時間考慮數學公理，這正是數學的本質。然後在 1910 年，他與阿爾弗萊德‧諾思‧懷特海（Alfred North Whitehead）合作出版了 3 卷本的《數學原理》（*Principia Mathematica*）中的第 1 卷，這本書顯然是一個成功的嘗試，對他自己的悖論所引起的問題給出了部分的回答。在接著的 20 年中，其他人把《數學原理》當作建立無缺陷的數學大廈的指南，到 1930 年希爾伯特退休時，希爾伯特相信數學已經正常地走上了重建的道路。他的夢想是有一個邏輯一致、強大到足以回答每一個問題的數學，顯然正在成為現實。

然而在 1931 年，一位不出名的 25 歲的數學家發表了一篇註定會永遠毀滅希爾伯特希望的論文。庫特‧哥德爾迫使數學家們承認數學永遠不可能是邏輯上完美無缺的，他的論文中蘊含著像費瑪最後定理這類問

題可能是無法解決的這種觀念。

庫特‧哥德爾1906年4月28日出生於摩拉維亞（Moravia，當時是奧匈帝國的一部分，現屬捷克共和國）。從很小的時候起他就患有重病，最嚴重的一次是6歲時的風濕熱發作。過早地與死亡接觸，使哥德爾患上了伴隨他終身的強迫性疑病症。在8歲時讀了一本醫書後，他確信自己的心臟很虛弱，雖然他的醫生無法找到證據證明這一點。後來，在他生命的晚期，他錯誤地認為有人在向他投毒，因而拒絕吃東西，幾乎使自己餓死。

庫特‧哥德爾

哥德爾在兒童時代就顯示出科學和數學方面的才能，由於他好問的天性，家裡人給他起了個綽號：為什麼先生。他進了維也納大學，但打不定主意是主修數學，還是主修物理。然而，P·福特凡勒（P. Furtwängler）教授開設的熱情洋溢且富有啟發性的數論方面的課程，使得哥德爾決心投身於數學。這門課是絕對異乎尋常的，因為福特凡勒從頸部以下全癱瘓了，只能坐在輪椅上不帶講稿講課，而同時他的助手在黑板上演算。

在20歲剛過的頭幾年裡，哥德爾在數學系任職，不過有時也和同事們一起離開正題去參加一個哲學家小組「維也納之圈」（Wiener Kreis）的聚會，他們一起討論當時邏輯學方面的重要問題。正是在這段期間，哥德爾形成了後來使數學基礎產生混亂的那些想法。

1931年，哥德爾出版了他的書《〈數學原理〉及有關系統中的形式不可判定命題》（Über formal unentscheidbare Satze der Principia Mathematica und verwandter Systeme），其中包含了他的所謂不可判定性定理。當這些定理傳到美國時，大數學家約翰·馮·諾曼（John von Neumann）取消了他正在作的關於希爾伯特計畫的系列講座，而將講座的其餘部分替換為討論哥德爾的革命性工作。

哥德爾證明了要想創立一個完全的、相容的數學體系是一件不可能做到的事情。他的思想可以濃縮為兩個命題。

第一不可判定性定理

如果公理集合論是相容的，那麼存在既不能證明又不能否定的定理。

第二不可判定性定理

不存在能證明公理系統是相容的構造性過程。

本質上，哥德爾的第一個定理說，不管使用哪一套公理，總有數學家不能回答的問題存在——完全性是不可能達到的。更糟的是，第二個定理說，數學家永遠不可能確定他們選擇的公理不會導致矛盾出現——相容性永遠不可能證明。哥德爾已經證明希爾伯特計畫是一個不可能完成的計畫。

10年以後，在《記憶的寫照》（*Portraits from Memory*）一書中，貝特蘭・羅素描述了他對哥德爾的發現的反應：

> 我以人們尋求宗教信仰的那種方式尋求確定性。我以爲在數學中比在任何其他地方更可能找到確定性。但是我發現許多數學證明（它們是我的老師們希望我接受的）充滿了不可靠性，並且如果確定性眞的在數學中不能找到，那麼它可能藏身於一種新的數學領域中，這種數學有著比迄今爲止被認爲是可靠的基礎更爲堅實的基礎。但是隨著工作的進展，我不斷地想起關於大象和烏龜的那個寓言。當構建好一隻數學界可以倚託的大象後，我發現大象開始踉踉蹌蹌起來，於是趕快去造一隻烏龜以便使大象不倒下來。但是烏龜也不見得比大象更可靠。經受了大約20年的艱苦勞累之後，我得到的結論是：在使數學成爲無可懷疑的知識的道路上我已經沒有任何事可做了。

雖然哥德爾的第二個定理說，不可能證明公理系統是相容的，但這並不一定意味著它們是不相容的。在許多數學家的心目中，他們仍然相信他們的數學依舊是相容的，只是用他們的思想無法證明這一點。許多年以後，傑出的數論家安德烈·韋依（André Weil）說：「上帝之存在是因為數學是相容的，而魔王之存在是因為我們不能證明數學是相容的。」

哥德爾的不可判定性定理的證明是異常地複雜的，事實上第一個定理更嚴格的敘述應該是：

> 對每一個 ω 一相容的形式的遞歸類 $\varkappa$，有一個對應的遞歸類符號 γ，使得 υ Gen γ 和 Neg(υ Gen γ) 都不屬於 Flg($\varkappa$)（這裡 υ 是 γ 的自由變量）。

幸運的是，哥德爾的第一個定理除了用羅素的悖論和圖書管理員的故事說明以外，也可以用另一個由埃庇米尼得斯（Epimenides）[05] 提出的邏輯上相似的東西來說明，稱為克里特人悖論或說謊者悖論。[06] 埃庇米尼得斯是一個克里特人，他憤怒地大叫：

「我是一個說謊者！」

當我們試圖確定這句話是真的還是假的時候，就發生了悖論。首先讓我們弄清楚如果我們承認這句話是真的，那麼會發生什麼事。這句話是真

---

[05] 埃庇米尼得斯，公元前 6 世紀時人。克里特預言家、作家。——譯者
[06] 克里特人曾被認為好說謊。——譯者

的就隱含著埃庇米尼得斯是一個說謊者，但是我們一開始就承認他講了一句真話，因而埃庇米尼得斯不是一個說謊者——我們碰到了不相容性。另一方面，讓我們弄清楚如果我們承認這句話是假的，那麼會發生什麼事。這句話是假的就隱含著埃庇米尼得斯不是一個說謊者，但是我們一開始就承認他說了一句假話，因而埃庇米尼得斯是一個說謊者——我們碰到了另一個不相容性。無論我們承認這句話是真的還是假的，我們最終總是碰到不相容性，於是這句話既不是真的又不是假的。

哥德爾給說謊者悖論以新的解釋並引入了證明的概念。其結果就是下面一行表達的一個命題：

這個命題沒有任何證明。

如果這個命題是假的，那麼這個命題就會是可以證明的，但是這就與這個命題矛盾了，於是這個命題必須是真的才能避免這個矛盾。然而，雖然這個命題是真的，它卻不能被證明，因為這命題（我們知道它是真的）是這樣說的。

由於哥德爾能將上面的命題轉換成數學記號，他就能證明在數學中存在「雖然是真的，但卻永不能證明它是真的」的命題，即所謂的「不可判定命題」。這對希爾伯特計畫是一個致命的打擊。

在許多方面，對應於哥德爾工作的類似發現正在量子物理中出現。就在哥德爾發表他的關於不可判定性的工作之前 4 年，德國物理學家維爾納·海森堡（Werner Heisenberg）揭示了測不準原理。正像數學家能

證明的定理有一個基本的限度一樣，海森堡證明了物理學家能測量的性質也有一個基本的限度。例如，如果它們想要測量出一個物體的精確位置，那麼他們只能以相對來說較差的準確性測量出該物體的速度。這是由於為了測量該物體的位置，就必須用光子去照射它，但是要準確定出它精確的位置，光子必須具有巨大的能量。然而，如果物體被高能量的光子擊中，那麼它自己的速度將受到影響，因而它的速度不可避免地變得不確定。因此，為求得物體的位置，物理學家必須在瞭解它的速度方面作出某些讓步。

當必須進行高精度的測量時，海森堡的測不準原理只是在原子的尺度上有所表現。因而，物理學的許多領域可以毫不在意地繼續進行下去，而量子物理學家則忙於深奧的有關瞭解的限度問題。同樣的情況發生在數學界中。在邏輯學家們關於不可判定性問題進行非常深奧的爭論取得一致的同時，數學界的其他人則仍然繼續做他們的事。雖然哥德爾證明了存在某些不能證明的命題，但有大量的命題是能夠證明的，並且他的發現並沒有使過去已經證明的任何結果無效。此外，許多數學家相信哥德爾的不可判定命題只有在數學的最不引人注目和最極端之處才可能發現，因而可能永遠也不會碰到。總之，哥德爾只是說這種命題存在，他並不能真正的指出是哪一個。可是到了 1963 年，哥德爾的理論上的惡夢竟然變成了有血有肉的事實。

史丹佛大學的一位 29 歲的數學家保羅·科恩（Paul Cohen）發展了

一種可以檢驗給定的問題是不是不可判定的方法。這個方法只適用於少數非常特殊的情形。但儘管如此，他是發現具體的確實是不可判定的問題的第一人。完成他的發現之後，科恩立即飛到普林斯頓，帶著他的證明，希望由哥德爾本人來證實他的證明。哥德爾當時正處於患妄想狂症的階段，他稍稍開了一點兒門，一把搶過了科恩的論文，然後砰地一聲關上了門。兩天後，科恩收到了哥德爾家茶會的邀請，這是一個信號，表明主人已經對他的證明給予權威性的認可。特別具有戲劇性的是，這些不可判定的問題中有一些正是數學的重要問題。科恩證明了大衛·希爾伯特提出的數學中最重要的 23 個問題之一——連續統假設是不可判定的，這有點令人啼笑皆非。

　　哥德爾的工作，再加上科爾給出的不可判定的命題，給所有正在堅持嘗試證明費瑪最後定理的專業或業餘數學家們送去了令人煩惱的訊息——或許費瑪最後定理是不可判定的！如果當皮埃爾·德·費瑪聲稱已經找到一個證明時犯了一個錯誤，那又會怎樣呢？如果是這樣的話，那就存在這個最後定理是不可判定的可能性。於是，證明費瑪最後定理就不僅是困難的，它也許是根本不可能的。如果費瑪最後定理是不可判定的，那麼數學家們花了幾個世紀的時間卻是在尋找一個根本不存在的證明。

　　奇怪的是，如果費瑪最後定理結果是不可判定的，那麼這將隱含它必是對的，理由如下。最後定理說方程式

$$x^n + y^n = z^n, n > 2 時，$$

沒有整數解。如果最後定理事實上是錯的，那麼就有可能通過確定一個解（一個反例）來證明這一點。於是，最後定理將是可判定的。也就是說，是錯的將與不可判定性不相容。然而，如果最後定理是對的，這並不必需有一個明確的證明它是對的方法，也就是說，它可能是不可判定的。總而言之，費瑪最後定理可能是對的，但是可能沒有方法證明它。

難以克制的好奇心

皮埃爾·德·費瑪隨手寫在丟番圖的《算術》一書空白處的話，變成了歷史上最令人頭疼的謎。儘管經受了三個世紀的壯烈失敗，而且哥德爾的工作使人想到他們可能一直在追尋一個不存在的證明，一些數學家仍然繼續投身於這個問題。最後定理就像數學中的塞壬，[07] 誘惑天才人物走近它，結果卻打破了他們的希望。任何捲入費瑪最後定理的數學家都冒著白白浪費生命的風險，然而任何能作出關鍵的突破性工作的人也會由於解決了世界上最困難的問題而載入史冊。

有兩個原因使一代又一代的數學家著迷於費瑪最後定理。首先是一種極為強烈的要勝人一籌的意識。最後定理是最高的測試，無論誰能證明它，誰就在柯西、歐拉、庫默爾以及無數人曾經失敗過的地方取得了

---

[07] 塞壬（Siren）為希臘神話中半人半鳥的海妖，常以美妙的歌聲誘惑經過的海員而使航船觸礁毀滅。——譯者

成功。正像費瑪本人從解決使他的對手難倒的問題中得到很大的樂趣一樣，誰能證明最後定理，誰就會因自己解決了一個困惑整個數學界長達幾百年的問題而感到非常愉快，其次，無論誰能響應費瑪的挑戰，他就會享受到解謎時的那種單純的滿足感。這種來自於解答數論中深奧問題的喜悅與思索薩姆·洛伊德的簡單智力遊戲時的單純樂趣，並無多大差別。有位數學家曾對我說，他從解數學問題中獲得的愉快與填字遊戲癖好者獲得的樂趣是類似的。在一個特別難做的填字遊戲中填入最後一個提示詞語時，總會使人感到滿足，但是想像一下，在花了好多年的時間研究一個世界上還沒有人能夠解決的難題之後，終於想出了它的解答時，那該有多大的成就感！

這些就是為什麼安德魯·懷爾斯會被費瑪強烈吸引住的原因：「純粹數學家就是愛好挑戰。他們喜歡未解決的問題。做數學時會產生一種極好的感覺。你著手解一個使你迷惑的問題，你無法理解它，它是那麼的複雜，使你一點也看不明白。但是後來當你最終解出它時，你會不可思議地感到它是多麼的美好，它組合得又是多麼的精巧。最容易使人誤解的問題是那種看上去容易，而結果卻證明是非常錯綜複雜的問題。費瑪最後定理就是這類問題中最典型的例子。它正是看上去好像應該有一個解答的，當然，它也是非常特殊的，因為費瑪講過他已經有了一個解答。」

數學在科學技術中有它的應用，但這不是驅使數學家們的動力。激勵數學家們的是因發現而得到的樂趣，G·H·哈代在《一個數學家的自

白》中試圖解釋並說明他自己從事數學生涯的理由：

> 我只想說，如果奕棋中的問題（用粗俗的說法）是「無用的」，那麼對於絕大多數最出色的數學來說也同樣是如此……我從未完成過任何「有用處」的工作。在我作出的發現中沒有一個使世界的舒適方便發生過或者可能發生絲毫的變化，不管是直接的還是間接的，有益的還是有害的。從實用的觀點來判斷，我的數學生涯的價值等於零；在數學圈之外，它不管怎樣是沒什麼價值的。我只有一種選擇才能免得被裁決為完全無價值，那就是可以認為我創造了某些值得創造的東西。我創造了某些東西，這一點是無可否認的，問題是它們有多大的價值。

解答某個數學問題的欲望多半是出於好奇，而回報則是因解決了難題而獲得單純而又巨大的滿足感。數學家 E・C・蒂奇馬什（E.C. Titchmarsh）[08] 有一次說過：「弄清楚 π 是無理數這件事可能是根本沒有實際用處的，但是如果我們能夠弄清楚，那麼肯定就不能容忍不去設法把它弄清楚。」

費瑪最後定理足以引起我們的好奇心。哥德爾的不可判定性定理已經給這個問題是否可解帶來了可疑因素，但是這還不足以嚇退真正的費瑪迷。令人更為洩氣的是這樣的事實：到了 1930 年代，數學家們已經將

---

[08] E・C・蒂奇馬什（1899-1963），英國數學家。——譯者

他們的方法差不多都試過了，幾乎沒有別的方法可用了。需要的是新的工具——某種能提高數學家士氣的東西。第二次世界大戰恰好提供了所需要的這個東西——自從計算尺發明以來，計算能力的又一次大飛躍。

野蠻的力迫法

當 1940 年 G·H·哈代宣稱最好的數學大部分是無用的時候，他很快就補充說這並不一定是壞事：「真正的數學對戰爭並無影響，迄今為止還沒有任何人發現數論能為任何與戰爭有關的目的服務。」哈代的話立即被證明是錯的。

在 1944 年，約翰·馮·諾曼與人合作寫了一本《賽局理論與經濟行為》(*The Theory of Games and Economic Behavior*)，其中他創立了「賽局理論」這個術語。[09] 賽局理論是馮·諾曼用數學來刻畫對策的結構以及人們如何進行操作的一個嘗試。他從研究奕棋和撲克牌遊戲著手，然後繼續嘗試模仿諸如經濟學之類的更複雜的對策。在第二次世界大戰之後，蘭德公司（RAND）認識到馮·諾曼的思想的潛力，聘用他研究制訂冷戰策略。從那時起，數學賽局理論就成為將軍們通過把戰役看作複雜的棋局來檢驗他們的軍事策略的基本工具。賽局理論在戰役中的應用可以通過「三人決鬥」作簡單的說明。

---

[09] 賽局理論亦稱博奕論。——譯者

三人決鬥類似於二人決鬥，只是參加者有 3 個，而不是 2 個。一天早晨，黑先生、灰先生和白先生決定，通過用手槍進行三人決鬥，直到只剩下一個人活著為止，來解決他們之間的衝突。黑先生槍法最差，平均 3 次中只有 1 次擊中目標；灰先生稍好一些，平均 3 次中有 2 次擊中目標；白先生槍法最好，每次都能擊中目標。為了使決鬥比較公平，他們讓黑先生第一個開槍，然後是灰先生（如果他還活著），再接著是白先生（如果他還活著）。問題是：黑先生應該首先向什麼目標開槍？你可能會根據直覺來猜，或者更為好一點根據賽局理論來猜。答案在附錄 9 中討論。

在戰爭期間比賽局理論有更大影響的是破譯密碼的數學。在第二次世界大戰期間，盟軍認識到只要能足夠快地進行計算，那麼在理論上數理邏輯可以用來破譯德軍的訊息。挑戰性的問題是要找到一種使數學自動化的方法，以便可以用機器進行計算。阿倫·圖靈（Alan Turing）是對這次破譯密碼的努力貢獻最大的英國人。

圖靈完成了在普林斯頓大學的工作後於 1938 年回到劍橋。他親眼目睹了哥德爾的不可判定性定理引起的混亂，並且參與了設法補救希爾伯特之夢的工作。特別是，他想要知道是否有一種方法能決定哪些問題是可判定的或不可判定的，並試圖發展一種條理清楚的方法，以解答這個問題。當時的計算裝置是原始的，並且在需要認真解決的數學問題面前顯得特別的無用。因此，圖靈把他的想法建立在一種能作無限次計算的

虛擬機器概念上。這種有無窮無盡的虛擬工作紙條可供使用,並可永遠計算下去的假想機器,就是圖靈為探索他的抽象邏輯問題所需要的全部東西。圖靈當時沒有意識到,他的虛擬「機械」解答問題的方法,最終導致了在真實的機器上進行實際計算的突破性成就。

阿倫・圖靈

儘管戰爭已經爆發,圖靈作為國王學院的研究員繼續他的研究工作,直到1940年9月4日他作為劍橋大學研究員的稱心如意的生活才突然中斷。他被徵召到政府編碼和密碼學校工作,這個學校的任務是破譯敵方

的密碼訊息。早在戰前，德國已經投入相當大的力量發展最高級的密碼系統，這是過去一直能相當容易地破譯敵方電文的英國情報部極為擔心的事。英國文書局官方出版的戰爭歷史書《第二次世界大戰中的英國情報》記述了1930年代時的狀況：

> 到了1937年，已經可以確定，與日本和義大利的相應部門不一樣，德國的陸軍、海軍，很可能還有空軍，再加上其他的國家機構像鐵路部門和黨衛軍，在所有的通訊中（除了他們的戰術性通訊外）都使用了不同型號的同一密碼系統——恩尼格瑪（Enigma）。恩尼格瑪密碼機在1920年代曾投入市場銷售，但德國經過不斷改進已使它變得更為安全可靠。在1937年，政府編碼和密碼學校開始破譯出改良較小和安全性較差的型號的恩尼格瑪密碼機，這種機器是德國、義大利和西班牙的民族主義力量正在使用的，但是除了這種型號外，恩尼格瑪密碼機仍然沒有被破譯，而且似乎這種狀況還會繼續。

恩尼格瑪密碼機由一個鍵盤和一個與它連接的保密裝置組成。這個保密裝置包括3個獨立的變碼旋轉盤。這些變碼旋轉盤的定位決定了鍵盤上的每個字母將如何被譯成密碼。使得恩尼格瑪密碼難以破解的原因是這種機器可以按為數極多的方式來設定。首先，機器中的3個變碼旋轉盤可以從5個中挑選，而且可以改變和交換從而迷惑破譯密碼者。其次，每個變碼旋轉盤的定位方式有26種。這意味著這種機器可以按百萬種以上的方式設定。除了變碼旋轉盤提供的各種置換外，機器背後的控制

板接頭也可用手工改換。這樣就產生 1.5 百京（1.5×10^{18}）種可能的設定方式。為了更進一步增加保密性，這 3 個變碼旋轉盤連續不斷地改變它們的方向，結果每當傳出一個字母後，機器的設定方式，因而編碼的方式，對下一個字母來說就作了改變。所以「DODO」就會編譯成電文「FGTB」——「D」和「O」被傳送出兩次，但每一次的密碼是不同的。

恩尼格瑪密碼機被分配給德國陸軍、海軍和空軍使用，甚至還用於鐵路和其他政府部門。和這個期間使用的所有編碼系統一樣，恩尼格瑪密碼機的一個弱點是接收者必須知道發送者對恩尼格瑪密碼的設定方式。為了保持秘密，恩尼格瑪密碼的設定方式必須每天改動。發送者規則地改變設定方式，並使接收者知道的一種方法是，將每天的設定方式印製成一本保密的電碼本。這種方法的危險性在於英國人可能會捕獲一艘德國潛艇，從而獲得載有供下個月中每天使用的全部設定方式的電碼本。另一種替代的辦法，也是大多數戰爭中採用的方法是將每天的設定方式在實際電文的開場白中傳送，不過要按前一天的設定方式編成密碼。

當戰爭爆發時，英國的密碼學校是以古典文學研究者和語言學家為主體的。不久外交部就意識到數論家更有可能找到破解德國密碼的關鍵。作為開始，9 位英國最傑出的數論家被召集到密碼學校位於布勒切萊公園的新房子裡，這是在白金漢郡布勒切萊的一座維多利亞式大樓。圖靈不得不放棄他想像中具有無窮多的工作紙條並能計算無窮多次的機器，而作出讓步來從事一項資料有限且時間緊迫的實際工作。

密碼學是編碼者與解碼者之間的一場鬥智。編碼者的任務是，將要輸出的電文攪亂並快速拼湊起來，達到如果它被敵方截獲敵方，也無法破譯的程度。然而，由於要迅速和有效地發送出電文，對於可能的數學處理在次數上有所限制。德國的恩尼格瑪編碼的威力在於，它以非常高的速度使編碼電文經歷幾個層次的加密。解碼者的任務是，截取電文並在電文的內容尚未過時的期間解開密碼。一份命令擊沉一艘英國船隻的德方電文必須在該船被擊沉之前破譯。

　　圖靈領導了一個數學家小組，試圖建造恩尼格瑪密碼機的反轉機。圖靈將他在戰前的抽象思想融合進這些裝置中，這樣就在理論上可以做到有法可依地測試出所有可能的恩尼格瑪密碼機設定方式，直至將密碼破譯為止。這台英國機器有 2 公尺高和 2 公尺寬，使用電動機械的繼電器來測試可能的恩尼格瑪密碼設定方式。這些繼電器不斷發出的滴答聲使它們得到「炸彈」（Bombe）的綽號。儘管它們速度很快，但這些炸彈機是不可能在一個適當的時限內將 1.5 百京個可能的恩尼格瑪密碼設定方式全部都逐一測試完的，所以圖靈小組必須利用從發送來的電文中，他們能夠搜集到的任何訊息來找出一種方法，使置換的次數大大地減少。

　　英國人取得的最重大的突破之一是，認識到恩尼格瑪密碼機永遠不可能將一個字母編作它自身的密碼，也就是說，如果發送者擊打鍵「R」，那麼根據機器的設定方式機器完全可能送出任何其他字母，但是絕不會是字母「R」。這個表面上無足輕重的事實，正是為了大量地減少破譯電文

所花的時間所需要的一切。德國人通過限制他們發送電文的長度來作對抗。所有的電文都不可避免地含有解碼小組所需的線索，電文越長，包含的線索越多。通過把所有的電文限制在 250 個字母以內的辦法，德國人希望對恩尼格瑪密碼機不能將一個字母編為它自身的密碼作一些補償。

為了破解密碼，圖靈常常試圖猜測電文中的關鍵詞。如果他猜對了，那麼就會大大加快破解其餘部分的密碼。例如，如果解碼者懷疑電文中會有氣象報告（這是常見的一類加密報告），他們就會猜測電文中有像「霧」或「風速」之類的詞。如果他們是對的，他們就能很快地破譯電文，並且由此推斷出那天恩尼格瑪密碼的設定方式。那天的其餘時間裡，其他更有價值的電文就能容易地破譯。

當他們沒能猜出氣象用詞時，英國人就會把自己置於德國恩尼格瑪密碼機操作員的位置來猜其他關鍵詞。粗心的操作員可能會使用名字來稱呼接受者，或者操作員已經形成一種為解碼者熟知的癖性。當所有其他辦法都失敗時，或者未檢測到德方來往的電報通訊時，據說英國密碼學校甚至會藉助於請求皇家空軍在某個選定的德國港灣布雷。於是，德國港務長馬上會發送一份密碼電文，而英國方面就會截獲這份電文。解碼小組可以確信這份電文中含有像「布雷」、「躲避」和「地圖參照物」之類的詞。在破譯這份電文後，圖靈就會知道那天的恩尼格瑪密碼設定方式，而以後的任何德方電報通訊就很容易被快速破譯。

1942 年 2 月 1 日，德國對恩尼格瑪密碼機增加了第四個輪式裝置，

用來發送特別敏感的訊息。這是第二次世界大戰期間在編碼方面最大的一次升級，而最終圖靈小組通過提高「炸彈機」的效能給予了反擊。由於密碼學校的努力，盟軍對敵方的瞭解要比德國人曾經懷疑的更多，德國潛艇在大西洋的威懾力被大大削弱了，英國人還提前發出了納粹空軍將進攻的警報。解碼小組也截獲並破譯了德國供應船隻的確切位置，使得英國可以派出驅逐艦去擊沉它們。

整個這段期間，盟軍還必須當心他們的規避行動和神出鬼沒的攻擊，不至於洩漏他們破譯德方電報通訊的能力。如果德國人懷疑恩尼格瑪密碼已經被破譯的話，那麼他們就會提高編製密碼的水準，而英國人可能又得重新回到起點。因此有時候當密碼學校將敵方迫在眉睫的攻擊通知盟軍時，盟軍選擇了不採取激烈的反措施。甚至有一種謠傳說，邱吉爾知道考文垂（Coventry）是一次毀滅性空襲的目標，但他選擇不採取特別的預防措施，以免德國人懷疑。和圖靈一起工作的斯圖爾特·米爾納－巴里（Stuart Milner-Barry）否定了這個謠言，他說關於考文垂的有關消息，直到空襲發生時還沒能破譯。

有節制地利用破譯的情報取得了完美的效果。甚至當英國人利用截獲的電報通訊使敵人遭受重大損失時，德國人也沒有懷疑恩尼格瑪密碼已被破譯。他們相信他們編製密碼的水準非常之高，絕對不可能被破譯。相反，他們把意外的損失歸咎於滲透到他們自己隊伍中的英國秘密特務。

由於圖靈和他的小組在布勒切萊的工作是完全秘密的，他們對戰爭勝

利所作的巨大貢獻從未被公開承認過,即使在戰後許多年也是如此。通常認為第一次世界大戰是化學家的戰爭,而第二次世界大戰則是物理學家的戰爭。事實上,從最近 10 年披露的訊息來看,或許說第二次世界大戰是數學家的戰爭才對,而在第三次世界大戰中他們的貢獻可能會更加重要。

在從事密碼破譯工作的整個期間,圖靈從未忘卻過他的數學目標。假想的機器已經被真實的機器所替代,但是深奧的問題仍然存在。到戰爭結束時,圖靈協助建造了「巨像」(Colossus),這是一台由 1500 個真空管組成的全電子化機器,真空管比原先使用的電動機械的繼電器要快得多。巨像是現代意義上的電腦,由於它的快速和複雜精確,圖靈開始將它看作原始的人腦——它有記憶,能處理訊息,而且電腦中的活動狀態類似於人腦的狀態。圖靈已經將他的虛擬的機器轉變成第一台真實的電腦。

戰爭結束後,圖靈繼續建造越來越複雜的機器,例如自動計算機器(ACE)。1948 年他到曼徹斯特大學工作,建造了世界上第一台有電子儲存程式的計算機。圖靈為英國提供了世界上最先進的電腦,但是他未能活著看到它們進行的最出色的計算。

在戰後的年月中,圖靈處於英國情報部門的監視之下,他們知道他是一個同性戀者。他們擔心這個對英國的密碼懂得比任何人都更多的人容易受到敲詐脅迫,決定監視他的任何行動。圖靈已經在很大程度上忍受住了被經常盯梢尾隨的痛苦,但是在 1952 年他還是因違反英國的同性

戀法規而被逮捕。這種羞辱使圖靈無法活著忍受下去。圖靈傳記的作者安德魯·霍奇斯（Andrew Hodges）描述了導致他死亡的事件經過：

> 阿倫·圖靈的去世使認識他的所有人都感到震驚……他是一個不快樂和緊張的人，他正就診於一位精神病醫生，並遭受到一次可能也會落到許多人頭上的打擊——所有這一切是明白無疑的。而過去的兩年對他是一個考驗，荷爾蒙治療在一年前結束，他似乎已完全不再需要它了。
>
> 1954年6月10日的驗屍表明他是自殺。他被發現整潔地躺在他的床上。在他的嘴邊有些泡沫，進行驗屍的病理學家立即認定死亡原因為氰化物中毒……在房間裡有一瓶氰化鉀，還有一罐氰化物溶液。在他的床邊有半只蘋果，已經咬了幾口。他們沒有化驗蘋果，所以不能真正地斷定這只蘋果（看上去似乎非常明顯）曾經在氰化物中浸過。

圖靈給人們留下了一台機器，它能夠進行長到人類無法進行的計算，而且完成這種計算只需花幾個小時。今天的電腦在幾分之一秒中就可以完成比費瑪畢生做過的還要多的計算。那些仍然為費瑪最後定理而奮鬥的數學家們開始用電腦來進攻這個問題，他們依靠的是改用電腦來進行庫默爾在19世紀做過的計算。

庫默爾發現了柯西和拉梅的工作中的缺陷，並由此揭示在證明費瑪最後定理時最要緊的問題是處理當 n 為非正則素數的情形——對不大於

100 的 n，僅有的非正則素數是 37、59 和 67。同時，庫默爾也證明了：從理論上說，所有的非正則素數可以按照逐個解決的方式來處理，唯一的問題是每一次處理都需要做數量巨大的計算。為使人相信他的觀點，庫默爾和他的同事迪米特里·米里曼諾夫（Dimitri Mirimanoff）花了幾個星期的功夫完成了為排除不大於 100 的這 3 個非正則素數所需要的計算。然而，他們以及其他的數學家們不再有精力去著手對後面介於 100 和 1000 之間的一批非正則素數做同樣的事。

幾十年以後，做大量的計算已不再成為問題。隨著電腦的出現，費瑪最後定理許多棘手的情形很快就被解決。在第二次世界大戰後，一組組的電腦科學家和數學家對於 500 以內，然後是 1000 以內，再是 10000 以內的 n 的值證明了費瑪最後定理。在 1980 年代，伊利諾大學的薩繆爾·S·瓦格斯塔夫（Samuel S. Wagstaff）將範圍提高到 25000，而最近數學家們已可以斷定費瑪最後定理對直到 400 萬為止的 n 的一切值都是對的。

雖然圈外人以為現代技術終於要戰勝費瑪最後定理了，可是數學界知道他們的成功僅僅是表面的，即使超級電腦花幾十年功夫對 n 的值一個接一個地加以證明，他們也永不能證明完直到無窮的每一個 n 的值，因而他們永遠不能宣稱證明了整個定理。即使這個定理對直到 $n = 10$ 億也被證明是對的，仍沒有理由說它應該對 10 億加 1 也是對的；如果這個定理對直到 1 兆的 n 被證明是對的，也絕無理由說它應該對 1 兆加 1 也是對的；依此類推永無盡頭。單靠電腦的蠻力嘎吱嘎吱地碾過一個一個

的數是不可能到達無窮的。

戴維・洛奇（David Lodge）在他的著作《常看電影的人們》（*The Picturegoers*）中對相當於這個概念的永恆作了形象生動的描述：「你想想一個有地球那麼大的鋼球，每隔100萬年才偶然有一隻蒼蠅飛落在它上面，當這個鋼球因蒼蠅飛落時的摩擦而損耗殆盡時，永恆甚至根本還沒有開始。」

電腦能提供的一切只是有利於費瑪最後定理的證據。對於淺薄的觀察者來說，證據似乎就是壓倒一切的因素，但是再多的證據也不足以使數學家滿意，他們是一群除了絕對證明之外其他什麼都不接受的懷疑者。基於從一些數得出的證據就來推斷這個結論對於無窮多個數都成立是一種冒險的（也是不可接受的）賭博。

下面的一組特別的素數可以說明這種推斷法是難以倚靠的支柱。在17世紀，數學家們經仔細的探究證明了下面的這些數都是素數：

31、331、3331、33331、333331、3333331、33333331。

這個序列以後的數變得非常大，因而得花很大的功夫才能核對它們是否是素數。當時有些數學家對據此形式作出推斷發生了興趣，認為所有這種形式的數都是素數。然而，這種形式的下一個數333333331，結果卻不是素數。

$$333333331 = 17 \times 19607843。$$

另一個說明為什麼數學家不為電腦所提供的證據動搖的好例子是歐拉猜想。歐拉聲稱下面的與費瑪方程式不同的方程式

$$x^4 + y^4 + z^4 = w^4$$

不存在解。200多年來沒有人能證明歐拉猜想，但另一方面也沒有人能舉出反例來否認它。開始是用人工研究，後來是用電腦細查，但都未能找到解。沒有反例是這個猜想成立的有力證據。然而在1988年，哈佛大學的內奧姆·埃爾基斯（Naom Elkies）發現了下面的解：

$$2682440^4 + 15365639^4 + 187960^4 = 20615673^4。$$

儘管有各種證據，歐拉猜想最終還是不對的。事實上，埃爾基斯證明了這個方程式有無窮多個解。這裡的教訓是，你絕不能使用從開始100萬個數得出的證據來證明一個涉及到一切數的猜想。

但是歐拉猜想捉弄人的程度遠不能與高估素數猜想相比。隨著搜索的數字範圍越來越大，可以清楚地看出，越來越難以找到素數。例如，在0和100之間有25個素數，而在10000000和10000100之間只有2個素數。1791年，當時剛好14歲的卡爾·高斯就預言了素數在數中的頻率衰減的近似方式。這個公式相當準確，但總似乎稍稍高於真正的素數分布情形。對不大於100萬、10億或1兆的素數進行測試也總會顯示出高斯的公式有點過於慷慨。這強烈地誘使數學家們相信這種情形對直到無窮的一切數都是對的，從而誕生了高估素數猜想。

然而，在1914年，G·H·哈代在劍橋的合作者 J·E·李特伍德（J. E. Littlewood）證明了在充分大的數字範圍時高斯的公式將會低估素數的個數。在1955年，S·斯奎斯（S. Skewes）顯示這種低估在到達數字

$$10^{10^{10^{1000000000000000000000000000000000}}}$$

之前就會發生。這是一個難以想像的數，也是無任何實際應用的數。哈代把斯奎斯的數稱為「數學中迄今為止為確定的目的服務過的最大的數」。他計算過，如果一個人以宇宙中的全部粒子（10^{87}）作棋子來奕棋，這裡走一步棋指交換任何兩個粒子，那麼可能的局數就大致等於斯奎斯的那個數。

沒有理由說費瑪最後定理不會像歐拉猜想或高估素數猜想一樣最終證明是靠不住的。

研究生

1975年安德魯·懷爾斯開始了他在劍橋大學的研究生生活，在以後的3年時間裡，他致力於他的博士學位論文，以這種方式接受數學訓練。每個研究生由一位導師指導和培養，懷爾斯的導師是澳大利亞人約翰·科茨（John Coates），他是伊曼紐爾學院的教授，來自澳大利亞新南威爾士州的波森布拉什。

大學時代的安德魯·懷爾斯

　　科茨還記得他是怎樣收懷爾斯作為研究生的：「我記得一位同事告訴我，他有一個非常優秀、剛完成數學學士榮譽學位第三部分考試的學生，他催促我收其為學生。我非常榮幸有安德魯這樣一個學生。即使從對研究生的要求來看，他也有很深刻的思想，非常清楚他將是一個做大事情的數學家。當然，任何研究生在那個階段直接開始研究費瑪最後定理是不可能的，即使對資歷很深的數學家來說，它也是太困難了。」

　　在過去的10年中，懷爾斯所做的每一件事都是為他迎接費瑪的挑戰作準備的，但是現在他已經加入了職業數學家的行列，他必須更講究實

際一點。他回憶他是怎樣暫時放棄他的夢想的:「當我來到劍橋時,我真正地把費瑪擱在一邊了。這不是因為我忘了它 —— 它總在我心頭 —— 而是我認識到我們所掌握的用來攻克它的全部技術已經反覆用了 130 年,這些技術似乎沒有真正地觸及問題的根本所在,研究費瑪可能帶來的問題是,你也許會空度歲月而一無所成。只要研究某個問題時能在研究過程中產生出使人感興趣的數學,那麼研究它就是值得的 —— 即使你最終也沒有解決它。判斷一個數學問題是否是好的,其標準就是看它能否產生新的數學,而不是問題本身。」

約翰·科茨,懷爾斯 70 年代時的導師。

約翰‧科茨的責任是為安德魯找到新的鍾情的東西，某種至少能使他在今後三年裡有興趣去研究一番的東西。「我認為研究生導師能為學生做的一切就是設法把他推向一個富有成果的方向。當然，不能保證它一定是一個富有成果的研究方向，但是也許年長的數學家在這過程中能做的一件事是使用他的實用的常識，他的對何為好的領域的直覺，然後，學生能在這個方向上有多大成績就確實是他自己的事了。」最後，科茨決定懷爾斯應該研究數學中稱為橢圓曲線的領域。這個決定後來證明是懷爾斯職業生涯的一個轉折點，為他提供了攻克費瑪最後定理的新方法所需要的工具。

　　「橢圓曲線」這個名稱有點使人誤解，因為在正常意義上它們既不是橢圓又不彎曲，它們只是如下形式的任何方程式：

$y^2 = x^3 + ax^2 + bx + c$，這裡 a、b、c 是任何整數。

它們之所以有這個名稱是因為在過去它們被用來度量橢圓的周長和行星軌道的長度。為了清晰起見，我將把它們就稱為「橢圓方程式」，而不是橢圓曲線。

　　就像研究費瑪最後定理一樣，研究橢圓方程式的任務是當它們有整數解時，把它算出來，並且如果有解，要算出有多少個解。例如，橢圓方程式

$y^2 = x^3 - 2$，這裡 $a = 0$、$b = 0$、$c = -2$，

只有一組整數解，即

$$5^2 = 3^3 - 2，即 25 = 27 - 2。$$

證明這個橢圓方程式只有一組整數解是非常困難的事情，事實上正是皮埃爾・德・費瑪發現了這個證明。你可能記得在第 2 章中正是費瑪證明 26 是宇宙中僅有的夾在一個平方數和一個立方數之間的數。這等價於證明上面的橢圓方程式只有一個解，即 5^2 和 3^3 是僅有的相差 2 的平方數和立方數，因而 26 是僅有的夾在一個平方數和一個立方數之間的數。

橢圓方程式之所以特別吸引人，原因在於它們占有一個很有意思的地位 —— 介於其他較簡單的幾乎是平常的方程式與另一些複雜得多甚至是不可能解出的方程式之間。通過簡單地改變一般橢圓方程式中 a、b 和 c 的值，數學家可以產生無窮多種的方程式，每一種都有自己的特性，但它們都恰好是可解的。

橢圓方程式最初是古希臘數學家研究的，包括丟番圖，他把他的《算術》一書的大部分篇章用於揭示橢圓方程式的性質。或許是受到丟番圖的鼓舞，費瑪也接過來研究橢圓方程式。而因為它們曾經被他心目中的英雄研究過，懷爾斯很樂意進一步探究它們。即使已經過了兩千年，對懷爾斯這樣的學生來說，橢圓方程式依然有著許多艱難的問題要研究：「要完全理解它們還差得很遠。對那些仍然未解出的橢圓方程式，我仍能夠提出許多表面上看來簡單的問題。甚至費瑪本人考慮過的一些問題，至今也未解決。所有我完成的數學工作，在某些方面都可以追溯到費瑪，

並不只是費瑪最後定理。」

在懷爾斯做研究生時研究的方程式中，決定解的確切個數是非常困難的，因而取得進展的唯一辦法是將問題簡化。例如，下面的橢圓方程式幾乎是不可能直接去解決的：

$$x^3 - x^2 = y^2 + y，$$

其挑戰是斷定這個方程式有多少個整數解。一個相當平常的解是 $x = 0$ 和 $y = 0$：

$$0^3 - 0^2 = 0^2 + 0，$$

一個稍微有點意思的解是 $x = 1$ 和 $y = 0$：

$$1^3 - 1^2 = 0^2 + 0。$$

可能還有別的解，但是有無窮多個整數要去研究，在這種情形下要列出這個特定的方程式的全體解是一項不可能完成的任務。比較簡單的任務是在一個有限多個數的範圍（所謂的時鐘算術）中尋找解。

以前，我們看到數可以被想像成為沿著一條伸展至無窮的數直線上的點，如圖 16 所示。為了使數的範圍有限，時鐘算術採用了截斷這條數直線並將它繞回去的方法構成一條環路，形成一個與數直線不同的數環。圖 17 展示的是一個 5 格的時鐘，其中數直線已經在 5 處被截斷並繞回到 0 處成一環路。數 5 消失了，它變成等價於 0，因而在 5 格時鐘算術中僅

有的數是 0、1、2、3、4。

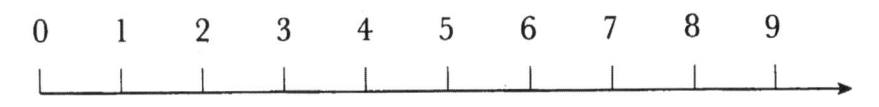

```
0   1   2   3   4   5   6   7   8   9
|───|───|───|───|───|───|───|───|───|──→
```

圖 16. 傳統的算術可被設想成為在數直線上左右移動的間隔數。

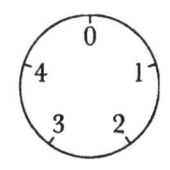

```
      0
   4     1
     3 2
```

圖 17. 在 5 格時鐘算術中，數直線在 5 處被截斷並繞回自身形成環路。數 5 與 0 重合，因而被 0 替代。

在正規的算術中，我們可以把加法設想成為沿數直線移動某個數目的間隔。例如，4 ＋ 2 ＝ 6 與下列說法是一樣的：從 4 開始，沿數直線移動 2 格，最後到達 6。

然而，在 5 格時鐘算術中：

$$4 + 2 = 1,$$

這是因為如果我們從 4 開始繞過 2 格，那麼我們返回到 1。我們對時鐘算術可能不太熟悉，但是事實上，如同它的名稱提示的那樣，它是人們談論時間時每天都會用到的。11 時過後的 4 個小時（也就是說 11 ＋ 4）一

219
chapter 4　進入抽象

般不叫做 15 時，而是 3 時。這就是 12 格時鐘算術。

與加法一樣，我們可以做所有其他的普通數學運算，比如乘法。在 12 格時鐘算術中，5×7 = 11。可以如下理解這個乘法：如果你從 0 開始，然後繞過 5 個 7 格，你最後到達 11。這是在時鐘算術中思考乘法的一種方式，還有一條加快計算的捷徑。例如，為了在 12 格時鐘算術中計算 5×7，我們可以從算出它的正常結果即 35 開始，然後用 12 去除 35，得出餘數，這個餘數就是原有問題的答案，35 中包含兩個 12 和一個餘數 11，因而足以肯定在 12 格時鐘算術中 5×7 等於 11。這等價於想像繞時鐘轉 2 圈而仍有 11 格要通過。

因為時鐘算術涉及有限多個格子，對給定的時鐘算術算出橢圓方程式的所有可能的解就相對容易完成。例如，在 5 格時鐘算術中可以列出橢圓方程式

$$x^3 - x^2 = y^2 + y$$

的所有可能的解。這些解是：

$$x = 0 \text{、} y = 0,$$
$$x = 0 \text{、} y = 4,$$
$$x = 1 \text{、} y = 0,$$
$$x = 1 \text{、} y = 4,$$

雖然其中某些解在正規算術中是不正確的，但是在 5 格時鐘算術中卻是

可以接受的。例如,第四個解($x = 1$、$y = 4$)作用如下:

$$x^3 - x^2 = y^2 + y$$
$$1^3 - 1^2 = 4^2 + 4$$
$$1 - 1 = 16 + 4$$
$$0 = 20。$$

但是請記住,在 5 格時鐘算術中 20 等價於 0,因為 5 除 20 的餘數是 0。

由於在無限個數的範圍內無法列出一個橢圓方程式的所有解,數學家們(包括懷爾斯)就改為在各種不同的時鐘算術中求出解的個數。對於上面給定的方程式,在 5 格時鐘算術中解的個數是 4,因而數學家們就說 $E_5 = 4$,在其他時鐘算術中解的個數也可以算出。例如,在 7 格時鐘算術中解的個數是 9,即 $E_7 = 9$。

為概括這些結果,數學家們把每個時鐘算術中解的個數列成一張表,稱這張表為這個橢圓方程式的 L －序列。這裡 L 代表什麼已經早被遺忘了,儘管有人說過它是 Gustav Lejeune-Dirchlet(古斯塔夫・勒瑞納－狄利克雷)中的字母 L,他研究過橢圓方程式。為清晰起見,我將使用術語 E －序列──從橢圓方程式導出的序列。對前面給出的方程式,它的 E －序列如下:

$$\text{橢圓方程式}: x^3 - x^2 = y^2 + y,$$
$$E\text{－序列}: E_1 = 1、$$

$E_2 = 4$、
$E_3 = 4$、
$E_4 = 8$、
$E_5 = 4$、
$E_6 = 16$、
$E_7 = 9$、
$E_8 = 16$、
．

．

．

　　由於數學家們無法說出某個橢圓方程式在普通的延伸至無窮的數的範圍內有多少個解,所以 E －序列似乎是次一等中最好的東西了。事實上 E －序列濃縮著關於它描述的那個橢圓方程式的許多訊息。如同生物中的 DNA(去氧核糖核酸)攜帶著構造生命組織所需的全部訊息一樣,E －序列攜帶著橢圓方程式的本質要素。數學家們希望通過研究 E －序列這個數學的 DNA,最終能夠算出他們曾想要知道的有關橢圓方程式的一切東西。

　　和約翰·科茨一起工作,懷爾斯很快就以對橢圓方程式及其 E －序列具有深刻瞭解的數論家而出名。當取得一個個的成果和發表一篇篇論文時,懷爾斯並沒有意識到他正在積累著經驗,這種經驗許多年後將把

他引向證明費瑪最後定理的成功之路。

　　雖然在當時還沒有人覺察，戰後日本的數學家們已經作出了一連串的成果，這些成果使橢圓方程式與費瑪最後定理結下了不解之緣。由於鼓勵懷爾斯研究橢圓方程式，科茨已經將後來使懷爾斯得以實現他的夢想的工具交給了他。

谷山豐

Chapter 5　反證法

> 數學家的思維方式，像畫家或詩人的一樣，必須是美的；各種思想，像色彩或詞藻一樣，必須以和諧的方式組合在一起。美是首要的標準，醜陋的數學不可能永世長存。
>
> G・H・哈代

1954 年 1 月，東京大學的一位極具才智的年輕數學家像往常一樣走進系圖書館，志村五郎（Goro Shimura） 是為了找一本《數學年刊》（*Mathematische Annalen*）第 24 卷而來的。他特地要找多伊林（Deuring）一篇關於複數乘法的代數理論的論文，他需要這篇論文幫助他處理一個特別複雜和難以對付的計算。

使他驚愕和失望的是，這一卷已經被人借走了。借書者是住在校園的另一頭，志村不太熟悉的校友，谷山豐（Yutaka Taniyama）。志村寫信給谷山解釋說他迫切地需要這本雜誌以完成那個難處理的計算，並客氣地問他，什麼時候可以歸還這本雜誌。

幾天以後，一張明信片出現在志村的桌子上。谷山回信說他也在進行同一個計算，並且在邏輯上於同一處卡住了。他建議他們互相交流一下想法，或許還可以在這個問題上合作。一本圖書館的書帶來的這個機會引發了他們的合作關係，這個合作將會改變數學歷史的進程。

谷山於 1927 年 11 月 12 日生於離東京北面幾里地的一個小鎮上。他名字的日語讀音原本是「Toyo」，但是他的家族以外的大多數人都把它誤讀成「Yutaka」，當谷山長大後也就接受並採用了這個名字。孩童時，谷山的教育經常被中斷。他好幾次受到疾病的折磨。在十多歲時他患了結核病，不得不在高中期間休學兩年。戰爭的爆發更嚴重地攪亂了他的生活。

志村比谷山大一歲，在戰爭期間他的教育完全中斷。他的學校被關

閉，非但不能去上學，志村還必須在一個工廠裡裝配飛機組件為戰爭效勞。每天晚上，他都要設法補上失去的讀書時間，他發覺自己被數學深深吸引住了。他說：「當然，有許多學科要學，但數學是最方便的，因為我只要看看數學課本就可以學習了。我靠讀書學會了微積分。如果我想去鑽研化學或者物理的話，那就還需要科學儀器，這些東西我根本沒有辦法搞到。我從不認為自己是有天才的，我只是對數學特別好奇。」

志村五郎

戰爭結束後幾年，志村和谷山都進了大學。到他們為那本圖書館的書交換名片的時候，東京的生活已恢復正常，這兩個年輕的學者也有能力偶爾略為奢華的享受。他們在酒吧裡消磨下午的時光，傍晚在一家以鯨肉為特色的小飯館裡吃飯，周末他們會在植物園或城市公園裡散步。這一切都成了他們討論最新數學思想的理想所在。

　　雖然志村天性有點古怪——甚至到現在他還保持著對禪宗語錄的鍾愛——他比他那位學問上的夥伴遠為保守和傳統。志村每天黎明時分就起身並立即投入工作，而這個時候他的同事在徹夜工作之後往往還沒入睡。到他房間來的客人常常會發現谷山中午還在呼呼大睡。

　　志村有點過份講究，而谷山則是隨便到了有點懶惰的程度。出人意料的是，這竟成了志村羨慕的一種個性：「他天生就有一種犯許多錯誤，尤其是朝正確的方向犯錯誤的特殊本領。我對此真有點妒忌，徒勞地想模仿他，結果發現要犯好的錯誤也是十分不容易的。」

　　谷山是那種心不在焉的天才人物的縮影，這在他的外表上就有所反映。他無法繫好鞋帶，於是他決定與其每天要繫十餘次鞋帶，還不如乾脆不要繫它們。他會老是穿著同一套綠得怪異並帶有刺眼的金屬光澤的衣服，這套衣服的布料很令人厭憎，他家裡的其他人都反對他穿。

　　當他們在 1954 年相遇時，谷山和志村都剛開始從事數學事業。當時的習慣做法（現在仍然是這樣）是把年輕的研究人員置於一位教授的領導之下，這位教授負責指導初出茅廬的年輕人，但是谷山和志村拒絕這

種帶徒弟的方式。在戰爭期間，真正的研究工作處於停頓狀態，甚至到1950年代時數學還尚未恢復。按照志村的說法，教授們已經「精疲力盡，不再具有理想」。比較起來，經過戰爭磨練的學生對學習顯得更為著迷和迫切，他們很快就意識到對他們來說前進的唯一方法是自己教自己。學生們組織起定期的研討會，參加研討班會讓他們能彼此瞭解、交流最新的技術和突破。儘管谷山在其他方面常常顯得沒精打采，但他一參加研討會就成了巨大的推動力。他會激勵高年級學生探索未知的領域，而對更年輕的學生他又充當起父輩的角色。

由於他們與外界隔離，研討會有時會討論一些在歐洲和美國一般被認為已經「過時」的內容。用學生們的樸實的話來說，就是他們在研究西方世界已經拋棄了的方程式。其中一個特別陳舊但志村和谷山卻非常著迷的論題是模形式（modular forms）的研究。

模形式是數學中最古怪和神奇的一部分。它們是數學中最深奧的內容之一，但是20世紀的數論家艾希勒（Eichler）把它們列為五種基本運算之一：加法、減法、乘法、除法和模形式。大多數數學家會認為自己是前四種運算的大師，但對第五種運算他們仍覺得有點難以把握。

模形式的關鍵的特點是，它們具有非同尋常的對稱性。雖然大多數人對日常意義上的對稱性的概念是熟悉的，但它在數學中則有特殊的意義：如果某個對象可以按特定方式作變換，且經變換後它看上去沒有改變，那麼這個對象就具有對稱性。為了理解模形式具有的豐富的對稱性，

首先探討一下較為普通的對象（例如簡單的正方形）的對稱性可能會有所幫助。

在正方形的情況中，一種形式的對稱性是旋轉對稱。這就是說，想像在 x 軸和 y 軸的交點處有一根樞軸，於是圖 18 中的正方形可以旋轉四分之一圈，並且旋轉後它看上去沒有改變。類似地，旋轉半圈、四分之三圈和一圈都保持正方形，外表上沒有改變。

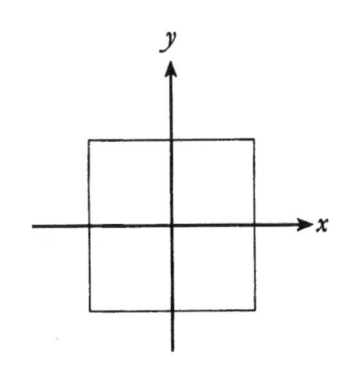

圖 18. 簡單的正方形表現出既有旋轉對稱性又有反射對稱性。

除了旋轉對稱性外，正方形還具有反射對稱性。如果我們想像沿 x 軸放置一面鏡子，於是正方形的上半部將恰好反射到下半部上，反過來也是如此，所以經過這個變換後正方形看上去保持不變。類似地，我們可以（沿 y 軸和沿兩條對角線）放上另外的 3 面鏡子，經它們反射後的正方形看上去與原來的完全相同。

簡單的正方形是相當對稱的，既具有旋轉對稱性又具有反射對稱性，但是它不具有任何平移對稱性。這指的是，如果按任何一個方向移動正方形，觀察者就會立即測出這個移動，因為它的相對於坐標軸的位置已經改變。然而，如果整個平面用正方形鋪設起來，如圖 19 所示，那麼這個正方形組成的無限集合將具有平移對稱性。如果這個鋪設好的無限平面上下移動一個或一個以上的鋪設磚位置，那麼移動後的鋪設結構看上去和原來的一個是一模一樣的。

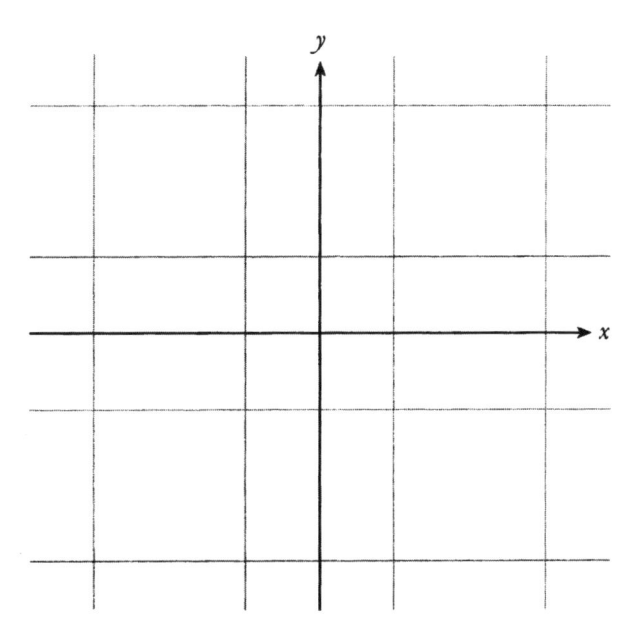

圖 19. 一張用正方形鋪設起來的無限的平面表現出旋轉和反射對稱性，此外還有平移對稱性。

鋪設好的平面具有的對稱性，相對來說是可直接想得到的，但是許多看來似乎是簡單的概念之中卻隱藏著許多微妙的性質。例如，在 1970 年代，英國物理學家（也是有時把數學作為娛樂消遣的數學家）羅傑·彭羅斯（Roger Penrose）開始有興趣嘗試在同一張平面上用不同的鋪設磚來鋪設。最後他確定了兩種特別有趣的形狀，叫做風箏形磚和鏢形磚，如圖 20 中所示。單用這兩種中的一種形狀無法鋪設好一張平面使得它既不留下空隙也沒有重疊的地方，但是可以把它們合起來使用，做出很多種類的鋪設式樣。風箏形磚和鏢形磚可以有無限多種方式組合在一起，並且儘管每一種式樣表面上是類似的，但在細微處它們卻是不相同的。圖 20 展示了風箏形磚和鏢形磚組成的一種樣式。

圖 20. 使用 2 種不同的鋪設磚，風箏形磚和鏢形磚，羅傑·彭羅斯可以覆蓋一張平面。然而，彭羅斯的鋪設結構不具有平移對稱性。

彭羅斯的鋪設結構（由例如風箏形磚和鏢形磚這樣的鋪設材料鋪成的式樣）的另一個引人注目的特點是，它們表現出非常有限程度的對稱性。初看之下，似乎圖 20 中展出的鋪設結構會有平移對稱性，但是，任何將這個式樣移動一下並使得它實際上保持不變的企圖都將以失敗告終。彭羅斯的鋪設結構其實是非對稱的，但容易使人上當。這正是它們使數學家著迷並且已經成為一個全新的數學領域的起點的原因。

使人奇怪的是，彭羅斯的鋪設結構在材料科學中也產生了反響。結晶學家總是認為結晶體必須是按照正方形鋪設結構所依據的原則來構成的，即具有高度的對稱性。理論上，構成結晶體要依靠高度規則和重複的結構。然而，在 1984 年科學家發現了一種按照彭羅斯原理構成的由鋁和錳組成的金屬結晶體，其中鋁和錳鑲嵌的式樣與風箏形和鏢形相像，形成一個幾乎是規則的，卻不完全是規則的結晶體。一家法國公司最近研製了一種彭羅斯結晶體用於長柄平底鍋的塗層。

彭羅斯的鋪設結構使人著迷的是它們有限的對稱性，而模形式使人感興趣的性質則是它們呈現出無限的對稱性。志村和谷山研究的模形式可以按無限多種方式作平移、交換、反射和旋轉而仍然保持不變，這使它們成為最對稱的數學對象。當博學多才的法國人亨利·龐加萊（Henri Poincaré）在 19 世紀研究模形式時，他曾利用它們豐富的對稱性克服了重大的困難。在完成一種特殊類型的模形式後，他向他的同事們描述說，他在兩個星期中每天都非常警覺，試圖找出他演算中的錯誤。在第 15 天

他終於認識到，並承認模形式確實是極端對稱的。

不幸的是，要畫出甚至想像同一個模形式都是不可能的。在正方形鋪設結構的情況中，我們碰到的是二維的對象，它的範圍是由 x 軸和 y 軸決定的。模形式也是用兩根軸來決定的，但這兩根軸都是複的，即每根軸有一個實的部分和一個虛的部分，因而實際上變成兩根軸。於是，第一根複軸必須用兩根軸，即 x_1 軸（實的）和 x_2 軸（虛的）來表示；而第二根複軸用兩根軸，即 y_1 軸（實的）和 y_2（虛的）來表示。更精確地說，模形式處於這個複空間的上半平面中，但是最需要懂得的是這是一個四維空間 (x_1, x_2, y_1, y_2)。

這個四維空間稱為「雙曲空間」。對於生活在局限於三維世界中的人來說，要理解雙曲空間是相當微妙的，但是四維空間在數學上是一個有效的概念，正是這多出來的維度使得模形式具有如此眾多的極好的對稱性。畫家莫里茲·埃歇（Mauritz Escher）為這些數學概念所吸引，嘗試在他的一些蝕刻畫和油畫中表達雙曲空間的概念。圖 21 展示了埃歇的《圓極限 IV》，它把雙曲空間嵌入到二維的圖中。在真實的雙曲空間中，這些蝙蝠和天使應該都是同樣大小的，不斷的重複則是表明高度的對稱性。雖然某些對稱性在二維的圖上也能看出，但當趨近於圖的邊緣時，這種對稱性越來越發生扭曲。

雙曲空間中的模形式在外形和規模上是各種各樣的，但是每一個都是由相同的一些基本要素構造出來的，各個模形式之間的差別在於它包

圖 21. 莫里茲・埃歇的畫《圓極限 IV》表達了模形式的某些對稱性。
版權所有：M・C・埃歇的《圓極限 IV》1997 Cordon Art，巴恩，荷蘭。

含各種要素的量不同。模形式的要素可以從 1 開始編號到無窮（M_1、M_2、M_3、M_4、……），因此一個特定的模形式可能包含 1 個 1 號要素（$M_1 = 1$），3 個 2 號要素（$M_2 = 3$），2 個 3 號要素（$M_3 = 2$）等。這些刻畫了模形式是如何構造的訊息可以概括成為所謂的模序列，或稱 M －序列，即要素及每一要素所需要數量組成的表：

$$M-序列：M_1 = 1,$$
$$M_2 = 3,$$
$$M_3 = 2,$$
$$\cdot$$
$$\cdot$$
$$\cdot$$

正像 E －序列是橢圓方程式的 DNA 一樣，M －序列是模形式的 DNA。在 M －序列中列出的每個要素的數量起著關鍵的作用。根據你如何改變（比方說）第一個要素的數量，你可能產生一個完全不同的，但同樣是對稱的模形式；你也可能完全破壞對稱性而產生一種新的不再是模形式的對象。如果每個要素的數量是任意地選定的，那麼其結果將可能是一個對稱性很少或根本沒有對稱性的對象。

模形式在很大程度上是由於其自身的價值而立足於數學之中的。特別是，它們似乎與懷爾斯在劍橋研究的橢圓方程式完全無關。模形式是一種異乎尋常地複雜怪物。之所以要研究它主要是由於它的對稱性以及由於它只是在 19 世紀剛被發現，而橢圓方程式可追溯至古希臘時代並且與對稱性毫無關係。模形式與橢圓方程式屬於數學世界中完全不同的區域，沒有人曾料想到這兩者之間會有絲毫的聯繫。然而，志村和谷山卻使數學界震驚地想到橢圓方程式和模形式實質上是完全相同的東西。按照這兩位有獨特見解的數學家說法，他們能夠將模世界與橢圓世界統一起來。

異想天開

1955年9月,一個國際學術討論會在東京舉行。對許多年輕的日本研究人員來說,這是一次難得的向國外同行炫耀他們胸中才學的機會。他們聯手提供了一份報告,收集了與他們的工作有關的36個問題,並附有謙恭的介紹:

> 某些未解決的問題:準備尚不充分,因而其中可能有些是平凡的或已經解決的。敬請諸位對這些問題賜教。

其中有4個問題是谷山提出的,這些問題提示了模形式與橢圓方程式之間某種奇怪的關係。這些有益的問題最終將導致數論的一場革命。谷山看到過一個具體的模形式 M －序列中開頭幾項,他認出了這種結構方式,並意識到它與一個熟知的橢圓方程式 E －序列中列出的數是完全相同的。他計算了這兩個序列中更多的項,結果模形式的 M －序列依然與橢圓方程式的 E －序列完全一致。

這是一個驚人的發現,因為儘管沒有任何明顯的理由,這個模形式居然能與一個橢圓方程式通過它們各自的 M －序列和 E －序列發生聯繫——這兩個序列是完全相同的。形成這兩個對象的數學DNA是完全相同的。這是一項蘊含雙重意義的深刻發現。首先,他提示人們在深層次上模形式與橢圓方程式這兩個來自數學中不同方向的研究對象之間有一種基本的聯繫。第二,它意味著如果數學家已經知道模形式的 M －序列,

那麼他就不必再計算對應的橢圓方程式的 E －序列，因為它與 M －序列是相同的。

　　表面上完全不同的研究方向之間存在的聯繫，對於創造新的成果至關重要，這一點在數學中與在其他學科中是一樣的。這種聯繫暗示著存在某種深藏著使這兩個方向都更為增色的真理。例如，起初，科學家們曾把電和磁作為兩個完全獨立的現象來研究。後來，在 19 世紀，理論家和實驗家認識到電和磁是密切相關的。這樣就導致了對這兩個現象更為深入的瞭解。電流產生磁場，而磁場能使向它移近的導線帶電。這導致了發電機和電動機的發明，並最終發現光本身是電磁場諧振的結果。

1955 年谷山和志村出席東京學術討論會。

谷山又仔細研究了幾個不同的模形式，在每一種情形中，M－序列似乎完美地對應著某個橢圓方程式的 E－序列。他開始思索是否每一個模形式都可能有一種橢圓方程式與之相配。或許每個模形式與某個橢圓方程式有著相同的 DNA；或許每個模形式只不過是偽裝了的某個橢圓方程式？他提交的問題與這個假設是相關連的。

認為每個橢圓方程式相關於一個模形式的想法如此地異乎尋常，以致看過谷山的問題的人都認為它們只不過是想入非非而已。儘管谷山已經毫無疑問地證明了有幾個橢圓方程式可以相關於特定的模形式，但是他們宣稱這不過是偶然的巧合。按照這些持懷疑觀點的人的說法，谷山關於這兩者之間有更一般的和普遍的關係的主張似乎是很不現實的。這種假設只是根據直覺而不根據任何真實的證據提出的。

志村是谷山唯一的同盟者，他相信他朋友深邃有力的想法。在討論會後，他和谷山一起研究，試圖將這個假定推進到新的水準，使其他人再也不能無視他們的工作。志村需要找到更多的證據來支持存在於模世界和橢圓世界之間的這種聯繫。到了 1957 年，這種合作一度中斷，因為當時志村應邀到普林斯頓高等研究院去工作。志村原打算在他以客座教授在美國工作 2 年之後恢復和谷山一起研究，但這已永遠不能實現。1958 年 11 月 17 日，谷山自殺身亡。

一個天才之死

　　志村仍然保存著當年他們為圖書館的書第一次接觸時谷山寄給他的明信片。他也保存著他出國到普林斯頓期間谷山寫給他的最後一封信，但是信中絲毫找不到有關就在兩個月後發生的那件事的任何暗示。時至今天，志村仍然想不通，隱藏在谷山自殺背後的原因是什麼。「我那時非常困惑。困惑大概是最好的用詞了。當然，我很悲傷，事情太突然了。我在9月收到他的信，到11月初他就死了。我根本無法弄清楚這件事。當然，後來我聽到過各種各樣的傳說，我力圖使自己從他的死亡中恢復過來。有人說他對自己失去了信心，不過不是在數學方面。」

　　特別使谷山的朋友們困惑的是，他正與鈴木美佐子（Misako Suzuki）熱戀，並打算在這一年的晚些時候和她結婚。志村五郎在《倫敦數學學會通訊》（Bulletin of the London Mathematical Society）上發表的對谷山的悼文中回顧了谷山與美佐子的婚約和他自殺前的那幾個星期：

>　　當我獲知他們訂婚的消息時，我有點驚奇，因為我模模糊糊地意識到她不屬於他那種類型的人，但我並沒有感到不安。此後有人告訴我，他們已經簽約租了一套看上去相當好的住房作為他們的新家，買了一些廚房用具，並一直在為他們的婚禮作準備。對他們和他們的朋友們來說，一切看上去都很樂觀。突然，災難降臨到他們頭上。

1958年11月17日（星期一）早上，寓所的管理員發現他死在他的房間裡，一封遺書放在書桌上。遺書寫在他作學術研究時一直使用的那種筆記本的3頁紙上。第一頁上寫著：

「直到昨天，我還沒有下定決心要自殺。但是很多人想必注意到，近來我無論在體力方面還是心智方面都十分疲憊。至於我自殺的原因，我自己都不十分清楚，但它絕不是由某件小事引起的，也不是出於特別的原因。我只能說，我陷入了對未來失去信心的心境之中。我的自殺可能會使某個人苦惱，甚至對其是某種程度的打擊。我衷心地希望這件小事不會使那個人的將來蒙上任何陰影。無論如何，我不能否認這是一種背叛的行為，但是請原諒我這最後一次按自己的方式採取的行動，因為我在整個一生中一直是以自己的方式行事的。」

他十分有條理地繼續寫他希望怎樣處置他的遺物，哪些書和唱片是他從圖書館或朋友那裡借來的等等，他特別提到：「我想把唱片和播放器留給鈴木美佐子，只要她不會因為我把它們留給她而感到生氣。」他對他正在教的大學生微積分和線性代數課程已經教到哪裡作了說明，在結尾處他為這個行為引起的種種麻煩向他的同事們表示歉意。

就這樣，一位那個時候最傑出、最具開拓性的學者按照他自己的意願結束了他的生命，就在5天前他剛滿31歲。

在谷山自殺後的幾個星期，悲劇再次發生。他的未婚妻鈴木美佐子也結束了自己的生命，據報導她留下一張紙條寫道：「我們曾彼此承諾，不管我們到哪裡我們將永不分開。既然他去了，我也必須和他在一起。」

志村仍保留著他的同事和朋友谷山給他的最後一封信。

至善至美的哲學

在他短暫的生涯中，谷山對數學貢獻許多激進的想法。他在討論會上提交的問題包含著他深邃的洞見，但是它太超前於它的時代，以致他沒能活著看到它對數論的巨大影響。人們一定會傷感地懷念起他的充滿智慧的創造性，以及他對年輕一代的日本科學家所起的指導作用。志村清晰地記得谷山的影響：「他總是善待他的同事們，特別是比他年輕的人，他真誠地關心他們的幸福。對於許多和他進行數學探討的人，當然包括我自己在內，他是精神上的支柱。也許他從未意識到他一直起著這個作用。但是我在此刻比他活著的時候更強烈地感受到他在這方面的高尚的慷慨大度。然而，他在絕望、極需支持的時候，卻沒有人能給他以任何支持。一想到這一點，我心中就充滿了最深沉的悲哀。」

在谷山去世以後，志村集中精力於理解橢圓方程式和模形式之間的關係。隨著歲月的流逝，他繼續奮鬥，收集了支持這個理論的更多的證據和一些邏輯推理的方法。逐漸地他越來越確信每一個橢圓方程式必定和一個模形式相關。其他的數學家則依然半信半疑。志村回憶起和一位傑出的同事的一次談話：那位教師詢問道：「我聽說你提出某些橢圓方程式可以和模形式聯繫起來。」

志村回答說：「不，你搞錯了！不只是某些橢圓方程式，而是每一個橢圓方程式！」

志村不能證明情形確實是這樣，但每次檢驗這個假設似乎總是對的。無論如何，它似乎完全符合他寬容的數學哲學。「我持有這種至善至美的哲學觀。數學應該容納善和美。因此在橢圓方程式的情形中，人們可以把一個通過模形式參數化的橢圓方程式稱為善和美的橢圓方程式。我期望所有的橢圓方程式都是善和美的。這是一種相當不成熟的哲學觀，但是我們可以把它作為一個起點。然後，毫無疑問，我還是必須發展出各種技術上的理由來支持這個猜想。我可以說，這個猜想起源於這種至善至美的哲學觀。大多數數學家是按某種審美觀做數學的，至善至美哲學觀來自於我的審美觀。」

　　逐漸地志村積累的證據，使他的關於橢圓方程式和模形式的理論越來越廣泛被人們所承認。他還不能向世界證明它是真的，但是至少它現在已不再是癡心夢想。有足夠多的證據說明他值得冠以猜想這個頭銜。起初，它被稱為谷山－志村猜想，以表示對提出它的谷山和全力繼續發展它的志村的認可。

　　在這重要關頭，20世紀數論方面的一位領袖人物安德烈‧韋依（André Weil）及時地採納了這個猜想，並使它在西方得到了公認。韋依研究了谷山和志村的思想，找到了更為堅實可靠且有利於它的證據。結果，這個假設常被稱作為谷山－志村－韋依猜想，有時候稱作為谷山－韋依猜想，偶而也被稱為韋依猜想。事實上，對這個猜想的正式名稱一直存在許多爭議。對有興趣於排列組合的人來說，這裡涉及到的3個名

字有 15 種可能的組合方法，很有可能每一種組合都在過去的出版物中出現過。然而，我將用它原來的名稱「谷山－志村猜想」來稱呼這個猜想。

在安德魯·懷爾斯當學生時，曾經指導過他的約翰·科茨教授本人在谷山－志村猜想成為西方的談論話題時也還是一名學生。「我在 1966 年開始從事研究工作，當時谷山和志村的猜想正席捲全世界。每個人都感到它很有意思，並開始認真地看待關於所有的橢圓方程式是否可以模形式化的問題。這是一段非常令人興奮的時期。當然，唯一的問題是它很難取得進展。我認為，公正地說，雖然這個想法是漂亮的，但它似乎非常難以真正地加以證明，而這正是我們數學家主要感興趣的一點。」

在 1960 年代後期，眾多的數學家反覆地檢驗谷山－志村猜想。他們從一個橢圓方程式和它的 E－序列出發，去尋找有完全相同 M－序列的模形式。在每一種情形中，橢圓方程式確實有一個相關的模形式。雖然這是對谷山－志村猜想非常有利的證據，但它絕不算是一種證明。數學家們猜測它是對的，但在有人能發現一個邏輯證明之前，它仍然只是一個猜想。

哈佛大學的巴里·梅休爾（Barry Mazur）教授目睹了谷山－志村猜想的產生。「推測每個橢圓方程式相伴著一個模形式，這是一個神奇的猜想，但是一開始它就被忽視了，因為它太超前於它的時代。當它第一次被提出時，它沒有被著手處理，因為它太使人震驚。一方面是橢圓世界，另一方面是模世界，這兩個數學分支都已被集中地但單獨地研究過。研究橢圓方程式的數學家可能並不精通模世界中的知識，反過來也是這

樣。於是，谷山－志村猜想出現了，這個重大的推測說，在這兩個完全不同的世界之間存在著一座橋。數學家們喜歡建造橋樑。」

　　數學中的橋有著巨大的價值。它們使生活在孤島上的各個數學家社團能交流想法，探討彼此的創造。數學是由未知海洋中的一個個知識孤島組成的。例如，在那裡有一個幾何學家占據的孤島，他們研究形狀和形式；也有一個機率論的孤島，數學家們在那裡討論風險和機遇。有著幾十個這樣的孤島，每個孤島上使用它們自己獨特的語言，這種語言其他島上的居民是不懂的。幾何學的語言與機率論的語言有很大的差異，而微積分的行話對於那些只講統計學語言的人是沒有意義的。

　　谷山－志村猜想的巨大潛力在於它將溝通這兩個孤島，使它們第一次能彼此對話。巴里・梅休爾認為谷山－志村猜想是一種類似於羅塞塔石碑[01]那樣的翻譯指導。羅塞塔石碑上有古埃及通俗文字、希臘文字和古埃及象形文字。因為通俗文字和希臘文字是大家懂得的，所以它使考古學家們第一次能解讀象形文字。「這就像你懂得一種語言，而這個羅塞塔石碑使你一下子懂得另一種語言，」梅休爾說道。但是，谷山－志村猜想是一塊具有某種魔力的羅塞塔石碑。這個猜想有個非常令人高興的特性，就是模世界中簡單的直觀能轉變成橢圓世界中深刻的真理，反過來也是如此。更重要的是，對橢圓世界中非常難解的問題，有時候可

---

[01] 1799 年埃及羅塞塔鎮附近發現的古埃及石碑，其碑文用古埃及象形文字和通俗文字以及希臘文字製成，該碑的發現為解讀古埃及象形文字提供了線索。——譯者

以利用這塊羅塞塔石碑將它轉變成模世界的問題，並發現在模世界中已有辦法和工具來處理這個經過變換的問題，從而使問題得以解決。如果龜縮於橢圓世界之中，我們對它是束手無策的。

如果谷山－志村猜想是對的，它將使數學家們能利用通過模世界處理橢圓問題的方法來解決許多世紀以來未解決的一些橢圓問題。希望在於橢圓方程式和模形式這兩個領域能夠統一起來。這個猜想也使人產生這樣的希望：在其他的不同數學學科之間可能存在著連接的鏈環。

1960年代，普林斯頓高等研究院的羅伯特·朗蘭茲（Robert Langlands）被谷山－志村猜想所具有的潛力吸引。儘管這個猜想尚未被證明，朗蘭茲相信它只不過是一個更為宏偉得多的統一化計畫中的一個環節。他確信在所有主要的數學課程之間存在連接的環鏈，並開始尋找這些統一的環鏈。幾年之後，許多鏈環開始湧現出來。所有的這些統一化猜想比谷山－志村猜想要弱得多，並且更為不確定，但是它們形成了由存在於許多數學領域之間的假設性聯繫組成的一張錯綜複雜的網絡。郎蘭茲的夢想是看到這些猜想一個接一個地被證明，最終形成一個宏偉且統一的數學。

朗蘭茲詳述了他未來的計畫，並試圖說服其他數學家參加到他這個被稱作朗蘭茲綱領（Langlands programme）的計畫之中，齊心協力來證明他的猜想金字塔。似乎沒有明顯的方法來證明這種不確定的鏈環，但是如果這個夢想成為現實的話，那麼其回報將是巨大無比的：在某個數

學領域中無法解答的任何問題,可以被轉換成另一個領域中相應的問題,而在那裡有一整套新武器可以用來對付它。如果仍然難以找到解答,那麼可以把問題再轉換到另一個數學領域中,繼續下去直到它被解決為止。根據朗蘭茲綱領,有一天數學家們將能夠解決他們的最深奧、最難對付的問題,辦法是領著這些問題周遊數學王國的各個風景勝地。

對於應用科學和工程技術,這個綱領也有重要的含意。不管是模擬碰撞的夸克之間的相互作用,還是找出組織通訊網絡的最佳方案,解決問題的關鍵常常是要做數學計算。在一些科學和技術領域中,這些計算是如此的複雜以致這個領域的進展遭到嚴重的阻礙。只要數學家們能證明朗蘭茲綱領中的鏈環猜想,那麼就像解決抽象問題一樣,也存在解決現實世界問題的捷徑。

到了 1970 年代,朗蘭茲綱領已經成了數學展望未來的一份藍圖,但這條通向問題解答者天堂的道路卻被一個簡單的事實所阻擋,即對於如何證明朗蘭茲的任何一個猜想,還沒有人有任何切實可行的想法。這個綱領中最強有力的猜想仍然是谷山－志村猜想,但即使是對它,似乎也無法證明。谷山－志村猜想的證明將會是實現朗蘭茲綱領的第一步,正因為如此,它成了現代數論中最有價值的猜想。

儘管還是個未被證明的猜想,谷山－志村猜想依然成百次地在數學論文中被提到,這些論文探究如果它被證明那麼會出現些什麼結果。這些論文會以一段清楚的防止誤解的說明「假定谷山－志村猜想是對

的……」開始，然後接下去概要敘述對某個未解決問題的解答。當然，這些結果本身也只能是假設性的，因為它們依賴於「谷山－志村猜想是對的」這個前提。這些新的假設性結果反過來又被組合進其他結果中，最後形成了大量依賴「谷山－志村猜想是正確」的數學。這一猜想於是成了一幢新的數學大廈的基石，但是在這一猜想被證明之前這幢大廈是極其脆弱的。

那個時候，安德魯·懷爾斯是劍橋大學的青年研究人員。他回憶1970年代在數學界中蔓延的那陣驚惶：「我們構造了越來越多的猜想，它們不斷地向前方延伸，但如果谷山－志村猜想不是真的，那麼它們全都會顯得滑稽可笑。因此我們必須證明谷山－志村猜想，才能證明我們滿懷希望地勾勒出來對未來的整個設計是正確的。」

數學家們已經構造了一座脆弱的紙牌屋，他們夢想有一天某個人會給他們的建築物提供堅實的基礎。他們也不得不整天提心吊膽地擔心，有一天某個人會證明谷山和志村其實是錯的，這將導致花了20多年時間所作的研究徹底崩潰。

遺失的鏈環

1984年秋，一群優秀的數論家聚集在一起參加在德國黑森邦中部小城奧伯沃爾法赫舉行的討論會。他們聚在一起討論橢圓方程式研究中的

各種突破性工作，自然也有些演說者會偶爾報告他們在證明谷山－志村猜想上所取得的小進展。其中一位演說者——來自薩爾布呂肯的格哈德·弗賴（Gerhard Frey）雖然沒有對如何解決這個猜想提供任何新的想法，但是他確實提出了引人注目的論斷，即如果有人能證明谷山－志村猜想，那麼他們也立即能證明費瑪最後定理。

當弗賴站起來準備演講時，他先寫下了費瑪方程式：

$$x^n + y^n = z^n，這裡 n 大於 2。$$

費瑪最後定理說這個方程式不存在整數解，但弗賴則探索如果最後定理是錯的，即至少有一個解，那麼會出現什麼結果。弗賴對於他的這個假設的不尋常的解可能是怎樣的毫無想法，所以他把這些未知數用字母編號為 A、B 和 C：

$$A^N + B^N = C^N。$$

然後弗賴開始「重新安排」這個方程式。這是一個嚴格的數學程序，它改變這個方程式的外貌但保持它的完整。通過一系列熟練而複雜的演算，弗賴使具有這個假設解的費瑪方程式變成為

$$y^2 = x^3 + (A^N - B^N)x^2 - A^N B^N。$$

雖然這種重新安排似乎與原來的方程式大不相同，但它是假設有解的直接結果。也就是說，如果（注意這是一個大假設）費瑪方程式有一個解，

即如果費瑪最後定理是錯的，那麼這個重新安排得到的方程式也一定存在。起初，弗賴的聽眾並未對他的重新安排特別留神，但接著，他指出這個新方程式事實上是一個橢圓方程式，儘管它相當複雜和古怪。橢圓方程式的形式為：

$$y^2 = x^3 + ax^2 + bx + c，$$

但如果我們令

$$a = A^N - B^N，b = 0，c = -A^N B^N，$$

則很容易理解弗賴方程式的橢圓性質。

通過將費瑪方程式轉變為一個橢圓方程式，弗賴將費瑪最後定理和谷山－志村猜想聯繫了起來。然後，弗賴向他的聽眾指出，他由費瑪方程式的一個解做出的橢圓方程式是非常稀奇古怪的。事實上，弗賴聲稱他的橢圓方程式是如此不可思議，以致它的存在所帶來的影響將對谷山－志村猜想造成毀滅性的打擊。

記住弗賴的橢圓方程式只不過是一個虛擬的方程式，它的存在是以費瑪最後定理是錯的這個事實為前提的。然而，如果弗賴的橢圓方程式確實存在，那麼它是如此的古怪到它似乎不可能與一個模形式相關。但是谷山－志村猜想斷言每一個橢圓方程式必定與一個模形式相關。於是，弗賴方程式的存在就否定了谷山－志村猜想。

換言之，弗賴的推理如下：

(1) 當（且僅當）費瑪最後定理是錯的，則存在弗賴的橢圓方程式。
(2) 弗賴的橢圓方程式是如此的古怪，以致於它絕不可能被模形式化。
(3) 谷山－志村斷言每一個橢圓方程式必定可以模形式化。
(4) 因而，谷山－志村猜想必定是錯的！

另一種選擇，也是更重要的，弗賴能夠反方向進行他的推理：
(1) 如果谷山－志村猜想能被證明是對的，那麼每一個橢圓方程式必定可以模形式化。
(2) 如果每一個橢圓方程式必定可以模形式化，那麼弗賴的橢圓方程式就不可能存在。
(3) 如果弗賴的橢圓方程式不存在，那麼費瑪方程式不能有解。
(4) 因而費瑪最後定理是對的！

格哈德·弗賴最終得到了戲劇性的結論：費瑪最後定理的真實性將是谷山－志村猜想一經證明之後的直接結果。弗賴斷言，如果數學家能證明谷山－志村猜想，那麼他們將自動地證明了費瑪最後定理。幾百年來第一次，世界上最堅硬的數學問題看起來變得脆弱了。根據弗賴的說法，證明谷山－志村猜想是證明費瑪最後定理的唯一障礙。

雖然弗賴的傑出見解給聽眾們以深刻的印象，但他們也因其邏輯中的一個初級錯誤而愣住了。除了弗賴本人之外，演講廳裡的幾乎每一個人都覺察到了這一點。這個錯誤似乎並不嚴重，不過由於它的存在，弗賴的工作是不完全的。誰能首先糾正這個錯誤，誰就贏得將費瑪和谷山－

志村聯繫起來的榮譽。

弗賴的聽眾們衝出演講廳，奔向影印室。一個報告的重要性常常可以從等待影印講稿的隊伍長短得出評價。一旦他們拿到一份弗賴的論證綱要全文，他們就回到各自的研究所，開始設法填補這個缺陷。

弗賴的論證依賴於這個事實：他從費瑪方程式導出的橢圓方程式是如此的古怪以致它不可能模形式化。他的工作是不完全的，因為他並沒有十分清楚地證明他的橢圓方程式是足夠古怪的。只有當某人能證明弗賴的橢圓方程式有絕對的古怪性，那麼谷山－志村猜想的證明才會隱含著費瑪最後定理的證明。

起初，數學家們相信證明弗賴的橢圓方程式的古怪性應該是相當常規的。初看之下，弗賴的錯誤似乎是初級的，並且當時在奧伯沃爾法赫的每個人都認為彌補它將只是一場看誰能最快地改組代數的比賽。人們期待的是幾天之內會有人發出一封電子郵件，描述他們已經如何證明了弗賴的橢圓方程式的真正怪異之處。

一個星期過去了，沒有這種電子郵件出現。幾個月過去了，期望一場瘋狂的數學衝刺正在變成一場馬拉松長跑。彷彿費瑪依然在嘲弄和折磨著他的後繼者。弗賴概要地敘述了一種誘人的證明費瑪最後定理的策略，但甚至連初等的第一步，即證明弗賴假設的橢圓方程式不能模形式化，也難住了全世界的數學家們。

為了證明一個橢圓方程式不能模形式化，數學家們正在尋找與第 4

章中描述的那些不變量相類似的不變量。扭結不變量可以證明一個扭結不能轉變成為另一個扭結，洛伊德的智力遊戲中的不變量可以證明他的 14 — 15 遊戲盤不可能變換到正確的排列。如果數論家們能發現一個適當的不變量來刻畫弗賴的橢圓方程式，那麼他們能證明：不管對它做什麼變換，它永遠不能變換成一個模形式。

在那些辛勤地證明和完成谷山－志村猜想和費瑪最後定理之間存在聯繫的人當中，有一位是加利福尼亞大學柏克萊分校的教授肯·里貝特，自從目睹了奧伯沃爾法赫的演講之後，里貝特一直著迷於嘗試證明弗賴的橢圓方程式太古怪以致不能模形式化。經過 18 個月的努力，他和其他所有人一樣沒有得到任何結果。後來，在 1986 年的夏天，里貝特的同事巴里·梅休爾教授訪問柏克萊並出席國際數學家大會。這兩位朋友因為到斯特拉達咖啡店喝卡布齊諾咖啡而碰巧遇到，並開始談論一些不走運的人和事，抱怨起數學的現狀來。

漸漸地他們開始談論起關於各種各樣關於企圖證明弗賴橢圓方程式怪異性的最新消息。里貝特開始解釋他一直在探索的試驗性策略。這種方法模模糊糊地似乎有點前途，但他還只能證明它非常小的一部分。「我與巴里坐在一起，告訴他我正在做的事。我提到了我已經證明了非常特殊的情形，但是我不知道下一步該做什麼將它擴展，以得到整個證明。」

梅休爾教授一邊啜飲著他的卡布齊諾咖啡，一邊聽著里貝特的想法。突然他停止了啜飲，懷疑地凝視著肯。「難道你還不明白？你已經完成

肯・里貝特

了它！你還需要做的就只是加上一些 M －結構的 $\gamma - 0$；然後再做一遍你的論證，這就行了。它會給出你所需要的一切。」

里貝特看著梅休爾，再看看他的咖啡，又回頭看梅休爾。這是里貝特數學生涯中最重要的時刻。他十分細緻地回憶起這個時刻。「我說，你絕對是正確的，當然如此，我怎麼會想不明白這一點。我完全驚呆了，因為我從未想到過添加額外的 M －結構的 $\gamma - 0$，這聽起來就是這麼簡單。」

應該注意到，雖然加上 M －結構的 $\gamma - 0$ 對於肯·里貝特聽起來很簡單，但它是邏輯上深奧的一步，世界上只有少數的數學家能在隨便喝一杯咖啡的時間裡想出這一步。

「它是我一直在思念著的關鍵的要素，卻原來它一直就在我面前凝視著我。我高興得像上了天似地漫步回到我的住所，滿腦子想著：天哪！這難道真是對的嗎？我完全被迷住了，我坐下來，開始在筆記本上飛速地寫起來。大約一個小時或兩個小時後，我已經寫完了一切，確信我已掌握了關鍵的步驟，並且它與其餘部分完全協調一致。我通讀了我的論證，然後對自己說，對，這絕對行得通。國際數學家大會當然有成千的數學家參加，我有點隨便地對幾個人提到我已經證明了谷山－志村猜想隱含費瑪最後定理。這消息像野火般傳了開來，立刻一大群人都知道了，他們向我跑來問我：你已經證明弗賴的橢圓方程式不能模形式化，這確確實實是真的嗎？我不得不考慮一分鐘，然後，突然地，我高聲說：是的，我已經證明了。」

費瑪最後定理現在已經不可擺脫地與谷山－志村猜想聯結在一起了，如果有人能證明每一個橢圓方程式是模形式，那麼這就隱含費瑪方程式無解，於是立即證明了費瑪最後定理。

三個半世紀以來，費瑪最後定理一直是孤立的問題，一個在數學的邊緣上使人好奇的、無法解答的謎。現在，肯·里貝特在格哈德·弗賴的啟示下已經把它帶到重要的舞台上來了。17 世紀最重要的問題與 20 世

紀最有意義的問題結合在一起，一個在歷史上和感情上極為重要的問題與一個可能引起現代數學革命的猜想聯結在一起了。

弗賴已經清楚地規定了人們面前的任務。如果數學家能首先證明谷山－志村猜想，那麼他們就自動地證明了費瑪最後定理。起初，希望重又燃起，但接著事情的真相逐漸明朗。30年來數學家們一直試圖證明谷山－志村猜想，但都失敗了。為什麼他們現在會取得進展呢？懷疑論者相信現在連一丁點兒證明谷山－志村猜想的希望都消失了。他們的邏輯是，任何可能導致解決費瑪最後定理的事情根據定義是根本不可能實現的。

甚至連已經作出了關鍵的突破性工作的肯·里貝特也很悲觀：「絕大多數人相信谷山－志村猜想是完全無法接近的，我是其中的一個。我沒有真的費神去試圖證明它，我甚至沒有想到過要去試一下。安德魯·懷爾斯大概是地球上敢大膽夢想可以實際上證明這個猜想的極少數幾個人之一。」

安德魯・懷爾斯在 1986 年意識到有可能通過谷山－志村猜想證明費瑪最後定理。

Chapter 6 秘密的計算

一個高超的問題解答者必須具備兩種不協調的素質：
永不安分的想像和極具耐心的執著。

霍華德・W・伊夫斯

「那是 1986 年夏末的一個傍晚，當時我正在一個朋友的家中啜飲著冰茶。談話間他隨意地告訴我，肯·里貝特已經證明了谷山－志村猜想與費瑪最後定理之間的聯繫。我感到極大的震動。我記得那個時刻，那個改變我生命歷程的時刻，因為這意味著為了證明費瑪最後定理，我必須做的一切就是證明谷山－志村猜想。它意味著我童年的夢想現在成了正當且值得去做的事。我懂得我決不能讓它溜走。我十分清楚我應該回家去研究谷山－志村猜想。」

自從安德魯·懷爾斯發現那本激勵他去迎接費瑪挑戰的圖書館的書以來，已經 20 多年過去了，但是現在，他第一次望見了一條實現他童年夢想的道路。懷爾斯回憶他對谷山－志村猜想的看法是如何在一夜之間改變的：「我記得有一個數學家曾寫過一本關於谷山－志村猜想的書，並且厚著臉皮地建議有興趣的讀者把它當作一個習題。好，我想，我現在真的有興趣了！」

自從在劍橋師從約翰·科茨教授獲得他的博士學位以後，懷爾斯就橫渡大西洋來到普林斯頓大學，現在他本人已是這所大學的教授了。多虧科茨的指導，懷爾斯或許比世界上任何人都更懂得橢圓方程式，但他也很清楚地意識到即使以他的廣博的基礎知識和數學修養，前面的任務也是極為艱巨的。

大多數其他數學家，包括約翰·科茨，相信做這個證明會勞而無功：「我自己對於這個存在於費瑪最後定理與谷山－志村猜想之間的美妙的

鏈環能否實際產生有用的東西持悲觀態度，因為我必須承認我不認為谷山－志村猜想是容易證明的。雖然問題很美妙，但真正地證明它似乎是不可能的。我必須承認我認為在我有生之年大概是不可能看到它被證明的。」

懷爾斯意識到他的機會不大，但即使最終他沒能證明費瑪最後定理，他也覺得他的努力不會白費，「當然，已經很多年了，谷山－志村猜想一直沒有被解決。沒有人對怎樣處理它有任何想法，但是至少它屬於數學中的主流。我可以試一下並證明一些結果，即使它們並未解決整個問題，它們也會是有價值的數學。我不認為我在浪費自己的時間。這樣，吸引了我一生的費瑪的傳奇故事現在和一個專業上有用的問題結合起來了。」

頂樓中的勇士

在世紀交替的時刻，有人問偉大的邏輯學家大衛·希爾伯特為什麼他不去嘗試證明費瑪最後定理。他回答說：「在開始著手之前，我必須花 3 年的時間作深入細緻的研究，而我沒有那麼多時間去浪費在一件可能會失敗的事情上。」懷爾斯清楚地知道，為了有希望找到證明，他必須全心全意地將自己投入這個問題。但是與希爾伯特不一樣，他準備冒這個風險。他閱讀了所有的最新雜誌，然後反覆地操練最新的技巧方法，

直到它們成為他的第二本能為止。為了為將來的戰鬥，收集必要的武器，懷爾斯花了 18 個月的時間使自己熟悉以前曾被應用於橢圓方程式或模形式的，以及從它們推導出來的全部數學。這些還是比較小的投資，要記住他全面地估計過，任何對這個證明的認真嘗試很可能需要 10 年專心致志的努力。

懷爾斯放棄了所有與證明費瑪最後定理沒有直接關係的工作，不再參加沒完沒了的學術會議和報告會。由於他仍然擔當著普林斯頓大學數學系的工作，懷爾斯繼續參加研討會，給大學生上課和指導研究生。任何時候只要可能，他就迴避作為教師會碰到的那些分心事，回到家裡工作。在家裡他可以躲進他頂樓的書房，在那裡他要嘗試使已經掌握了的那些技巧變得更有力，希望制定出對付谷山－志村猜想的策略。

「我習慣於到樓上我的書房去，著手嘗試尋找一些模式。我設法做一些計算來解釋某一小段數學，並設法使它符合我以前對該部分數學的概念性理解，這有助於澄清我正在思考的具體問題。有時候還得去書上查考。以便弄明白在那裡它是怎麼完成的。有時它只是做一點補充計算，進行一點修改的問題，而有時候我發覺以前所做的事情根本都是沒用的，於是我就必須找出一些全新的東西——它從哪裡冒出來的？這件事有點神秘。」

「基本上說，它還是思維的結果。你常常會寫下一些話來闡明你的想法，但並不一定如此。特別是當你真的進入死胡同的時候。當有一個真

正的問題需要你去征服的時候,那種循規蹈矩的數學思維對你來說毫無用處。導致那一類新的想法必須經過長時間,極其專注的對那個問題的思考,不能有任何分心。這之後似乎有一段鬆弛期,在這期間潛意識出現,占據了你的腦海。正是在這段期間,某種新見解冒出來了。」

從他開始著手證明的時刻起,懷爾斯就作了一個重大的決定:要完全獨立和保密地進行研究。現代數學已經發展成為一種合作性的文化,因此,懷爾斯的決定似乎使他返回到以前的時代,彷彿他正在仿效最著名的數學隱士費瑪本人。懷爾斯解釋說,他決定秘密地工作的部分原因是,他希望自己的工作不受干擾。「我意識到與費瑪最後定理有關的任何事情都會引起太多人的興趣。你確實不可能很多年都使自己精力集中,除非你的專心不被他人分散,而這一點會因旁觀者太多而做不到。」

懷爾斯保密的另一個動機想必是他對榮譽的渴望。他害怕會出現這樣的局面:他已經完成證明的主要部分,但仍然未找到最後部分的演算。而就在這個時候,如果他的突破性工作的消息走漏出去,那就無法阻止對手在懷爾斯的工作的基礎上繼續前進,完成證明,並將獎勵攫為己有。

在後來的幾年中,懷爾斯取得了一系列不尋常的結果,而在他的證明完成之前,他沒有與人討論或發表其中的任何一個結果。甚至關係密切的同事也沒有留意到他的研究工作。約翰·科茨能回想起與懷爾斯的這段交往,這段期間他對懷爾斯正在進行的事情毫不知情:「我記得在許多場合對他講過:『與費瑪最後定理的這種聯繫確實是非常好的,但

是要想證明谷山－志村猜想仍然是毫無希望的。』而他當時只是對我笑笑。」

是肯‧里貝特完成了費瑪與谷山－志村之間的鏈環，但他也不完全知道懷爾斯暗中進行的工作。「這大概是我知道的僅有的一個例子，一個人進行了這麼長時間的研究而不公開他在做什麼，也不談論他正在取得的進展。在我的經歷中，這是前所未聞的。在我們這個圈子裡，人們總是分享他們的想法。數學家們在會議上聚在一起，彼此互訪並作報告，他們互相傳送電子郵件，電話交談，徵求對方的看法，尋求回饋——數學家們總是在交流。當你對別人說話時，你會得到鼓勵；人們會告訴你，哪些你已完成的工作是重要的，他們給你各種想法。這有點像補充營養，而如果你把自己與此隔絕起來，那麼你是在做，從心理學觀點來看，或許是非常古怪的事情。」

為了不引起懷疑，懷爾斯設計了一個狡猾的策略，使他的同事們無從覺察。在 1980 年代早期，他一直在從事對特殊類型的橢圓方程式的重要研究，他本來打算將這方面的結果完整地發表，但里貝特和弗賴的發現使他改變了主意。懷爾斯決定一點一點地發表他的研究成果；每隔 6 個月左右發表一篇小論文。這些看得見的成果會使他的同事們相信他仍然在繼續他平常的研究。只要能夠維持這種論文遊戲，懷爾斯就能繼續從事他真正著迷的研究，而不透露出他的任何突破性工作。

唯一知道懷爾斯秘密的人是他的妻子內達（Nada）。在懷爾斯開始

著手這個證明後不久他們就結婚了。當演算取得進展時，他就向她並且只向她一個人透露。在此後的幾年中，他的家庭算是唯一使他分心的事。「我的妻子是唯一知道我一直在從事費瑪問題研究的人，度蜜月時我告訴了她，那時我們結婚才幾天，我的妻子也聽說過費瑪最後定理，不過那個時候她一點也不知道它對於數學家所具有的那種傳奇式意義，不知道它在這麼長的歲月中一直是不斷使人苦惱的事。」

與無窮決鬥

　　為了證明費瑪最後定理，懷爾斯必須證明谷山－志村猜想：每一個橢圓方程式可以相關於一個模形式。即使在它與費瑪最後定理聯繫起來之前，數學家們也曾徒勞地試圖證明這個猜想，但每一次嘗試都以失敗告終。懷爾斯對尋找證明會遇到的巨大困難有非常清醒的認識：「一件人們最終可能會天真地去嘗試並且也確實嘗試過的事，就是去數一下有多少個橢圓方程式，再數一下有多少個模形式，然後證明它們的個數是相同的。但是迄今還沒有找到任何一種做這件事的簡單方法，主要的問題是它們每一個都有無窮多個，而你是無法數無窮多次的。人根本不可能有辦法完成它。」

　　為了尋找解法，懷爾斯採取了他平常解難題時的處理方式。「我有時候在紙上潦草地寫上幾筆，或者說亂塗。它們不是什麼要緊的東西，

只是下意識的亂塗亂寫。我從不用電腦。」在這種情況中,如同處理數論中的許多問題一樣,電腦不會有任何用處。谷山－志村猜想適用於無限多個方程式,雖然電腦能夠在幾秒鐘內核對一個給定的情形,但是它永遠不能核對完所有的情形。這裡所需要的倒是一個能有效地說明理由並解釋為什麼每一個橢圓方程式必定是可模式化的逐步邏輯論證。懷爾斯單單靠一張紙、一支筆和他的頭腦來尋找證明。「基本上整段時間裡縈繞在我腦海中的就是這件事。早晨醒來想到的第一件事就是它,我會整天一直在思考它,在夢中我也會思考它。只要沒有分心的事,我會整天一直在腦海中翻來覆去想這同一件事。」

經過一年的仔細思考,懷爾斯決定採用稱為歸納法的一般方法作為他證明的基礎。歸納法是一種極有效的證明形式,因為它允許數學家通過只對一個情形證明某個命題的辦法來證明該命題對無限多個情形都成立。例如,設想數學家需要證明某個命題對直至無窮的每一個自然數都是對的。第一步是證明該命題對數 1 是對的,假定這一步完成起來相當簡單。下一步是證明如果該命題對數 1 是對的,那麼它一定對數 2 也是對的;再接著,如果它對數 2 是對的,那麼它一定對數 3 是對的;如果它對數 3 是對的,那麼它一定對數 4 是對的……更一般地,數學家必須證明:如果命題對任何數 n 是對的,那麼它一定對下一個數 $n+1$ 是對的。

歸納法證明基本上是一個兩步過程:

(1) 證明該命題對第一個情形是對的。

（2）證明如果該命題對任何一個情形是對的，那麼它一定對下一個情形是對的。

對歸納法證明的另一種思考方式是，將無限多個情形想像成排成一行的無限多塊多米諾骨牌。為了證明每一個情形，必須找出一種擊倒每一塊多米諾骨牌的方法。一塊一塊地擊倒它們將花費無限多的時間和力氣，而歸納法允許數學家只要擊倒第一塊就可以將它們全部擊倒。如果多米諾骨牌是經精心排列的，那麼擊倒第一塊多米諾骨牌就會擊倒第二塊多米諾骨牌，而這又依次擊倒第三塊多米諾骨牌，一直下去直至無窮。歸納法證明會產生多米諾效應。這種形式的數學上的多米諾倒塌效應允許通過只證明第一個情形來證明無限多個情形。附錄 10 展示如何使用歸納法來證明一個比較簡單的關於一切自然數的數學命題。

懷爾斯面臨的挑戰是，建構一個歸納性的論證，來證明無窮多個橢圓方程式中的每一個，都能和無窮多個模形式中的每一個相配對。接著，他必須證明：只要證明了第一個情形，所有其他的情形也會隨之成立。最後，他發現他的歸納法證明中的第一步隱藏於 19 世紀法國的一位悲劇天才的工作之中。

1811 年 10 月 25 日（正好是法國大革命後 22 年），埃瓦里斯特‧伽羅瓦誕生於巴黎正南方的一個小城拉雷納堡（Bourg-la-Reine）。當時拿破侖‧波拿巴（Napoleon Bonaparte）正處於他權力的巔峰，但是接下去一年發生了災難性的俄國戰役，1814 年他被放逐並由路易十八世接替皇

位。1815 年拿破侖潛逃出厄爾巴島，進入巴黎重新掌權。但是在百日之內，他在滑鐵盧遭到擊敗，被迫再次讓位於路易十八世（Louis VIII）。

埃瓦里斯特‧伽羅瓦

伽羅瓦像索菲‧熱爾曼一樣成長於一個大動亂時期，但熱爾曼閉門在家，遠離法國大革命的動亂並專心於數學，而伽羅瓦則屢次置身於政治衝突的中心，這不僅使他不能專心進行他傑出的數學創造，而且還導致他的英年早逝。

除了衝擊著每個人生活的社會動亂外，伽羅瓦對政治的興趣還受到他父親尼古拉－加布里埃爾·伽羅瓦（Nicolas-Gabriel Galois）的影響。在埃瓦里斯特剛好 4 歲時，他的父親當選為拉雷納堡的市長。當時正是拿破侖凱旋重新掌權的時期，他父親的強烈的自由主義傾向與民族的精神狀態十分一致。尼古拉－加布里埃爾·伽羅瓦是一位有教養的仁慈的長者，在他任市長的早期，他獲得了市民的普遍尊敬，因此即使當路易十八世重新掌權時，他也保住了市長的位置。除政治外，他主要的興趣似乎是寫一些措辭巧妙的韻文。他會將這些作品在市民集會上朗讀使選民們高興。許多年後，這種善於作諷刺短詩迷人的才能導致了他的垮台。

12 歲時，埃瓦里斯特·伽羅瓦進入了他的第一所學校路易大帝中學，這是一所聲望很高但相當專制的學校。一開始他並未接觸任何數學課程，他的學習成績相當優秀但並不突出。然而，在他的第一學期中發生了一件將影響他生活進程的大事。路易大帝中學以前曾是一所耶穌會學校。當時開始有謠言四傳，暗示這所學校準備重新由牧師們來管理。在這期間，在共和主義和僧侶之間為平衡路易十八世與平民代表之間的力量對比不斷發生鬥爭，而牧師們日益增長的影響則表明權力正從人民手中轉移到國王手中。路易大帝中學的學生大部分是同情共和主義的，他們策畫了一次反叛，但是校長貝托德（Berthod）先生發現了這個秘密計畫，並立即開除了 10 名為首分子。第二天，當貝托德要求其餘的高年級學生表示效忠時，他們拒絕為路易十八世祝酒，為此又有 100 多名學生被開

除。伽羅瓦因為太年輕而未捲入這次失敗的反叛,所以仍留在學校中。然而,看到他的同學們被如此羞辱反倒點燃了他的共和主義傾向。

直到 16 歲,伽羅瓦才被准予讀他的第一門數學課程。在他的老師們看來,這門課使他從一個循規蹈矩的小學生轉變為一個難以駕馭的學生。他的學業成績單表明,他對所有其他課程都不重視,而單單專心致志於他新找到的這門心愛的學科:

> 該生只宜在數學的最高領域中工作。這個孩子完全陷於數學的狂熱之中。我認為,如果他的父母允許他除了數學不再學習任何東西,將對他是最有好處的。否則,他將在這裡浪費時間,並且他所做的只是使他的教師們痛苦,而他自己則被懲罰壓垮。

伽羅瓦對數學的渴求立即超出了他的老師的能力範圍,因此,他直接向當代大師們寫的最新著作學習。他迅速地汲取那些最複雜的思想,到 17 歲時他在《熱爾崗年刊》(Annales de Gergonne)上發表了他的第一篇論文。對於這位奇才,前途似乎是暢通的,除非他自己傑出的才華成為他進步的最大障礙。雖然伽羅瓦懂得的數學顯然足以通過皇家中學的考試要求,但他的解答卻常常是很富有創新精神和精妙的,以至他的考官們無法賞識。使事情變得更糟的是伽羅瓦把大量的演算放在他的頭腦裡進行,而不屑於在紙上把論證寫清楚,因而使平庸的考官們更為茫然不知所措和沮喪。

由於他脾氣急躁和魯莽,使他不被他的老師和碰到他的其他人喜歡,

而這位年輕人的天資卻無助於改變這種狀況。當伽羅瓦報考綜合工科學校這所全國最有聲望的學院時，他在口試時不願做解釋，並顯得無禮，結果沒被錄取。伽羅瓦極其渴望進入綜合工科學校，不只是因為它的學術水準高，而且還由於它享有共和主義者活動中心的名聲。一年以後他重新報考，不料他在口試時邏輯上的跳躍又使他的考官迪內特（Dinet）先生感到困惑。由於意識到自己將遭到第二次失敗，以及對自己的才華未被認可感到沮喪，伽羅瓦大發脾氣，把一塊黑板擦擲向迪內特，直接擊中了他。伽羅瓦從此再也沒有回到這所綜合工科學校的聖殿。

伽羅瓦並未被這兩次拒絕嚇倒，他仍然相信他的數學才能，繼續進行他獨自的研究。他主要的興趣在於尋求方程式的解，例如二次方程式的解。二次方程式的形式為

$$ax^2 + bx + c = 0，這裡 a、b、c 可取任何值。$$

任務是找出 x 的值使得二次方程式成立。數學家寧可得到一個求解公式而不願意通過反覆試驗來找解。幸運的是這種公式是存在的：

$$x = \frac{-b \pm \sqrt{b^2 - 4ac}}{2a}$$

直接將 a、b 和 c 的值代入上面的公式，就可算出 x 的正確值。例如，我們可以應用這個公式來解下面的方程式：

$$2x^2 - 6x + 4 = 0，這裡 a = 2、b = -6、c = 4。$$

chapter 6　秘密的計算

將 a、b 和 c 的值代入公式，解就是 $x = 1$ 和 $x = 2$。

二次方程式是稱為多項式的更大的一類方程式中的一種。稍為複雜一點類型的多項式是三次方程式：

$$ax^3 + bx^2 + cx + d = 0$$

多出的一項 x^3 增加了複雜性。再加上一項 x^4，我們就得到高一次的多項式方程式，稱為四次方程式：

$$ax^4 + bx^3 + cx^2 + dx + e = 0$$

到 19 世紀時，數學家們也已得到了用來解三次和四次方程式的公式，但還不知道解五次方程式

$$ax^5 + bx^4 + cx^3 + dx^2 + ex + f = 0$$

的方法。伽羅瓦一心想找出解五次方程式的方法，這在當時是一個很大的挑戰。17 歲時他已經取得很好的進展，向法蘭西科學院提交了兩篇研究論文。被指定審查論文的是奧古斯汀·路易斯·柯西，柯西在許多年後曾和拉梅就費瑪最後定理的一個最終發現有缺陷的證明發生過爭論。柯西被這個年輕人的工作所震驚，他的結論是他值得去角逐科學院的數學大獎。為了取得參賽的資格，這兩篇論文還要以專題論文的形式重新提交，所以柯西將它們退回給伽羅瓦並等待他重新提交。

在遭受過綜合工科學校的拒絕和他的老師們的批評之後，伽羅瓦的

才華即將得到承認，但是在接著的3年中，一系列個人和事業上的悲劇嚴重打擊了他的雄心壯志。1829年6月，一個新的耶穌會牧師來到拉雷納堡這個小城，伽羅瓦的父親仍然是那裡的市長。這個牧師反對市長對共和主義者的同情，並通過散布旨在中傷他的謠言，發動一場將他撤職的運動。特別是，這個詭計多端的牧師利用了尼古拉－加布里埃爾‧伽羅瓦善作靈巧韻文的名聲。他寫了一系列庸俗且嘲弄社區成員的韻文並簽上市長的名字。老伽羅瓦不能忍受由此而遭受的羞辱和非難，他認定唯一的能保持名譽的選擇就是自殺。

埃瓦里斯特‧伽羅瓦回家參加了父親的葬禮，親身感受到牧師在小城裡製造的分裂。當棺木徐徐下落到墓穴中時，正在主持儀式的耶穌會牧師與市長的支持者（他們認識到確有陰謀在謀害市長）之間爆發了一場混戰。牧師頭上被割了一道深長的傷口，混戰變成了一場動亂，而棺木被隨便地丟進了墓穴。目睹法國教會羞辱和毀滅他的父親，反而增強了伽羅瓦對共和主義事業的熱情支持。

一回到巴黎，伽羅瓦就趕在參賽截止期限之前將他的研究論文改寫成一篇專題論文，並送交科學院秘書約瑟夫‧傅里葉（Joseph Fourier），按規定他將把論文再轉交審查委員會。伽羅瓦的論文並沒有提供五次方程式的解法，但是它確實具有遠見卓識，包括柯西在內的許多數學家認為它很可能得獎。使伽羅瓦和他的朋友們震驚的是，他不僅未能得獎，而且甚至未能正式參賽。傅里葉在評審之前幾個星期去世，

雖然一堆參賽論文被轉交給委員會，但伽羅瓦的參賽論文卻不在其中。這篇專題論文再也沒有找到過，有一份法國雜誌上記載了這件不公正的事。

去年 3 月 11 日之前，伽羅瓦先生將一篇關於求解數值方程式的專題論文交給了科學院的秘書。這篇專題論文應該已經入選參加數學大獎的競賽。它應該得獎，因為它能解決一些拉格朗日未能解決的困難。柯西先生已就這篇論文給與作者最高的讚揚。而結果怎樣呢？這篇專題論文被遺失了，而大獎在這位年輕的學者沒能參加的情況下頒發了。

伽羅瓦感到他的專題論文是被政治上帶有偏見的科學院故意遺失的。這個信念一年以後變得更堅定了，當時科學院拒絕了他投的第一篇稿件，聲稱「他的論證既不夠清楚又沒有充分展開，使我們不能判斷它是否嚴密」。他認為存在著一個要將他排除出數學界的陰謀，這種想法的後果使他放鬆了他的研究工作而去從事支持共和主義事業的鬥爭。這個時候他是聲望稍低於綜合工科學校的高等師範學校學生，在高等師範學校，伽羅瓦作為鬧事者的壞名聲超過了他作為數學家的名聲。在 1830 年七月革命期間這一表現達到了頂點，當時查理十世逃離法國，各個政治派別展開了對巴黎街區控制權的爭奪。高等師範學校校長吉尼約特（Guigniault）先生是一個君主制度的擁護者，他意識到大多數學生是激進的共和主義者，所以不准他們離開宿舍並關閉了學院的大門，這樣伽

羅瓦就無法與他的弟兄們一起進行戰鬥。當共和主義者最終被擊敗時，他的憤怒和受挫感交織在一起。在機會到來時，他發表了一篇嚴厲攻擊校長的言論，指責他的懦弱和膽怯。不出人們所料，吉尼約特開除了這個不聽話的學生。伽羅瓦正式的數學生涯就到此結束了。

12月4日，這位受挫的天才參加了國民警衛隊的砲兵部隊，試圖成為一名職業反叛者。國民警衛隊是共和主義者的民兵組織，被稱為「人民之友」。12月底，新國王路易‧菲力普（Louis Philippe）擔心有新的叛亂，就取消了國民警衛隊的砲兵部隊。伽羅瓦處於貧困和無家可歸的狀態。全巴黎最傑出的年輕天才正處處遭受困擾和迫害，這使得他以前的一些數學界同行越來越擔心他的境況。索菲‧熱爾曼是當時法國數學界的一位不拋頭露面的年長女活動家，他向利布里－卡魯奇伯爵家的朋友表達了她的關心：

> 確實發生了一場使每一個接觸數學的人都擔心的災難。傅里葉先生的逝世對這個學生伽羅瓦是個致命的打擊，儘管他桀驁不馴，但他的確顯示了有目共睹的聰明才智。他已經被高等師範學校開除，身無分文，他的母親也幾乎沒有錢財，他卻不改他得罪人的習性。大家說他會徹底地瘋狂，我擔心真的會這樣。

只要伽羅瓦對政治的激情繼續不減，他的命運就會進一步惡化，這是不可避免的。這個事實有法國大作家亞歷山大‧仲馬（Alexandre Dumas）的記錄佐證。當時大仲馬碰巧在一家名叫「勃艮第葡萄」的餐

廳中，遇上為慶賀19名共和主義者被宣告陰謀活動罪名不成立而舉行的慶祝宴會：

> 突然，在我和我左邊的人進行私下談話中間，路易·菲力普的名字夾雜著五聲呼嘯聲傳入我的耳朵。我四下一看，在離我15到20個座位遠的地方正發生著極為生動的一幕。下午5點，這家飯店花園上面的底層長廊，重聚了200個人，在全巴黎要找到比他們更為敵視政府的人，大概是非常困難的。
>
> 一位一隻手同時高舉起杯子和一把出鞘短劍的年輕人正力圖使人們聽清他的話——埃瓦里斯特·伽羅瓦是最激進的共和主義者之一。嘈雜聲如此強烈以致絲毫也聽不清他在講些什麼。我所能察覺到的是這裡有一種威脅，並且提到了路易·菲力普的名字；那把出鞘的短劍使意圖變得十分清楚。
>
> 這已不是作為共和主義者的我所能接受的。我向我左邊鄰座的催促作了讓步，他是國王的一位喜劇演員，不想被連累。我們越過窗台跳進花園。我有點憂心忡忡地回到家裡。顯然這場鬧劇會自食其果的。事實上，兩三天後埃瓦里斯特被逮捕了。

在聖佩拉吉監獄被扣押一個月後，伽羅瓦被指控犯有威脅國王生命罪而受審。雖然根據他的行為，幾乎無可懷疑伽羅瓦是有罪的，但當時宴會喧鬧的環境意味著，沒有人能真正地確認他們聽到他發出過任何直接的威脅，富有同情心的陪審團和反叛者未成熟的年齡，他只有20歲，

這使伽羅瓦最終被判無罪釋放。然而次月他再一次被捕。

在1831年7月14日的巴士底日，伽羅瓦穿著已被查禁的國民警衛隊砲兵制服在巴黎遊行。儘管這僅僅是表示一種蔑視，他還是被判處6個月的監禁，回到了聖佩拉吉監獄。在此後的幾個月中，這個絕對禁酒的年輕人在其周圍的無賴們的教唆下開始喝酒。因拒絕接受路易‧菲力普授予榮譽十字勳章而被囚禁的植物學家、激進的共和主義者弗朗索瓦‧拉斯帕伊（François Raspail）記述了伽羅瓦第一次喝酒的經過：

> 他抓住小酒杯，就像蘇格拉底充滿勇氣地拿起提煉出來的的毒藥一樣，一口把酒全部吞下，眼也不眨一下，也沒有任何苦相。第二杯一點也不比第一杯難就空了，接著是第三杯。這個第一次喝酒的年輕人開始搖搖晃晃起來。成功了！向獄中的巴克斯[01]致敬！你終於灌醉了一個機靈聰明的靈魂，他在恐怖中接納了酒。

一星期後，一個狙擊手從監獄對面的屋頂層向牢房開了一槍，擊傷了伽羅瓦隔壁的人。而伽羅瓦相信這顆子彈本來是朝他打的，政府有陰謀要殺死他。對政治迫害的擔憂使他驚恐不安，與朋友和親人的分離以及他的數學成果遭到拒絕使他陷於抑鬱的狀態。在一次喝醉後神志不清時，他企圖自戳致死，但拉斯帕依和其他人設法制止了他，並說服他放棄了自殺的念頭。拉斯帕依回憶起就在試圖自殺前片刻伽羅瓦說的話：

---

[01] 酒神狄俄克索的別名。——譯者

> 你知道我缺少什麼嗎？我的朋友，我只把它告訴你一個人：它是我最愛的但只能在精神上愛的一個人。我已經失去了我的父親，再也沒有人能代替他。你在聽我講嗎……

在1832年3月伽羅瓦刑滿前一個月，一場霍亂在巴黎蔓延開來，聖佩拉吉的囚犯們被放了出來。對此後幾個星期內伽羅瓦做了些什麼事情人們長期來一直在探究，不過可以肯定的是這段時期裡的事件主要與一位神秘女性的風流韻事有關，她就是來自莫泰爾的斯特凡妮－費利西安·波特林（Stéphanie-Félicie Poterine），一位受尊敬的巴黎醫生的女兒。雖然關於這件事怎麼開始的沒有任何線索可查，但是有關這個事件的悲劇性結局的細節卻有完善的文字記錄可查。

斯特凡妮已經和一個名叫佩舍·德埃比維爾（Pescheux D'Herbinville）的紳士訂婚。德埃比維爾發現了未婚妻的不忠，非常憤怒，作為法國一名最好的槍手，他毫不猶豫地立即向伽羅瓦挑戰，在拂曉時分進行決鬥。伽羅瓦很清楚他的挑戰者的名聲。在決鬥的前一晚，他相信這是他把他的思想寫在紙上的最後機會了，就寫信給他的朋友解釋了他的處境：

> 我請求我的愛國同胞們，我的朋友們，不要指責我不是為我的國家去死。我是作為一個不名譽的風騷女人和她的兩個受騙者的犧牲品而死的。我將在可恥的誹謗中結束我的生命。噢！為什麼要為這麼微不足道、這麼可鄙的事去死呢？我懇求蒼天為我作證，只有武力和強迫才使我在我曾想設法避免的挑釁中倒下。

儘管獻身於共和主義事業並牽涉到風流韻事，伽羅瓦始終保持著對數學的愛好。他最擔心的一件事是，他已被科學院拒絕過的研究成果會永遠消失。他徹夜工作，寫出了所有的定理，絕望地試圖使他們得到承認，他相信這些定理全面地闡明了有關五次方程式的疑難之處。圖 22 展示了伽羅瓦寫的一些最後的手稿，紙上絕大部分是他已經投交給柯西和傅里葉的那些研究成果的簡要敘述，但是在複雜的代數式中不時地可以看到隱藏於其間的「斯特凡妮」或「一個女人」等字跡以及絕望的感嘆：「我沒有時間了，我沒有時間了！」在夜盡時分，他的演算完成了。他寫了一封對這些作一說明的信給他的朋友奧古斯特·謝瓦利埃（Auguste Chevalier），請求道，如果他死了，就把這些論文分送給歐洲最傑出的一些數學家。

我親愛的朋友：

我已經得到分析學方面的一些新發現。第一個涉及五次方程式的理論，其餘的則涉及整函數。

在方程式的理論方面，我已經研究了用根式解方程式的可解性條件，這使我有機會深化這個理論，並刻畫對一個方程式可能施行的所有變換，即使它不是可用根式來解的。所有的這方面的工作可以在 3 篇專題論文中找到……

在我的一生中，我常常敢於預言當時我還不十分有把握的一些命題。但是我在這裡寫下的這一切已經清清楚楚地在我的腦海裡一

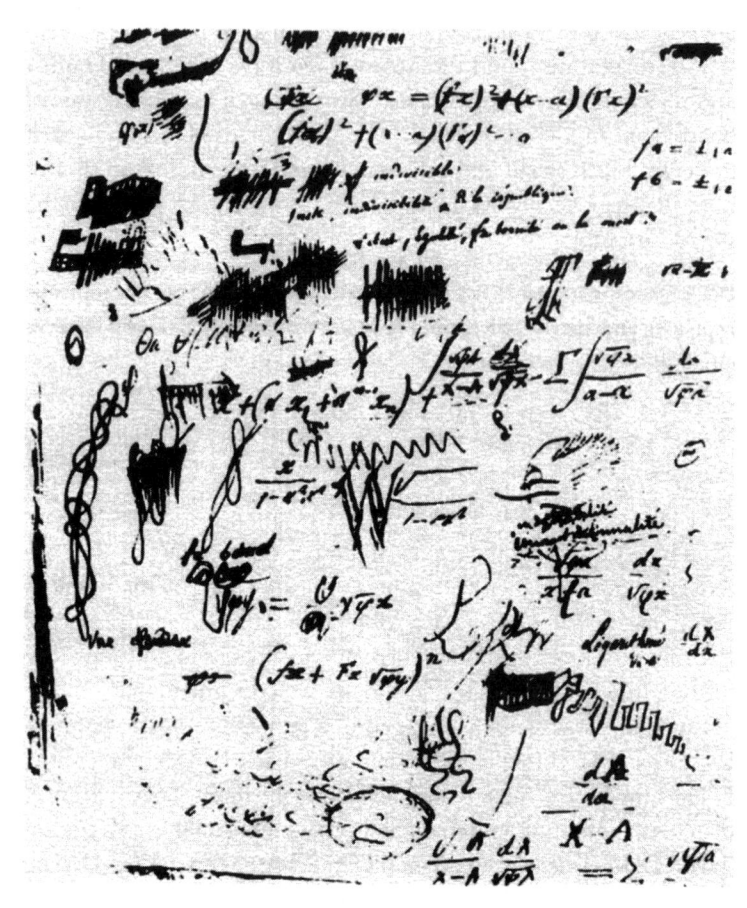

圖 22(a)　在決鬥的前夜，伽羅瓦力圖寫下他所有的數學思想。然而，其他感慨也出現在筆記中。在這一頁上，在左下方的中心處，有「一個女人」的字樣，第二個字被草草劃掉，可以認為這是指成為這次決鬥關鍵的那個女人。

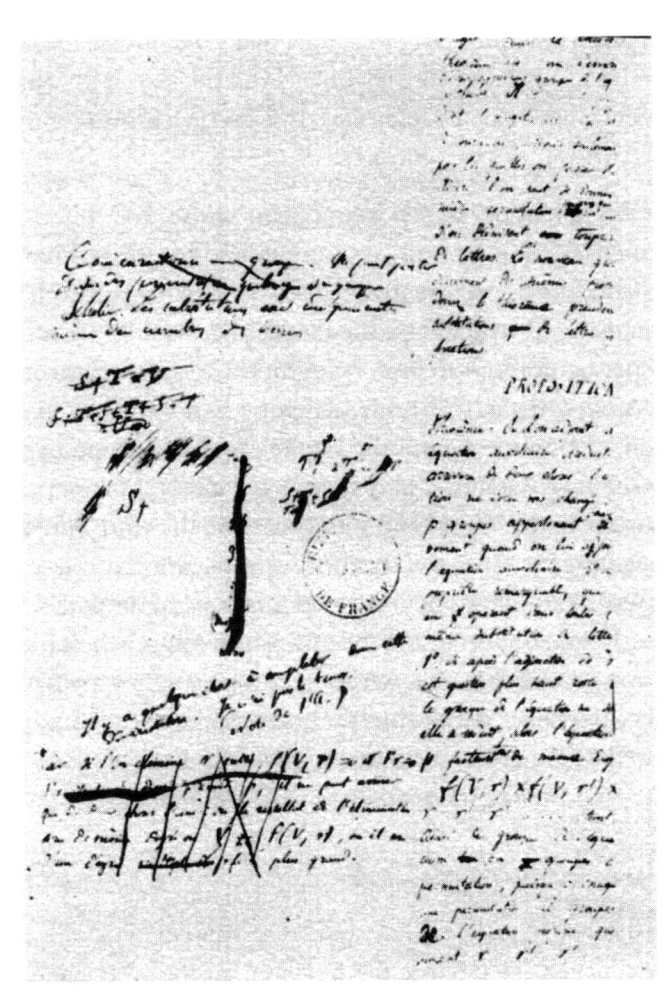

圖 22(b)　當伽羅瓦絕望地試圖在致命時刻到來之前把一切都寫下來時，曾出現過擔心自己可能來不及完成這項任務的念頭。在這一頁的左下部分的兩行的末端可以看到「我沒有時間了！」（Je n'ai pas le temps）的字樣。

年多了，我不願意使人懷疑我宣布了自己未完全證明的定理。

請公開請求卡爾·雅可比（Carl Jacobi）[02]或高斯就這些定理的重要性，而不是就定理的正確與否，發表他們的看法。然後，我希望有人會發現將這一堆東西整理清楚會是很有益處的一件事。

熱烈地擁抱你

E·伽羅瓦

第二天，也就是1832年5月30日，星期三的早晨，伽羅瓦和德埃比維爾面對面站在一塊偏僻的田野裡，兩人相距25步遠，都帶著手槍。德埃比維爾有一個同伴，而伽羅瓦只是孤身一人。他沒有將他的決鬥告訴任何人：他派出給他兄弟阿爾弗雷德（Alfred）送信的信使不可能將這個消息在決鬥結束之前送到，而昨天夜裡他寫的信也要幾天之後，他的朋友才會收到。

手槍舉了起來，接著是射擊。德埃比維爾仍然站著，伽羅瓦卻腹部中彈。他倒在地上，沒有人來幫助他。沒有外科醫生在場，而勝利者則悄然離去，聽任他受傷的對手死去。幾個小時後阿爾弗雷德到達現場，把他的兄弟送進了柯慶醫院。不過為時已晚，腹膜炎已經形成，第二天伽羅瓦就死了。

他的葬禮幾乎與他父親的葬禮一樣是一場鬧劇。治安當局相信它將

---

[02] 卡爾·雅可比（1804-1851），德國數學家。——譯者

是一次政治集會的中心，在前一晚逮捕了 30 名他的同志。儘管如此，還是有兩千名多共和主義者參加了這個葬禮，在伽羅瓦的夥伴們和趕來控制局勢的政府人員之間最終爆發了一場混戰。

送葬的人群非常憤怒，因為大家越來越相信德埃比維爾並不真的是一個被戴綠帽的未婚夫，而是政府的特務；斯特凡妮也不是一個真正的情人，而是一個狡詐的、勾引男人的女人。諸如伽羅瓦在聖佩拉吉監獄時有人朝他開槍這樣的一些事情，已經暗示有一個暗殺這個年輕鬧事者的陰謀存在。因而，他的朋友們得出結論：他因受騙而墮入風流韻事之中，而那是一個意圖置他於死地的政治陰謀的一部分。歷史學家們曾爭論過這場決鬥是一個悲慘愛情事件的結局，還是出於政治動機造成的，但無論是哪一種，一位世界上最傑出的數學家在他 20 歲時被殺死了，他研究數學僅僅只有 5 年。

在分送伽羅瓦的論文之前，他的兄弟和奧古斯特·謝瓦利埃將它們重寫了一遍，目的是把那些解釋整理清楚。伽羅瓦闡述他的思想時總是急於求成，不夠充分，這種習性無疑地由於他只有一個晚上的時間來概要敘述他多年的研究而更為嚴重。雖然他們很盡職地將論文抄本送交卡爾·高斯、卡爾·雅可比和其他一些人，但此後 10 多年，直到約瑟夫·劉維爾在 1846 年得到一份之前，伽羅瓦的工作一直未得到承認。劉維爾領悟到這些演算中迸發出的天才思想，他花了幾個月的時間試圖解釋它的意義。最後他將這些論文編輯發表在他的極有影響力的《純粹與應用數學

雜誌》（*Journal de Mathématique pures et appliquées*）上。其他的數學家對此作出了迅速和巨大的反響，因為事實上伽羅瓦已經對如何去尋找五次方程式的解作了完整透徹的敘述。首先，伽羅瓦將所有的五次方程式分成兩類：可解的和不可解的。然後，對可解的那類方程式，他設計了尋找解的方法。此外，伽羅瓦探討了高於五次的，包括 x^6、x^7 等在內的高次方程式，並且能夠判定它們中哪些是可解的。這是 19 世紀數學中由一位它的最悲慘的英雄創造的一件傑作。

在對論文的介紹中，劉維爾對為什麼這位年輕數學家會被他的長輩們拒絕，以及他本人的努力怎樣使伽羅瓦重新受到注意做了反思：

> 過分地追求簡潔是導致這一缺憾的原因。人們在處理像純粹代數這樣抽象和神秘的事物時，應該首先盡力避免這樣做。事實上，當你試圖引導讀者遠離習以為常的思路進入較為困惑的領域時，清晰性是絕對必要的，就像笛卡爾說過的那樣：「在討論超前的問題時務必空前地清晰。」伽羅瓦太不把這條箴言放在心上，而我們可以理解，這些傑出的數學家想必認為，通過他們審慎的忠告所表現的苛刻，設法使這個充滿才華但尚無經驗的初出茅廬者轉回到正確的軌道上來是合適的。他們苛評的這位作者，在他們看來是勤奮和富有進取心的，他可以從他們的忠告中獲益。
>
> 但是現在一切都改變了，伽羅瓦再也回不來了！我們不要再過分地作無用的批評，讓我們把缺憾拋開，找一找有價值的東西……

我的熱心得到了好報。在填補了一些細小的缺陷後，我看出了伽羅瓦用來證明這個美妙的定理的方法是完全正確的，在那個瞬間，我體驗到一種強烈的愉悅。

推倒第一塊多米諾骨牌

伽羅瓦的演算中的核心部分是稱為「群論」的思想，他將這種思想發展成一種能攻克以前無法解決的問題的有力工具。從數學上來說，一個群是一些元素的一個集合，這些元素可以使用某種運算（例如加法或乘法）結合起來，並且這種運算滿足某些條件。用來定義群的一個重要性質是：當它的任何兩個元素用這種運算結合時，其結果仍是群中的一個元素。這個群被稱為在該運算下是封閉的。

例如，整數在「加法」運算下構成一個群。一個整數和另一個整數在加法運算下得出第三個整數，例如

$$4 + 12 = 16。$$

在加法運算下所有可能的結果仍在整數之中，因此數學家們說「整數在加法下是封閉的」或「整數在加法下構成一個群」。另一方面，在「除法」運算下，整數不構成一個群，因為一個整數被另一個整數除不一定得出整數，例如，

$$4 \div 12 = \tfrac{1}{3}。$$

分數 $\tfrac{1}{3}$ 不是一個整數，不在原來的群之中。然而，如果考慮更大一些的包括分數在內的群，即所謂的有理數，那麼封閉性可以重新獲得：「有理數在除法下是封閉的」。在這樣說的時候，仍然需要很當心，因為用元素零去除的時候結果成為無窮大，這是數學中害怕出現的結果。由於這個原因，更正確的說法是：「有理數（除了零以外）在除法下是封閉的」。在許多方面，封閉性類似於前面幾章中描述過的完全性。

整數和分數構成有無限多個元素的群，人們可能會認為，群越大，它產生的數學就越有趣。然而，伽羅瓦持有「少即多」的哲學觀，他證明小而精心構造起來的群可以顯示出它們獨有的豐富內涵。不利用那些無限群，伽羅瓦反過來從一個具體的方程式著手，用這個方程式為數不多的解來構造他的群。正是這個由五次方程式的解所構造的群，使得伽羅瓦能夠推導出他關於這些方程式的結果。一個半世紀以後，懷爾斯將利用伽羅瓦的工作作為他用以證明谷山－志村猜想的基礎。

為了證明谷山－志村猜想，數學家們必須證明：無限多個橢圓方程式中的每一個可以和一個模形式相配對。他們曾嘗試證明某一個橢圓方程式的全部 DNA（即 E－序列）可以與一個模形式的全部 DNA（即 M－序列）相配，然後他們再轉移向下一個橢圓方程式。雖然這是一種完全可以想得到的處理方式，但是還沒有人找到一種能對無限多個橢圓方程式和模形式反覆地重複這個過程的方法。

懷爾斯以一種根本不同的方式來對付這個問題。他不去嘗試將某個 E －序列和一個 M －序列的所有元素配對起來，然後再轉到下一個 E －序列和 M －序列，而是設法使所有的 E －序列和 M －序列的某一個元素配對，然後再轉到下一個元素。換言之，每一個 E －序列有一張由無限多個元素組成的表，即由一個個基因組成整個 DNA，而懷爾斯想要證明的每一個 E －序列中的第一個基因，可以和每一個 M －序列中的第一個基因配對。然後他將繼續去證明，每一個 E －序列中的第二個基因，可以和每一個 M －序列中的第二個基因配對，依此類推。

　　在傳統的處理方法中，要處理的是一個無限問題，它就是：即使你能證明某一個 E －序列的所有元素可以和一個 M －序列的所有元素配對，但仍然有無限多個其他的 E －序列和 M －序列需要去配對。懷爾斯的處理方法仍然涉及對付無限性，因為即使他能證明每一個 E －序列的第一個基因可以和每一個模形式的第一個基因配對，仍然有無限多個其他的基因需要去配對。然而，懷爾斯的處理方式比之傳統的處理方式有一個很大的優點。

　　在舊的方法中，一旦你證明了某一個 E －序列的全部元素與一個 M －序列的全部元素可以配對，那麼你就必須要問：哪一個 E －序列和 M －序列是我接著要嘗試配對的？這無限多個 E －序列和 M －序列並沒有自然的次序，因而，接著選擇哪一個來處理有很大的任意性。在懷爾斯的方法中，極為關鍵的是 E －序列中的基因確實有自然的次序，因而在證

287

chapter 6　秘密的計算

明了所有的第一個基因配對（$E_1 = M_1$）後，下一步明顯的就是證明所有的第二個基因配對（$E_2 = M_2$），依此類推。

這種自然的次序恰恰是懷爾斯為建立一個歸納法證明所需要的。一開始他必須證明：每一個 E －序列的第一個元素可以與每一個 M －序列的第一個元素配對。然後他必須證明：如果第一個元素可以配對，那麼第二個元素也可以配對；如果第二個元素可以配對，那麼第三個元素也可以，依此類推。他必須推倒第一塊多米諾骨牌，然後他必須證明任何一塊倒塌的多米諾骨牌也會推倒它後面的一塊多米諾骨牌。

當懷爾斯認識到伽羅瓦群的力量時，他實現了第一步。每一個橢圓方程式的一小部分解可以用來構成一個群。經過幾個月的分析，懷爾斯證明了這個群會導致一個不可否認的結論——每一個 E －序列的第一個元素確實可以和一個 M －序列的第一個元素配對。多虧伽羅瓦，懷爾斯已經能推倒第一塊多米諾骨牌。他的歸納法證明的下一步要求他找到一個方法來證明：如果 E －序列的任一個元素和該 M －序列的對應元素配對，那麼下一個元素必定也可以配對。

達到這個程度已經花去 2 年的時間，還沒有任何跡象表明還需要多少時間才能找到推進證明的方法。懷爾斯很明白他面前的任務：「你可能會問我，怎麼能夠下定決心把無法預料其限度的時間，投入到一個可能根本無法解決的問題中去。回答是，我就是喜歡研究這個問題，我被迷住了。我樂意用我的智慧與它相鬥。此外，我一直認為我正在思考的

這種數學，即使它不是有力到足以證明谷山－志村猜想，也不能證明費瑪最後定理，但是總會證明某些東西。我並不是在走向一個偏僻的小胡同，它肯定是一種好的數學，這一直是真的。確實有可能我將永遠證明不了費瑪最後定理，但毫無疑問，我絕對不是在浪費時間。」

「費瑪定理解決了？」

雖然這僅僅是向著證明谷山－志村猜想走出的第一步，懷爾斯所採取的伽羅瓦策略，已是一個輝煌的數學突破，本身就值得發表。由於他自己設定的閉關自守做法，他不能夠向世界宣布他的結果，但同樣他也毫不清楚其他人是否可能也在取得同樣重要的突破。

懷爾斯回憶起他對任何潛在的競爭對手所持的富有哲理的態度：「真的，顯然沒有人願意花幾年功夫去嘗試解決某個後來發現其他人就在你完成之前幾個星期已把它解決了的問題。但是奇怪的是，因為我正在嘗試的是一個被認為不可能解決的問題，所以我並不真正地太擔心競爭。我簡直不認為我或任何人會對怎樣做這件事有任何切實可行的想法。」

1988 年 3 月 8 日，懷爾斯讀到宣布費瑪最後定理已被證明的頭版標題，大吃一驚。《華盛頓郵報》和《紐約時報》宣稱東京大學 38 歲的宮岡洋一（Yoichi Miyaoka）已經發現了這世界頭號難題的解法。當時，宮岡還未發表他的證明，只是在波昂的馬克斯·普朗克數學研究所的一次

報告會上描述了它的大概。唐·紮席爾（Don Zagier）是聽眾之一，他總結了數學界的樂觀情緒：「宮岡的證明非常令人興奮，某些人感到有很大可能它是行得通的。它仍然未被肯定，但到目前為止看上去很順利。」

在波昂，宮岡描述了他怎樣從一個全新的角度，即從微分幾何學的角度出發來處理這個問題的。幾十年來，微分幾何學家已經對數學圖形的形狀，特別是對曲面的性質有了許多瞭解。在 1970 年代，S·阿拉基洛夫（S. Arakelov）教授領導的一個俄羅斯數學家小組試圖在微分幾何學中的問題與數論中的問題之間建立相對應的關係，這是朗蘭茲綱領的一個組成部分。他們的希望是，可以通過考察微分幾何學中對應的已被解答的問題來解決數論中未解答的問題。這被稱為「平行論哲學」。

嘗試解決數論中問題的微分幾何學家被稱為「算術代數幾何學家」。1983 年，他們宣告了他們的第一個重大勝利，當時普林斯頓高等研究學院的格爾德·法爾廷斯（Gerd Faltings）對理解費瑪最後定理作出了一個重要的貢獻。記得費瑪聲稱方程式

$$x^n + y^n = z^n，當 n 大於 2 時，$$

沒有任何整數解。法爾廷斯相信，通過研究與不同的 n 值相聯繫的幾何形狀，他可以在證明最後定理的方向上取得進展。與每一個方程式相對應的幾何形狀是不同的，但是它們確實有一個共同之處——它們都有刺破的洞。這些幾何形狀是四維的，相當像模形式，圖 23 中顯示的是它們中兩個的二維視覺形象。所有的這些形狀都像多維的甜甜圈，有著幾個

洞而不止是一個洞。方程式中的 n 的值越大，在對應的形狀中洞越多。

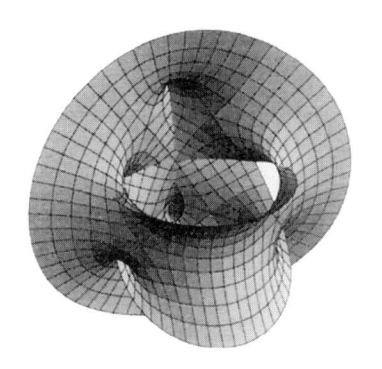

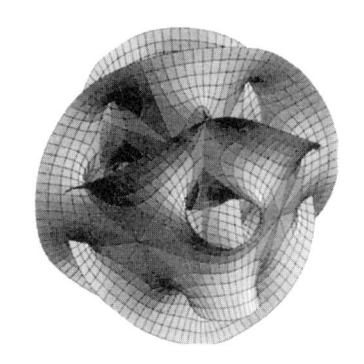

圖 23. 這些曲面是使用電腦程式 Mathematica 繪製的。它們是方程式 $x^n + y^n = 1$ 的幾何表示，左圖是 $n = 3$ 的圖像，右圖是 $n = 5$ 的圖像。這裡 x 和 y 被看作是複變量。

法爾廷斯能夠證明，由於這些形狀總是有一個以上的洞，相聯繫的費瑪方程式只能有有限多個解。而有限多個數可以是只有零個解（這是費瑪自己斷言的），或有 100 萬個解，或有 10 億個解，只要是有限個解都可以，所以法爾廷斯並沒有證明費瑪最後定理，但他至少已經能夠排除有無限多個解的可能性。

5 年以後，宮岡宣稱他更進了一步。他在 20 歲剛出頭時，就提出了一個有關所謂的宮岡不等式的猜想。已經清楚的是，如果他自己的這個幾何猜想得到證明，那麼這將表明費瑪方程式解的個數將不僅僅是有限的，而只能是零。宮岡的處理方式和懷爾斯的處理方式相似之處在於，他們都試圖通過把最後定理與一個不同數學領域中的基本猜想聯繫起

來，加以證明。這個數學領域在宮岡的情形中是微分幾何，而對懷爾斯來說則是橢圓方程式和模形式。對於懷爾斯來說不走運的是，在他仍在為證明谷山－志村猜想而努力時，宮岡宣布了關於他自己的猜想的一個完整的證明，因而也是對費瑪最後定理的一個證明。

宮岡在波昂宣布他的發現兩個星期後，公布了關於他共 5 頁的證明之詳細說明代數式，接著就開始了對它的詳盡研究。世界各地的數論家和微分幾何學家逐行地研究這個證明，尋找邏輯中最細微的缺陷和錯誤假設的蛛絲馬跡。幾天之內就有幾位數學家察覺到證明中似乎有令人擔心的矛盾。宮岡的工作中有一部分會引出數論中的一個特別的結論，而這結論轉換回微分幾何學中時，與一個早些年已經證明的結果是矛盾的。雖然這並不一定會全盤否定宮岡的證明，但它的確與數論與微分幾何學之間的平行論哲學是抵觸的。

又過了兩個星期，這時格爾德·法爾廷斯（他的工作為宮岡鋪平了道路）宣布他已準備找出平行論中出現明顯破綻的確切原因——邏輯上的一個缺陷。這位日本數學家本質上是一位幾何學家，他沒有能做到絕對嚴格地將他的思想轉換到他不夠熟悉的數論領域。一支數論家大軍試圖幫助宮岡補救錯誤，但他們的努力終告失敗。從最初的聲明算起兩個月後，一致的意見是，原來的證明註定是失敗的。

像過去也有過的幾次失敗的證明一樣，宮岡還是作出了新的有趣的數學成果。他的證明中的許多獨特的部分，作為微分幾何學在數論中的

精妙的應用，具有其本身的存在價值，後來被一些數學家進一步發展，用於證明其他的一些定理，不過絕不是費瑪最後定理。

對費瑪最後定理的爭論不久就結束了，報界刊登簡短的最新更正，說明這個300多年的謎依然沒有解決。毫無疑問是由於受到各種媒體報導的影響，在紐約的第八街地鐵車站出現了亂塗在牆上的新的俏皮話：

$$x^n + y^n = z^n：沒有解$$
對此，我已經發現一種真正美妙的證明，
可惜我現在沒時間寫出來，因為我的火車正開過來。

黑暗的大廈

沒有人知道，這時的懷爾斯終於鬆了一口氣。費瑪最後定理仍然沒有被征服，他又可以繼續他的通過谷山－志村猜想來證明費瑪最後定理的戰鬥了。「大部分時間我會坐在書桌旁進行演算，但有時候我會把問題歸結為非常特別的某種東西——一條線索，某種我感到奇怪的東西，某種就在紙下但我卻不能真正指出它的東西。如果有某個特別的東西不斷地使我感到興奮，那麼我就不需要任何寫字的工具也不需要任何書桌在它上面工作，相反我會出去沿湖邊散步。當我走著時候，我發現我能夠專心地思考問題的某一個非常特別的方面，全身心地貫注於其中。我

總是準備好一枝筆和一張紙，因此如果我有了一個想法，我就能在長凳上坐下，開始飛快地寫下去。」

經過 3 年不間斷的努力，懷爾斯作出了一系列的突破性工作。他將伽羅瓦群應用於橢圓方程式，他將橢圓方程式拆解成無限多個項，然後他證明了每一個橢圓方程式的第一項必定是模形式的第一項。他已經推倒了第一塊多米諾骨牌，現在正在鑽研可能會引起所有的多米諾骨牌倒塌的技術。事後看來，這似乎像是一個證明的必經之路，但是能走到這麼遠的地步，確實需要有巨大的決心來克服長期的自我懷疑。懷爾斯借用探索一棟黑暗而未知的大廈來描述他在做數學研究時的感受。「設想你進入大廈的第一個房間，裡面很黑，一片漆黑。你在家具之間跌跌撞撞，但是逐漸你搞清楚了每一件家具所在的位置。最後，經過 6 個月或再多一些的時間，你找到了電燈開關，打開了燈。突然整個房間充滿光明，你能確切地明白你在何處。然後，你又進入下一個房間，又在黑暗中摸索了 6 個月。因此，每一次這樣的突破，儘管有時候只是一瞬間的事，有時候要一兩天的時間，但它們實際上是這之前的許多個月裡在黑暗中跌跌撞撞的最終結果，沒有前面的這一切它們是不可能出現的。」

1990 年，懷爾斯正處在似乎是所有房間中最黑暗的一間中。他在其中探索了差不多 2 年之久。他仍然無法證明如果橢圓方程式的一項是模形式的項，那麼下一項也應如此。將公開發表的文獻中所運用的各種方法和技術都嘗試過後，他發現它們都不足以解決問題。「我真的相信我

的思路是正確的,但這並不意味著我一定能達到我的目的。很可能解決這個特殊問題所需的方法是現代數學無法實現的,或許我為完成這個證明所需要的方法再過 100 年也不會被發現。因此,即使我的思路是正確的,我卻生活在一個錯誤的世紀中。」

懷爾斯並不氣餒,他又堅持了一個年頭。他開始研究一種稱為岩澤理論(Iwasawa theory)的技術。岩澤理論是分析橢圓方程式的一種方法,懷爾斯在劍橋當約翰·科茨的學生時已經學過。雖然這個方法本身不足以解決問題,但他希望能夠修改它,使它變得足夠有力,能產生多米諾骨牌效應。

自從利用伽羅瓦群作出首次突破以來,懷爾斯遭受的挫折越來越多。每當壓力變得太大時,他會轉向到他的家庭。從 1986 年開始研究費瑪最後定理以來,他已兩次當了父親。「我放鬆一下情緒的唯一方式是和我的孩子們在一起。年幼的孩子們對費瑪毫無興趣,他們只需要聽故事,他們不想讓你做任何別的事情。」

科利瓦金和弗萊契的方法

到了 1991 年的夏天,懷爾斯感覺到他改進岩澤理論的努力已經失敗。他必須證明:每一塊多米諾骨牌,如果它本身被推倒,則將推倒下一塊多米諾骨牌,即如果橢圓方程式的 E －序列的一個元素與模形式的

M —序列中的一個元素相配,那麼下一個元素也應如此。他還必須能保證每一個橢圓方程式和每一個模形式都是這種情形。岩澤理論不可能給他所需要的這種保證。他再一次查遍了所有的文獻,仍然找不到一種替代的技術來幫助他實現他所需要的突破。在普林斯頓當了隱士長達 5 年之後,他認定現在是重返交流圈,以便瞭解最新的數學傳聞的時候了,或許某地的某人正在研究一種創造性的新技術,而由於某種原因迄今還未公開。他北上波士頓去出席一個關於橢圓方程式的重要會議,在那裡他肯定會遇見這門學科中的一些主要研究者。

懷爾斯受到來自世界各地的同行們的歡迎,他們很高興在他這麼長時間不參加各種會議之後又見到他。他們仍然不知道他一直在從事什麼研究,而懷爾斯也小心翼翼地不露出任何跡象。當他向他們詢問有關橢圓方程式的最新動態時,他們對他的別有用心毫不起疑。起初的一些回應對於懷爾斯的困境並無幫助,但是與他以前的導師約翰·科茨的見面卻是非常有益的:科茨向我提及他指導的學生馬瑟斯·弗萊契(Matheus Flach)正在寫一篇精妙的分析橢圓方程式的論文。他是用最近由科利瓦金(Kolyvagin)設計的方法來做的,看上去彷彿他的方法完全是為我的問題特製的。它似乎恰恰是我需要的,雖然我知道我還必須進一步發展這種所謂的科利瓦金-弗萊契方法。我把我一直在試用的舊方法完全丟在一邊,夜以繼日地專心致志於擴展科利瓦金-弗萊契方法。」

理論上,這個新方法可以將懷爾斯的論證從橢圓方程式的第一項擴

展到橢圓方程式的所有各項，並且有可能它對每一個橢圓方程式都有效。科利瓦金教授設計了一種極其強有力的數學方法，而馬瑟斯·弗萊契將它進一步改進，使得它更具潛力。他們兩個誰也沒有意識到懷爾斯打算把他們的工作用到世界上最重要的證明中去。

懷爾斯回到了普林斯頓，花了幾個月時間熟悉他新發現的技術，然後開始改造和使用它的龐大任務。不久，對一種特殊的橢圓方程式，他已經使歸納證明奏效。不幸的是，科利瓦金－弗萊契方法對一種特殊的橢圓方程式能行得通，但不一定對其他橢圓方程式行得通。他最終認識到所有的橢圓方程式可以分類為不同的族。一旦科利瓦金－弗萊契方法經修改後對某個橢圓方程式奏效，那就對那一族中所有的其他橢圓方程式都奏效。任務是要改造科利瓦金－弗萊契方法使得它對每一族都能奏效。雖然有些族比其他族更難對付，懷爾斯卻堅信他能按自己的方法一個接一個地解決它們。

經過 6 年的艱苦努力，懷爾斯相信勝利已經在望。每個星期他都有進展，證明了更新更大族的橢圓曲線一定是可模形式化的。看來好像做完那些尚未解決的橢圓方程式只是個時間的問題了。在這個證明的最後階段，懷爾斯開始認識到他的整個證明依靠的是利用他幾個月前剛剛發現的技術。他開始對自己是否正在以完全嚴格的方式使用科利瓦金－弗萊契方法提出質疑。

「那一年我工作得異常努力，試圖使科利瓦金－弗萊契方法能成功，

但是它涉及到許多複雜且我並不熟悉的方法。其中有許多很艱深的代數，需要我去學許多新的數學。於是，大約在 1993 年 1 月份上半，我決定有必要向一個人吐露秘密，而他應該是一位正在使用的那一類幾何方法方面的專家。我需要非常小心地挑選這個我要告知秘密的人，因為他必須保守住秘密。我選擇了向尼克·凱茲（Nick Katz）吐露秘密。」

尼克·凱茲

尼克·凱茲教授也在普林斯頓大學數學系工作，認識懷爾斯已經有好幾年。儘管他們關係密切，凱茲已經記不得當時在走廊裡所講的每一

句話了，他努力回憶起懷爾斯吐露他的秘密時的種種細節：「有一天懷爾斯在飲茶休息時走到我身邊，問我是否能一起到他的辦公室去，他有些事想和我談談。我一點也不知道他會和我談什麼。我和他一起到了他的辦公室，他關上了門。他說他認為他將能夠證明谷山－志村猜想。我大吃一驚，目瞪口呆。這真是異想天開。」

「他解釋說，證明中有一大部分是依靠他對弗萊契和科利瓦金的工作所作的擴展，但是它是非常專門性的。他對證明中這一高度專門性的部分確實感到沒有把握。他想和某個人一起討論這一部分，因為他需要保證它是正確的。他認為我是幫助他核對證明是否正確的人選，但是我認為他為什麼特別選中我還有另一個原因。他相信我會守口如瓶，不會告訴別人有關這個證明的事。」

在6年的孤軍奮戰之後，懷爾斯終於吐露了他的秘密。現在凱茲的工作是要勉力對付這一大堆極為壯觀、基於科利瓦金－弗萊契方法作出的演算。實際上懷爾斯完成的每一件事都是革命性的，關於徹底檢查它們的途徑凱茲提出了許多想法：「安德魯必須解釋的內容既多又長，要想在他的辦公室裡通過非正式談話解釋清楚是不可能的。對於像這樣的大事情，我們確實需要以正式且每週定時的講座方式來進行，否則事情會搞糟的。所以這就是我決定設立講座的原因。」

他們認定最好的策略是宣布舉行一系列向系上研究生開設的講座。懷爾斯將講授一個課程，而凱茲將會是聽眾。這個課程將有效地包括需

要核對的那部分證明，但是研究生們是不會知道這一點的。以這種方式將核對證明這件事偽裝起來，其優點在於這將迫使懷爾斯一步接一步地去解釋每一件事，而又不會引起系裡的任何懷疑。就其他人而言，這只不過是另一門研究生課程。

「於是安德魯宣布這個講座的名稱為『橢圓曲線的計算』」，凱茲俏皮地一笑，回憶說，「這完全是一個泛泛而談的標題，它可以隨意代表什麼。他沒有提到費瑪，也沒有提到谷山－志村，他一開始就進入專門性的計算。世界上不可能有人能猜到這種計算的真正目的。它是以這樣一種方式來進行的，除非你知道這是做什麼用的，否則這種計算看起來好像非常的專門，並且冗長乏味。而如果你不知道這些數學是做什麼用的話，你就不可能懂得它。即使你知道它是做什麼用的，它也是很難搞懂的。不管怎樣，研究生們一個接一個逐漸消失，幾個星期後我就成了唯一留在聽眾席上的人。」

凱茲坐在演講廳中，仔細地聽著懷爾斯的演算中的每一步。到這個課程結束時，他的評價是科利瓦金－弗萊契方法似乎是完全可行的。系裡沒有人意識到這裡一直在進行著的事。沒有人懷疑懷爾斯正處於摘取數學中最重要獎項的邊緣。他們的計畫是成功的。

系列講座一結束，懷爾斯就專心致志於努力完成證明。他成功地將科利瓦金－弗萊契方法應用於一族又一族的橢圓方程式，到這個階段，只剩下一族橢圓方程式拒絕向這個方法讓步。懷爾斯描述了他怎樣試圖

完成證明的最後一步:「5月末的一個早晨,內達和孩子們一起出去了,我坐在書桌旁思考著這剩下的一族橢圓方程式。我隨意地看一下巴里‧梅休爾的一篇論文,恰好其中有一句話引起了我的注意。它提到一個19世紀的構造,我突然意識到我應該能夠使用這個結構來使科利瓦金－弗萊契方法也適用於這最後的一族橢圓方程式。我一直工作到下午,忘記下去吃午飯。到了大約下午三、四點鐘的時候,我確信這將解決最後剩下的問題。當時已到飲茶休息的時候,我走下樓去,內達非常驚奇我來得這麼遲。然後我告訴她我已經解決了費瑪最後定理。」

世紀演講

經過7年的專心努力,懷爾斯完成了谷山－志村猜想的證明。作為一個結果,經歷了30年對它的夢想,他也證明了費瑪最後定理。現在是將它向全世界公布的時候了。

「這樣,到了1993年5月,我確信我已經掌握了整個費瑪最後定理,」懷爾斯回憶說,「我仍然需要再核對一下證明,但是6月末在劍橋有一個會議要舉行,我想這也許是宣布這個證明的好地方。它是我故鄉,我曾經是那裡的一個研究生。」

會議在牛頓研究所舉行。這次研究所打算舉辦一個數論方面的工作報告會,名稱有點晦澀,叫做「L－函數和算術」。組織者之一是懷爾

斯的博士導師約翰‧科茨：「我們聚集了來自世界各地的對這個廣泛的問題作研究的人，當然，安德魯也是我們邀請的人。我們安排了一個星期的集中性演講，因為有許多人要求作演講，所以我們只給安德魯作兩次演講的時間。但是後來我瞭解到他需要第三次演講時間。因此，我放棄了我自己的演講時間安排給他作第三次演講。我知道他有某個大結果要宣布，但是我不知道它是什麼。」

當懷爾斯到達劍橋時，距離他的演講開始還有兩個半星期。他想要好好利用這段時間，「我決定要和一兩位專家一起核對這證明，尤其是科利瓦金－弗萊契的那部分。我把證明交給的第一個人是巴里‧梅休爾。我記得我對他說：『我這裡有一篇證明某一個定理的手稿。』有一會兒，他看上去非常困惑，接著我說：『那麼，看一下它吧。』我想他當時花了點時間將它過目了一下。他似乎楞住了。無論如何，我告訴他，我希望在會議上講到它，並且我真的想要他設法核對一下。」

數論方面最傑出的人物開始一個接一個地來到了牛頓研究所，其中包括肯‧里貝特，他在 1986 年的工作鼓舞著懷爾斯經受了 7 年的嚴峻考驗。「我參加了這個討論 L －函數和橢圓曲線的會議，直到人們開始告訴我他們聽到有關安德魯‧懷爾斯提出系列演講的神秘傳聞之前，會議似乎沒有任何異乎尋常的事。傳聞說他已經證明了費瑪最後定理，我只認為完全是瞎說的。我想這不可能是真的。在數學界這樣的情形發生過多次，當時謠傳四處擴散，特別是通過電子郵件擴散，經驗證明你不必

過分相信它們。但是這次的謠傳非常持久,而安德魯拒絕回答任何有關的問題,他的行為非常非常的古怪。約翰‧科茨對他說:『安德魯,你究竟證明了什麼?我們要不要告訴新聞界?』安德魯只是微微地搖了下他的頭,依然緊閉他的雙唇。他確實在為高度戲劇性的場面作準備。」

「然後一天下午,安德魯走到我身邊,開始問我有關我在1986年完成的工作和有關弗賴思想的一些歷史。我心裡在想,這真是不可思議,他一定是已經證明了谷山-志村猜想和費瑪最後定理,否則他不會問我這些事情的。我沒有直接問他這是否真的,因為我知道他目前是不肯表態的,因而我不會得到直截了當的回答。所以我只是說了幾句:『嗯,安德魯,如果你有機會講到這個工作,這些就是發生過的事。』我看了他幾眼好像我知道什麼似的,但是我真的不知道發生了什麼事情。我仍然只是在猜猜而已。」

懷爾斯對傳聞和日益上升的壓力的反應是簡單的:「人們想把話題引向我的演講,他們要問我的恰恰是我準備要講的那些東西,因此我說,好,來聽我的演講吧,一切都會明白的。」

回顧1920年,當時58歲的大衛‧希爾伯特在哥廷根作了一個關於費瑪最後定理的公開演講。當被問及是否這個問題會被解決時,他回答說他可能活不到看見這一天,但是也許在座的年輕人會親眼看到答案。希爾伯特對解答的日期所作的估計證明是相當準確的。懷爾斯的演講和沃爾夫斯凱爾獎在時間上也很相稱。保羅‧沃爾夫斯凱爾按他的意願規

定了截止期為 2007 年的 9 月 13 日。

懷爾斯的系列演講的標題為「模形式、橢圓曲線和伽羅瓦表現」。如同他在這一年的早些時候為尼克・凱茲開設的研究生課程使用的名稱那樣，這一次的演講題目也如此的朦朧，一點沒有透露出這個演講的最終目的是什麼。懷爾斯的第一次演講顯然是一般性的，目的是為在第二次和第三次中解決谷山－志村猜想作準備工作。大部分他的聽眾完全不知曉流言傳聞，對這個演講的重要性並不理解，對細節也很少注意。那些知道內情的人則尋找著有可能使謠傳可信的哪怕是極細微的線索。

在第一次演講結束後，謠言機器立即更猛烈地開動起來，電子郵件飛向世界各地。懷爾斯以前的一個學生卡爾・魯賓（Karl Rubin）教授向他在美國的同行們發回報告：

日期：1993 年 6 月 21 日，星期一，13 點 33 分 6 秒
標題：懷爾斯

　　各位，安德魯今天作了他的第一次報告。他沒有宣布對谷山－志村猜想的證明，但是他正在向那個方向前進。他還有兩次報告。關於最後的結果他仍然非常保密。

　　我最好的猜測是，他打算證明：如果 E 是 Q 上的一條橢圓曲線，並且在 E 的 3 次點上的伽羅瓦表現滿足某個假設，那麼 E 是模橢圓曲線。根據他所說的，似乎他不會證明整個猜想。我尚不清楚的是，這是否適用於弗賴曲線，並因此對瞭解費瑪問題有所幫助。我會保

持與你們的通訊。

卡爾・魯賓
俄亥俄州立大學

到了第二天,更多的人聽說了這些流言蜚語,因此第二次演講的聽眾大量地增加。懷爾斯講了過渡性的演算,這些演算表明他十分明確地意圖要解決谷山——志村猜想,但是聽眾仍然搞不清楚他是否已經做到足以證明它,並從而征服費瑪最後定理。新的一大堆電子郵件通過衛星發送到各地。

日期:1993 年 6 月 22 日,星期二,13 點 10 分 39 秒
標題:懷爾斯

今天的報告中無更多的實質性內容。安德魯敘述了我昨天猜到的方向上關於提升伽羅瓦表現的一般定理。它似乎並不適用於所有的橢圓曲線。但精妙之處將出現於明天。

我真的不知道為什麼他要以這種方式進行。很清楚他知道明天準備講什麼。這是他十多年來一直從事的規模非常宏大的工作,他似乎對此很自信。

我會告訴你明天的情況。

卡爾・魯賓
俄亥俄州立大學

「6月23日，安德魯開始了他的第三次也是最後一次的演講，」約翰·科茨回憶道，「值得注意的是，每一個對促成這個證明的那些思想作出過貢獻的人實際上都在現場的房間裡，包括梅休爾、里貝特、科利瓦金以及許許多多人。」

到那個時候，謠傳已經達到如此逼真的程度，以致劍橋數學界的每一個人都來聽這最後一次演講。運氣好的人擠進了演講廳，而其他的人只能等在走廊裡，踮起腳站在那兒，透過窗子往裡凝視。肯·里貝特採取行動確保他不會錯過這個本世紀最重要的數學成果的宣布：「我到得比較早，和巴里·梅休爾一起坐在前排。我帶著照相機以便記錄這個重大事件。當時的氣氛充滿了激情，人們非常興奮。大家肯定都意識到我們正在參與一個歷史性的事件。在演講之前和演講過程中人們的臉上都綻露著笑容。經過這幾天氣氛已逐漸緊張起來。現在，美妙的時刻即將到來，我們正在走向費瑪最後定理的證明。」

巴里·梅休爾已經得到懷爾斯給的一份這個證明的複本，但即使這樣，他也依然對這個演講感到驚訝。「我從未見過如此輝煌的演講，充滿了如此奇妙的思想，具有如此戲劇性的緊張，準備得如此之好。」

經過7年的努力，懷爾斯準備向世界宣布他的證明了。奇怪的是，懷爾斯已經無法很詳細地回憶起演講的最後時刻的情景，而只能回想起當時的氣氛：「雖然新聞界已經刮到些有關演講的風聲，很幸運他們沒有來聽演講。但是聽眾中有許多人拍攝了演講結束時的鏡頭，研究所所

在懷爾斯演講以後，世界各地的報紙報導了他對費瑪最後定理的證明。

長肯定事先就準備了一瓶香檳酒。當我宣讀證明時，會場上保持著特別莊重的寂靜，然後當我寫完費瑪最後定理這個命題時，我說：『我想我就在這裡結束』，接著會場上爆發出一陣持久的鼓掌聲。」

事後

奇怪的是懷爾斯對演講有一種矛盾的心理：「很顯然這是一次難得的機會，但是我的心情很複雜。七年來這已成了我的一部分：它曾一直是我的整個的工作所在。我是如此地投入這個問題，我真實地感到我與它已密不可分。但是現在我失去了它，這種感覺就如我放棄了我自己的一部分。」

懷爾斯的同行肯‧里貝特卻沒有這種不安：「這是一個極其非凡的事件，我的意思是，你去參加一個會議，那裡有一些很平常的演講，一些好的演講，還有一些非常特殊的演講，但在一生中你只有一次聽到演講者宣告他解決了一個長達 350 年的問題的演講。人們彼此對望著，喊道：『我的天哪！要知道我們剛才親眼目睹了一個多麼偉大的事件。』然後，人們對證明的技術細節以及它對其他方程式的可能的應用問了一些問題，接著又是更久的寂靜，之後，突然爆發出第二輪的鼓掌聲。下一位報告人是一個名叫肯‧里貝特的人，就是鄙人。我作了演講，人們作了筆記，鼓了掌，可是在場的每一個人，包括我自己，對我在演講中講了些什麼都沒有絲毫的印象。」

在數學家們通過電子郵件傳誦著好消息時，其他的人只能等待晚間新聞，或第二天的報紙。電視台工作人員和科學新聞記者們大批地來到牛頓研究所，要求採訪「本世紀最傑出的數學家」。《衛報》疾呼「數論因數學的最後之謎而看漲」，《世界報》的頭版報導說：「費瑪最後定理獲得解決」。各地的記者們向數學家請教他們對懷爾斯的工作的專家意見，尚未從震驚中恢復過來的教授們被要求對這個迄今最複雜的數學證明作簡短的解釋，或提供能闡明谷山－志村猜想的談話。

志村教授是在他閱讀《紐約時報》的頭版報導——〈終於歡呼「我發現了！」，久遠的數學之謎獲解〉時第一次瞭解到有關對他自己的猜想的證明。在他的朋友谷山豐自殺 30 年後，他們一起提出的猜想現在被證明是正確的。在許多專業數學家看來，證明谷山－志村猜想是比解決費瑪最後定理更為重要的成就，因為它對許多數學定理有巨大的影響。而報導這一個事件的記者們則傾向於集中注意力於費瑪，即便要提也只是順便地提到一下谷山－志村。

志村是一位謙虛而文雅的人，他並未因他在費瑪最後定理的證明中所起的作用未被注意而過分煩惱，但是他對志村和谷山從名詞降為形容詞頗為在意。「非常奇怪，人們寫與谷山－志村猜想有關的事，卻沒有人寫到過谷山和志村。」

自宮岡洋一在 1988 年宣布他的所謂證明以來，這是數學家第一次占據頭條新聞。唯一的差別是這一次報導量要比前次多達兩倍，並且沒有

人表示對此證明有任何懷疑。一夜之間,懷爾斯變成世界上最著名的,事實上是唯一著名的數學家,《人物》雜誌(People)甚至將他與戴安娜王妃(Princess Diana)和歐普拉‧溫弗里(Oprah Winfrey)一起列為「本年度25位最具魅力者」。最後的讚賞來自一家國際製衣大企業,他們請這位溫文爾雅的天才為他們的新系列男裝做廣告。

在各種媒體繼續報導和數學家們成為注意的中心的同時,認真核對這個證明的工作也在進行。與所有的科學學科中的做法一樣,每一個新的成果必須經過仔細的檢查才可能被承認是準確和正確的。懷爾斯的證明必須經受審查者的嚴格審查。雖然懷爾斯在牛頓研究所的演講已經向世界提供了他的演算綱要,但這不能作為正式的審查。科學的程序要求任何數學家將完整的手稿送交一個有聲望的刊物,然後這個刊物的編輯將它送交一組審稿人,他們的職責是逐行地審查證明。懷爾斯只能焦急地度過一個夏天,等待審稿人的審稿意見,祈求最終能得到他們的祝福。

chapter 6　秘密的計算

安德魯‧懷爾斯和肯‧里貝特在牛頓研究所的世紀講演之後。

Chapter 7 一點小麻煩

值得解決的問題會以反擊來證明它自己的價值。

皮特・海因

劍橋的演講一結束，沃爾夫斯凱爾委員會就已經知道有關懷爾斯的證明的消息。但他們不能立即頒獎，因為競賽規則明確要求該證明需經其他數學家們證實，並且正式發表：

> 哥廷根皇家科學協會……只考慮在定期刊物上以專著形式發表的或在書店中出售的數學專題論著……協會舉行頒獎不得早於被選中的專著發表後的兩年。這段時間供德國和外國的數學家對發表的解答的正確性提出他們的意見。

懷爾斯將他的手稿投交《數學發明》（*Inventiones Mathematicae*）期刊，該期刊收到手稿後，它的編輯巴里·梅休爾立即開始挑選審稿人的工作。懷爾斯的論文涉及到大量的數學技術，既有古代的，也有現代的，所以梅休爾作出了一個特別的決定，不是像通常那樣只指定2個或3個審稿人，而是6個審稿人。每年全世界各種期刊上發表的論文約有3萬篇，但懷爾斯的論文無論是它的篇幅，還是它的重要性，都表明它應該經受極其嚴格周密的審查。為使審稿易於進行，200頁的證明分成6章，每一位審稿人負責其中一章。

第3章由尼克·凱茲負責審查，他在年初已經核查過懷爾斯的證明中的這一部分：「那個夏季我恰好在巴黎為高等科學研究所工作，我把全部200頁證明都帶在身邊，我負責的那一章有70頁之多。當我到達那裡時，我認為我有必要得到認真的技術上的幫助。於是在我的堅持之下，當時也在巴黎的呂克·伊盧齊（Luc Illusie）成了這一章的共同審稿人。

在那個夏季裡我們每週碰頭幾次，基本上是互相講解，設法弄懂這一章。確切地說，我們只是逐行審閱原稿，想辦法確保不存在錯誤。有時候有些東西我們搞不清楚，所以每天，有時是一天兩次，我會發電子郵件告訴安德魯某個問題，我不理解你這一頁上講的東西，或者這一行似乎是錯的等等。通常我同一天或隔一天會得到澄清這件事的回答，然後我們就繼續下一個問題。」

這個證明是一個特大型的論證，由數以百計的數學計算，通過數以千計的邏輯鏈環錯綜複雜地構造而成。只要有一個計算出差錯或一個鏈環沒銜接好，那麼整個證明將極有可能失去其價值。懷爾斯那時候已經回到普林斯頓，他焦急地等待審稿人完成他們的任務。「在我的論文完全不用我操心之前，我不會盡興地慶祝。在此期間我中斷了我的工作，以處理審稿人在電子郵件中提出的問題。我仍然很自信這些問題不會給我造成很大的麻煩。」在將證明交給審稿人之前，他已經一再核對過了。因此，除了由語法或列印的錯誤，造成的數學上的錯誤，以及一些他能夠馬上改正的小錯誤外，他預料不會再有什麼問題了。

「在 8 月之前，這些問題一直都是比較容易解決的，」凱茲回憶說，「直到我碰到一個似乎僅僅是又一個小問題的東西。大約是 8 月 23 日左右，我發電子郵件給安德魯，但是這次的問題稍微複雜一點，所以他給我發回一個傳真。但是這份傳真似乎沒有回答問題，所以我又發電子郵件給他。我接到另一份傳真，不過我仍然不滿意。」

懷爾斯認為這個錯誤就像其他錯誤一樣淺顯簡單，但是凱茲的執著態度迫使他認真地加以考慮：「我無法立即解答這個看上去非常幼稚的問題。初看之下，它似乎與其他問題屬於同一級別的難度，但是後來到了9月份的某個時候，我開始意識到這完全不是一個無足輕重的困難，而是一個重大的缺陷。它是在與科利瓦金－弗萊契方法有關的關鍵性論證中出現一個錯誤，但是它是如此的微妙，以致在這之前我完全忽略了它。這個錯誤很抽象，無法用簡單的術語真實地描述它，即使是向一個數學家作解釋，也需要這個數學家花兩、三個月時間詳細地研究那部分原稿。」

這個問題的實質是，無法像懷爾斯原來設想的那樣保證科利瓦金－弗萊契方法行得通。原本期望能將證明從所有的橢圓方程式和模形式的第一項擴展到包括所有的項，這樣就提供將多米諾骨牌一塊接一塊推倒的方法。原始的科利瓦金－弗萊契方法只在有特殊限制的情形下有效，但懷爾斯相信他已經將它改造並加強到足以適合於他的所有需要。在凱茲看來，情況並不一定如此，其後果是戲劇性的，有很大的破壞性。

這個錯誤不一定意味著懷爾斯的工作無法補救，但它的確意味著他必須加強他的證明。數學的絕對主義要求懷爾斯無可懷疑地證明他的方法對每一個E－序列和M－序列的每一項都行得通。

把地毯鋪貼切

當凱茲意識到他覺察出的錯誤有多嚴重時，他開始問自己，在春季時怎麼會漏過這一點的。當時懷爾斯曾為他作報告，唯一的目的就是要確認出任何錯誤。「我想答案是當你聽講時確實有一種緊張心理，不知該弄懂每一件事，還是讓演講者繼續講下去。如果你不斷地插話，我這兒不懂，我那兒不懂，那麼演講者就無法闡明任何東西，而你也不會有所得。另一方面，如果你從不插話，你就會有幾分迷惘，你有禮貌地點著頭，但是你實際上沒有核對過任何東西。提問得太多與提問得太少之間的分寸確實很難把握，到了那些報告結束的時候（那正是這個問題滑過去的地方），很明顯我犯了問得太少的錯誤。」

只不過幾個星期以前，全球的報刊把懷爾斯譽為世界上最傑出的數學家，數論家們在經受了 350 年的失敗後相信他們最終比皮埃爾・德・費瑪更強一些。現在懷爾斯面臨必須承認他犯了個錯誤的羞辱。在承認出了錯誤之前，他決定試一下，集中精力填補這個缺陷。「我不能放棄，我被這個問題迷惑了。我仍然相信科利瓦金－弗萊契方法只需要一點兒調整。我只需要小規模地修改它，它就會很好地起作用。我決定直接回到我過去的狀態，完全與外面的世界隔絕。我必須重新聚精會神起來，不過這一次是在困難得多的情形下。在相當長的一段時間中，我認為補救辦法可能就在近旁，我只是忘記了某件簡單的事，也許第二天一切都

會完美的。當然事情並沒有像那樣發生，相反地，隨著時間的推移，問題似乎變得越來越棘手。」

他希望能在數學界知道證明中有錯誤之前，將這個錯誤改正好。懷爾斯的妻子目睹了他長達 7 年的努力已經貫注於原來的證明之中，現在又得看著她丈夫與一個可能會毀壞一切的錯誤苦鬥。懷爾斯忘不了她的樂觀態度：「在 9 月，內達對我說，她唯一想要的生日禮物是一個正確的證明，她的生日在 10 月 6 日。我只有 2 個星期的時間可以交出這個證明，但我失敗了。」

對於尼克・凱茲來說，這也是一段緊張的時期：「到 10 月時，知道這個錯誤的人總共只有我本人、伊盧齊、另外幾章的審稿人和安德魯，大致上就這麼一些人。我的態度是，作為審稿人，我應該保守秘密。我確實認為我不應該和安德魯以外的任何人討論這件事，所以我對此沒有向外說過一個字。我的感覺是他表面上看上去很正常，但是在這一點上他向世人保守著秘密，我認為他對此一定是很不安的。安德魯的態度是只要再有一天他就會解決它，但是當秋季來臨時，稿件仍然還未通過，於是關於證明有問題的議論開始流傳。」

特別是，另一個審稿人肯・里貝特開始感到保守秘密帶來的壓力：「出於某些純粹偶然的原因，我開始被人稱為『費瑪訊息諮詢所』。最初是在《紐約時報》上的一篇文章，其中講到安德魯要我代表他和記者談話，這篇文章中有『里貝特充當安德魯・懷爾斯的發言人……』或者相

當於這個意思的話。此後，形形色色對費瑪最後定理感興趣的人都被吸引到我這裡來了，既有數學圈內的也有圈外的。人們通過新聞媒體打電話來，簡直是來自世界各地，因而在這兩、三個月裡我作了許多次的報告。在這些報告中，我著重講了這個證明的巨大成就，我也概略地介紹了證明本身，也談論過我最瞭解的那部分，但是不久人們開始變得不耐煩了，開始問一些棘手的問題。」

「你知道懷爾斯已經發表過非常公開的聲明，但是除了非常少的一組審稿人外，還沒有人看到過這篇論文，所以數學家們一直在等待安德魯最初在 6 月發表聲明後幾星期時，曾承諾過的這篇論文。人們說：『好，既然這個定理已經被宣布解決了，現在我們想知道現在它怎麼樣了。他在做什麼？為什麼我們沒有他的任何消息？』人們有點惱火的是，他們被蒙在鼓裡，一點也不知道內情，他們就是想知道後來發生了什麼。以後，情況變得更糟，因為慢慢地懷疑的陰影集中到證明本身上了，人們不斷告訴我這些謠傳，說在第 3 章有缺陷。他們問我知道些什麼，我真的不知道如何回答才好。」

隨著懷爾斯和審稿人否認證明有缺陷，或者至少是拒絕評論，外界的猜測開始變得放肆起來。在失望之中，數學家們開始互相發送電子郵件，希望得到這個神秘事件的內部消息。

標題：懷爾斯證明中有缺陷嗎？
日期：格林威治標準時間 1993 年 11 月 18 日 21 點 4 分 49 秒

有許多謠傳議論懷爾斯的證明有一個或更多個缺陷。這種缺陷指的是瑕疵、裂縫、裂口、大深溝，還是地獄？誰有可靠的消息？

約瑟夫·李普曼（Joseph Lipman）
普渡大學

在各個數學系的飲水休息室中，圍繞著懷爾斯證明的流言蜚語逐步升級。在答覆這些謠傳和這些推測性的電子郵件時，有些數學家試圖使數學界重新保持平靜的意識。

標題：Re：懷爾斯證明中有缺陷嗎？
日期：格林威治標準時間1993年11月19日15點42分20秒

我沒有第一手消息，我也沒有時間去討論第二手消息。我認爲對每個人最好的忠告是保持平靜，讓正在仔細核對懷爾斯論文的那些非常有能力的審稿人做他們的事。他們會在他們有明確的東西要講的時候報告他們的發現。任何寫過論文或審查過論文的人都熟知這樣的事實：問題常常是發生在檢驗證明過程中。對於一個通過漫長的艱難證明得到的如此重要的成果，如果不出現這種情形那倒是令人驚奇的。

倫納德·埃文斯（Leonard Evens）
西北大學

儘管呼籲平靜，電子郵件仍持續在增加。除了討論那個假定存在的

錯誤外，數學家們現在還爭論起搶先透露審稿人意見的做法在道德方面的問題。

標題：更多的費瑪閒聊
日期：格林威治標準時間 1993 年 11 月 24 日 12 點 0 分 34 秒

我不同意那些說我們不應該閒聊懷爾斯的費瑪最後定理證明有還是沒有缺陷的人的意見，這一點我想是很明白的，我完全贊成這一類的議論，只是不要過於認真地看待它。特別是因為，不管懷爾斯的證明有無缺陷，我確實認為他完成了某種世界級的數學。

這兒是我今天得到的一些消息，第 n 手……

鮑勃・西爾弗曼（Bob Silverman）

標題：關於費瑪漏洞
日期：格林威治標準時間 1993 年 11 月 22 日，星期一，20 點 16 分

在上週牛頓研究所的一次演講中科茨說，在他看來，證明的「幾何歐拉系統」部分有一個缺陷，要補上它「可能要花一星期，或者可能要花 2 年的時間」。我已經和他談過好幾次，但是仍然不能肯定他有什麼根據這樣講。他並沒有論文的影本。

就我所知，劍橋僅有的一份影本是在理查德・泰勒（Richard Taylor）那裡，他是以（《數學發明》）的審稿人擁有的。在所有的審稿人達成共同的結論之前，他一直堅持不作評論，所以情況使人

迷惑不解。我本人不能理解在這種情形下怎麼可以把科茨的觀點當作權威性的意見，我打算等著聽理查德·泰勒的意見。

理查德·平奇（Richard Pinch）

在外界對他的證明遲遲不露面產生的憤怒日益增長的同時，懷爾斯盡力不理睬爭論和推測。「我真的把自己關閉起來，因為我不想知道人們在說我什麼。我只是想隱居起來，但是我的同事彼得·薩納克（Peter Sarnak）會不時地對我說：『你不知道外面正在颳著風暴嗎？』我聽著，但是就我自己來說，我確實需要完全地與世隔絕，只將精力全部集中於那個問題。」

彼得·薩納克和懷爾斯同時進入普林斯頓數學系工作，在那些年中他們成了密友。在這段緊張不安的時期裡，薩納克是懷爾斯信任的幾個人中的一個。「嗯，我從未知道過確切的細節，但是有一點是清楚的，即他正在想法解決這一嚴重的問題。但是每次他修改了計算中的這一部分，它就會引起證明中其他部分的某種困難。這就像他在一個房間裡鋪放一張比房間大的地毯那樣，安德魯可以使地毯貼合任何一個角落，但一定會發現地毯在另一個角落卻鼓了起來。是否能夠將地毯在房間鋪放貼切不是他能夠決定得了的。你聽我說，即使有錯誤，安德魯也已經跨出了偉大的一步。在他之前，沒有人有任何方法對付谷山－志村猜想，但是現在人人都真的很興奮，因為他向我們展示了許多新的想法。它們是以前還沒有人考慮過的基本的、新的東西。因此，即使它不能被修改好，這也是非常重大的進

展，不過當然費瑪最後定理將仍然是未解決的問題。」

最後，懷爾斯認識到他不能永遠保持沉默。這個錯誤的解決辦法並不是唾手可得的，現在是結束種種推測的時候了。經過一個淒涼失敗的秋季後，他給數學訊息公告欄發了下面的電子郵件：

標題：費瑪狀況
日期：格林威治標準時間 1993 年 12 月 4 日 1 點 36 分 50 秒

鑑於存在著對我關於谷山－志村猜想和費瑪最後定理的工作狀況的種種推測，我將對情形作一簡短說明。在檢驗過程中發現許多問題，大部分已經解決，但是有一個特別的問題我還沒有解決。（大部分場合下）將谷山－志村猜想歸結到計算塞爾默群（Selmer group）這一關鍵性的做法是正確的。然而，在（相伴於模形式的對稱平方表示的）半穩定的情況中，塞爾默群的精確上界的最後計算還沒有像所說的那樣是完全的。我相信在不遠的將來我能夠使用我的劍橋演講中解釋過的想法完成它。

原稿上有許多工作尚待完成，這個事實使得將它作為預印本發送還不適宜。在普林斯頓我於 2 月份開始的一門課程中，我將對這個工作給出一個詳細的說明。

安德魯·懷爾斯

很少有人對懷爾斯的樂觀抱有信心。差不多 6 個月已經過去了，而

錯誤仍未改正，也沒有任何理由可以認為在未來的 6 個月中事情會有什麼變化。無論如何，如果他真的能夠「在不遠的將來完成這項工作」，那麼為什麼要費心發這個電子郵件？為什麼不再保持幾個星期的沉默，然後交出完整的論文？他在他的電子郵件中提到的 2 月份的課程，並沒有給出所允諾的任何細節。數學界懷疑懷爾斯只是在設法為他自己爭取更多的時間。

報刊再一次對這件事大做文章，這使數學家們回想起 1988 年宮岡失敗的證明。歷史正在重演。數論家們現在正等待著下一份電子郵件解釋為什麼證明的缺陷是無法挽救的。少數數學家早在夏季就對證明表示過懷疑，現在他們的悲觀似乎已經被證明是有理由的。有個故事講劍橋大學的艾倫·貝克（Alan Baker）教授曾以 100 瓶酒對 1 瓶酒打賭說這個證明在 1 年之內會被證明是無效的。貝克否認了這則軼聞，但是自豪地承認他曾經表示過一種「健康的懷疑態度」。

懷爾斯在牛頓研究所演講後不到 6 個月，他的證明已破綻百出。多年的秘密演算給他帶來的愉悅、激情和希望，被煩惱和失望取代。他回憶說他童年的夢想已經變成一場惡夢：「在我從事這個問題的研究的頭 7 年中，我很喜歡這種暗中進行的戰鬥。不管它曾是多麼的艱難，不管它看上去是怎樣的不可逾越，我與我心愛的問題密不可分。它是我童年時代的戀情，我決不能放下它，我一刻也不想離開它。後來我公開地談論它，在談論它時確實有某種失落感。這是一種非常複雜的感情。看到其

他人對證明作出反應,看到這些論證可能改變整個數學的方向,真是美妙極了,但是與此同時我卻失去了我個人的追求。現在它已向世界公開,我已不再擁有我一直在編織著的個人的夢想。然後,在它出了問題以後,就有幾十、幾百、幾千的人要使我分心。以那種過份暴露的方式做數學肯定不是我擅長的,我一點也不喜歡這種非常公開的做事方式。」

世界各地的數論家們對懷爾斯的處境表示同情。肯·里貝特自己在8年前也經歷過同樣的惡夢,當時他試圖證明谷山－志村猜想和費瑪最後定理之間的聯繫。「我在柏克萊的數學科學研究所作了一個關於這個證明的演講,聽眾中有人說:『嗯,等一下,你怎麼知道這樣那樣是正確的?』我馬上答覆,並講出我的理由,而他們說:『那並不適合現在這個情形。』我頓時感到一陣恐慌,似乎感到有點出汗。我對此非常心煩意亂。然後我意識到只有一種做法有可能說明它是正確的,那就是返回到這個論題的基礎工作,搞清楚它在類似的情形中是怎樣完成的。我查詢了有關的論文並弄清楚這個方法的確真的適用於我的情形。在一兩天中我把所有的東西都搞好了,在我下一次演講時我已能夠講出它成立的理由。儘管如此,你總是會擔心:如果你宣布某個重要的結果,可能會被發現有基本的錯誤。」

「當你發現原稿中有一個錯誤時,局勢可能會以兩種方式發展。有時候,大家會很快相信沒有多大困難證明就可以重新改正;而有的時候情況會截然相反。這是非常令人不安的。當你認識到自己犯了一個基本的錯誤

且沒有辦法補救它時，會有一種往下沉沒的感覺。當一個漏洞變大時，很可能定理真的就徹底地崩潰了，因為你越是想補上它，你遇到的麻煩就越多。但是從懷爾斯的情形來看，他的證明中的每一章本身就是很有意義的論文。這份手稿包括了 7 年的工作，它基本上是幾篇重要的論文組合而成的，這些論文中的每一篇都有大量的成果。錯誤出現在其中一篇，即第 3 章中，但是即使你去掉第 3 章，剩下的部分仍然是絕對優秀的。」

但是沒有第 3 章就沒有谷山－志村猜想的證明，因而也就沒有對費瑪最後定理的證明。數學界有一種受挫的感覺，就是這兩個最後問題的證明瀕臨絕境。此外，在等待了 6 個月後，除了懷爾斯和審稿人外，仍然沒有人能看到這份手稿。要求把事情進一步公開，使人人都能自己搞清楚錯誤的細節的呼聲日益增長。人們寄託的希望是，某個人可能會看清楚懷爾斯所缺少的某些東西，像變魔術似地作出演算，修補好證明中的缺陷。有些數學家聲稱，這個證明太有價值了，因此不應該只保存在一個人的手中。數論家們成了其他數學家嘲弄的對象，他們挖苦地質問數論家是否懂得證明這個概念。本來應該是數學史上最值得驕傲的一件事，現在卻正在變成一個笑話。

不顧外界的壓力，懷爾斯拒絕公開手稿。經過 7 年全力以赴的努力，他不準備束手坐等眼看著別人完成證明並攫取榮譽。證明費瑪最後定理的人並不是投入心血最多的人；提交最終完整證明的人，才算是證明費瑪最後定理的人。懷爾斯知道一旦手稿在還存在缺陷的情形下公開，他

就會淹沒在那些可能成為補缺者提出有待澄清的各種問題和要求之中，這些分心的事會毀滅他自己的改進證明的希望，而同時卻給別人提供了線索。

懷爾斯試圖重新回到他作出原先那個證明時的孤獨狀態，恢復了他在自己的頂樓裡認真研究的習慣。偶爾他也會在普林斯頓湖邊閒逛，就像他過去所做的那樣。那些以前經過他身旁時只簡單地揮手致意的慢跑者、騎自行車者和划船人，現在都會停下來問他那個缺陷是否有所改進。懷爾斯曾在世界各地的報刊頭版上出現過，《人物》雜誌為他作過特寫，甚至有線新聞電視網也曾採訪過他。去年夏天懷爾斯成為世界上第一號數學名人，可是現在他的形象已經失去光彩。

與此同時，在數學系裡閒言碎語仍然繼續著。普林斯頓的數學家約翰·H·康韋（John H. Conway）回想起系裡的飲水休息室中的氣氛：「我們在下午 3 點聚集在一起喝茶，匆匆吃點餅乾點心。有時候我們討論數學問題，有時候議論辛普森案件，[01] 有時候則談論安德魯的進展。因為沒有人實際上願意出頭露面去問他證明進行得怎樣了，所以我們的舉動有點像蘇聯問題專家那樣。有人會說：『我今天早上看見安德魯了』『他笑了沒有？』『嗯，是的，不過他看上去並不太高興。』我們只能從他的臉色來判定他的情緒。」

---

[01] 即 1990 年代初轟動全美國的前橄欖球明星 O·J·辛普森被控謀殺前妻案。——譯者

惡夢般的電子郵件

漸入嚴冬季節，突破的希望已成泡影，更多的數學家認為懷爾斯有責任公開手稿。傳聞繼續著，有一家報紙的文章宣稱懷爾斯已經放棄，證明已經不可挽回地失敗了。雖然這有點言過其實，但是有一點確實是真的，那就是懷爾斯已經把幾十種可能會巧妙地改正這個錯誤的辦法都用上了，他看不到還有其他可能的解決辦法。

懷爾斯向彼得‧薩納克承認情況已面臨絕境，他準備承認失敗。薩納克向他暗示這些困難部分來自懷爾斯缺少一個他可以信賴，與他進行日常討論的人；沒有他能夠與其探討想法的人，也沒有能鼓勵他利用一些側面的處理方法的人。薩納克建議懷爾斯尋找一個他信得過的人，再試一次彌補這個缺陷。懷爾斯需要一位能運用科利瓦金－弗萊契方法的專家，而且這個人還要能夠對問題的細節保守秘密。對這件事作了長時間的考慮後，他決定邀請劍橋的一位講師理查德‧泰勒到普林斯頓和他一起工作。

泰勒是負責驗證這個證明的審稿人，也是懷爾斯以前的學生。正因為如此，他無疑可以得到信任。去年他曾坐在牛頓研究所的聽眾席上注視著他以前的導師講述這個世紀性的證明，現在幫助挽救出差錯的證明成了他的使命。

到了1月，在泰勒的幫助下，懷爾斯再一次孜孜不倦地使用科利瓦金－弗萊契方法，試圖解決這個問題。偶爾經過幾天的努力之後他們會

理查德‧泰勒

進入新的境地,但是最終他們發現又回到了他們出發的地方。在經歷了比以前更為深入的探索,並一再失敗以後,他們倆都認識到他們已經到了一個無比巨大的迷宮的中心。使他們最感恐懼的是,這個迷宮無邊無際卻沒有出口,他們可能將不得不在其中作無目的無休止的徘徊。

就在 1994 年的春季,就在事情看起來像是糟到極點的時候,下面的電子郵件突然出現在世界各地的電腦螢幕上:

日期：1994 年 4 月 3 日

標題：又是費瑪！

現在關於費瑪最後定理真的出現了使人驚奇的進展。

諾姆·埃爾基斯宣布一個反例，因而終於證明費瑪最後定理是不成立的！他今天在研究所裡宣告了這件事。他構造的這個對費瑪問題的解答涉及到一個無比巨大的素數指數（大於 1020），但它是可以構造出來的。主要的想法似乎是某一類赫格內爾點（Heegner point）結構，再結合非常巧妙的從模曲線過渡到費瑪曲線的方法。論證中真正困難的部分似乎是證明解的定義域（按先驗假設，是虛二次域的某個環類域）實際上落在 Q 中。

我無法講出所有的細節，它是十分複雜的……

因此，似乎谷山－志村猜想是不對的。專家們認為它仍然可以得到補救，辦法是延拓「自同構表示」這個概念，並引入一種「反常曲線」的概念，這個概念仍然產生「擬自同構表示」。

亨利·達蒙

普林斯頓大學

諾姆·埃爾基斯是哈佛大學的一位教授，早在 1988 年他已經發現了歐拉猜想的一個反例，由此證明它是錯的：

$$2682440^4 + 15365639^4 + 187960^4 = 20615673^4。$$

現在他顯然發現了費瑪最後定理的一個反例，證明它也是不對的。這對懷爾斯是一個悲慘的打擊——他無法修改好證明的原因，原來在於所謂的錯誤是，費瑪最後定理的不正確所造成的直接後果。對於整個數學界它甚至是更大的打擊，因為如果費瑪最後定理是錯的，那麼弗賴已經證明這將導致有非模形式化的橢圓方程式，這直接與谷山－志村猜想有矛盾。埃爾基斯不僅僅發現了費瑪的一個反例，而且也間接地發現了谷山－志村的一個反例。

谷山－志村猜想的消亡將會在數論中產生破壞力極大的影響。因為20多年來數學家們已經默認它是對的。在第 5 章中講到過數學家們曾寫過幾十個以「假定谷山－志村猜想是對的」為開頭的證明，但是現在埃爾基斯指出這個假定是錯的，於是所有的那些證明一古腦兒都崩潰了。數學家們立即開始要求得到更多的材料，向埃爾基斯發出連珠炮似的問題，但是沒有回音，關於他為什麼保持沉默也沒有任何解釋。沒有人能找到這個反例的精確細節。

經過一兩天的騷動後，有些數學家重新看了一下這份電子郵件，開始注意到雖然它署的日期確實是 4 月 2 日或 4 月 3 日，但這是已經第二手或第三手收到它所造成的結果。最初的那份內容發出的日期應是 4 月 1 日。[02] 這份電子郵件是加拿大數論家亨利·達蒙（Henri Darmon）設計叫人上當的惡作劇。這份捉弄人的電子郵件對那些有關費瑪最後定理的

---

[02] 4 月 1 日是愚人節，根據西方習俗，在這一天可以對別人惡作劇。——譯者

流言蜚語製造者們可以算是一個合適的教訓。一下子，最後定理、懷爾斯、泰勒和被毀滅的證明又恢復了平靜。

那個夏季懷爾斯和泰勒沒有取得進展。經過8年不間斷的努力和一生的迷戀，懷爾斯準備承認失敗。他告訴泰勒，他看不出繼續進行他們修改證明的嘗試有什麼指望。泰勒已經計畫好在普林斯頓過完整個9月然後回到劍橋，因此他不顧懷爾斯的洩氣，建議他們再堅持一個月。如果到了9月底還沒有什麼能修改好的跡象，那麼他們就放棄，公開承認他們的失敗並發表那個有缺陷的證明，使其他人有機會研究它。

生日禮物

雖然懷爾斯與世界上最難的數學問題的搏鬥似乎註定要以失敗告終，但是他可以回顧這過去的7年，並為他的工作中的大部分仍然是有效的而感到寬心。首先，懷爾斯對伽羅瓦群的使用已經使所有的人對這個問題有了一種新的見解。他已經證明每一個橢圓方程式的第一項可以與一個模形式的第一項配對。然後，面臨的挑戰就是證明如果橢圓方程式的一項是模形式的項，那麼它後面的項也同樣如此，這樣的話，它們全體都是模形式的項。

在中間的那幾年裡，懷爾斯仔細考慮過擴展這個證明的想法。他當時試圖完成一個歸納方法，仔細考慮過岩澤理論，希望這能證明如果一

塊多米諾骨牌倒塌，那麼所有的多米諾骨牌都會倒塌。開始時，岩澤理論似乎非常有效，足以產生所需要的多米諾效應，但是最終它未能完全實現他的期望。他花了2年的努力，卻走進了一條數學的死胡同。

在鬱悶中度過了一年之後，懷爾斯在1991年夏天發現了科利瓦金和弗萊契的方法。他放棄了岩澤理論而採用這個新的技術。第二年他在劍橋宣布了他的證明，他被稱頌為一位英雄。不到兩個月，科利瓦金－弗萊契方法又被發現是有缺陷的，此後情況只是變得更壞，任何修改科利瓦金－弗萊契方法的企圖都失敗了。

除了涉及科利瓦金－弗萊契方法的最後一部分外，懷爾斯的全部工作仍是很有價值的。雖然還沒有證明谷山－志村猜想和費瑪最後定理，但他給數學家們提供了一大套新的技術和策略，它們可以用來證明別的定理。懷爾斯的失敗絕不是羞恥的事，他開始適應受到打擊後的境遇。

作為安慰，他至少想要瞭解他失敗的原因。當泰勒重新探索和檢驗一些替換的方法時，懷爾斯決定在9月最後一次檢視一下科利瓦金－弗萊契方法的結構，試圖確切地判斷出它不能奏效的原因。他生動地回憶起那些最後的決定性日子：「9月19日，星期一的早晨，當時我坐在桌子旁，檢查著科利瓦金－弗萊契的方法。這倒不是因為我相信自己能使它行得通，而是我認為至少我能夠解釋為什麼它行不通。我想我是在撈救命稻草，不過我需要使自己放心。突然間，完全出乎意料，我有了一個難以置信的發現。我意識到，雖然科利瓦金－弗萊契方法現在不能完

全行得通，但是我只需要就它可以使我原先採用的岩澤理論奏效。我認識到科利瓦金－弗萊契方法中有足夠的東西，使我原先的3年前的工作中對這個問題的處理方法取得成功。所以，對這個問題的正確答案似乎就在科利瓦金－弗萊契的廢墟之中。」

單靠岩澤理論不足以解決問題，單靠科利瓦金－弗萊契方法也不足以解決問題，它們結合在一起卻可以完美地互補。這是懷爾斯永遠不會忘記的充滿靈感的瞬間，當他詳細敘述這些時刻時，記憶如潮澎湃，激動得淚水奪眶而出：「它真是無法形容地美；它又是多麼簡單和明確。我無法理解我怎麼會沒有發現它，足足有20多分鐘我呆望著它，不敢相信。然後到了白天我到系裡轉了一圈，又回到桌子旁指望搞清楚情況是否真是這樣。情況確實就是這樣。我無法控制自己，我太興奮了。這是我工作經歷中最重要的時刻，我所做的工作中再也沒有哪一件會具有這麼重要的意義。」

這不僅僅是圓了童年時代的夢想和8年潛心努力的終極，而且是懷爾斯在被推到屈服的邊緣後，奮起戰鬥向世界證明了他的才能。這最後的14個月是他數學生涯中充滿了痛苦、羞辱和沮喪的一段時光。現在，一個高明的見解使他的苦難走到了盡頭。

「所以，這是我感到輕鬆的第一個晚上，我把事情放到第二再去做。第二天早晨我又一次作了核對，到11點時我完全放心了，下樓告訴我的妻子：『我已經懂了！我想我已經找到它了。』她根本沒有料到有這樣

的事,以為我正在談論孩子的玩具或其他事情,所以她說:『找到了什麼?』我說:『我已經把我的證明搞好了,我已經懂了!』」

在下個月,懷爾斯已經能補償他去年未能兌現的允諾。「當時,內達的生日又快來臨,我記得上次我未能送給她想要的禮物。這一次,在她生日晚宴後一會兒,我把完成了的手稿送給了她。我想她對那份禮物比我曾送給她的任何禮物更為喜歡。」

標題:費瑪最後定理的最新情況

日期:1994年10月25日11點4分11秒

到今天早晨為止,2份手稿已經送出:

《模橢圓曲線和費瑪最後定理》

——作者:安德魯·懷爾斯

《某些赫克代數的環論性質》

——作者:理查德·泰勒和安德魯·懷爾斯

第一篇論文(長),除了結論外,宣布了費瑪最後定理的一個證明,它的關鍵的一步有賴於第二篇論文(短)。

正如你們中的大多數人知道的那樣,懷爾斯在他的劍橋演講中描述的論證結果是有嚴重缺陷的,即歐拉系統的構造有嚴重的缺陷。在試圖修補那個構造失敗後,懷爾斯回到一種不同的處理方法,這種方法他以前曾試過,但由於想用歐拉系統而放棄了。他在假定赫克代數是局部完全交的條件下已經完成證明。這個結果以及懷爾斯

劍橋演講中的其餘結果總結在第一篇論文中。在第二篇論文中，泰勒和懷爾斯共同證明了赫克代數的必要性質。

整個論證的概要與懷爾斯在劍橋描述的相似。由於不再用歐拉系統，新的處理方法結果比原來的要大爲簡捷。（事實上，在看到這些手稿後，法爾廷斯已經對那部分論證提供了進一步的重大簡化。）

已經有一小部分人在幾星期前拿到了這些手稿的影本。儘管再謹慎地等待一會兒是明智的，但肯定有理由持樂觀的態度。

卡爾·魯賓

俄亥俄州立大學

chapter 7 　一點小麻煩

安德魯・懷爾斯

Chapter 8 大統一數學

一個草率的年輕人來自緬甸，
發現了費瑪定理的證明，
從此他整天憂心忡忡，
生怕發現錯誤，
他懷疑懷爾斯的證明是否更可靠。

費爾南多・高維

這一次對證明不再有懷疑了。這兩篇論文總共有130頁，是歷史上核查得最徹底的數學稿件，最終發表在《數學年刊》（Annals of Mathematics）上（1995年5月）。

懷爾斯再一次出現在《紐約時報》的頭版上，不過這一次的標題〈數學家稱經典之謎已解決〉與另一則科學報導〈宇宙年齡的發現提出新的宇宙之謎〉比較，就有點相形見絀了。雖然這次記者們對費瑪最後定理的熱情稍稍有所減退，但數學家卻並未忽視這個證明的真正的重要意義。「用數學的術語來說，這個最終的證明可與分裂原子或發現DNA的結構相比，」約翰‧科茨發表看法說：「對費瑪最後定理的證明是人類智力活動的一曲凱歌，同時不能忽視的事實是，它一下子使數論發生了革命性的變化。對我來說，安德魯的成果的美和魅力在於它是走向代數數論的巨大的一步。」

在懷爾斯經受嚴峻考驗的8年中，他實際上彙集了20世紀數論中所有的突破性工作，並把它們融合成一個萬能的證明。他創造了全新的數學技術，並將它們和傳統的技術以人們從未考慮過的方式結合起來。通過這樣的做法，他開闢了處理為數眾多的其他問題的新思路。按照肯‧里貝特的說法，這個證明是現代數學的完美綜合，並將對未來產生影響：「我想假如有人被遺棄在一個無人的荒島上，而他只帶著這篇論文，那麼他會有大量的精神食糧。隨意翻到某一頁，上面可能是對德利涅（Deligne）的某個基本定理的簡明描述；再翻到另一頁，也許是赫勒

古阿切（Hellegouarch）的一個定理——所有這些內容都只被短暫地使用一下就繼續轉向下一個環節。」

在科學記者們頌揚懷爾斯對費瑪最後定理的證明的同時，他們當中幾乎沒有人對與它密不可分地關聯著的谷山－志村猜想的證明發表過評論。他們當中也幾乎沒有人費神提及谷山豐和志村五郎的貢獻，這兩位日本數學家早在1950年代就為懷爾斯的工作播撒了種子。雖然谷山在30多年前已經自殺，他的同事卻活著目睹了他們的猜想被證實。當被問及對這個證明有何感想時，志村微微一笑，以克制和自尊的態度平靜地說：「我對你們說過，這是對的。」

和他的許多同事一樣，肯‧里貝特感到證明谷山－志村猜想這件事已經改變了數學：「它有一種重要的、心理上的影響，那就是現在人們已有能力著手處理以前不敢研究的其他一些問題。對未來的看法不同了，你知道了所有的橢圓方程式可以模形式化，因而在你證明一個橢圓方程式的定理時你也在解決模形式的定理，反過來也是如此。你可以從不同的角度理解正在研究的東西，你對處理模形式也不會有多大的畏懼，因為本質上你只是在處理橢圓方程式。當然，當你寫關於橢圓方程式的論文時，我們現在可以直接說：我們已知谷山－志村猜想是對的，所以某某結果必定是對的；而不必像過去那樣說：我們尚不清楚，所以我們打算假定谷山－志村猜想是對的，然後看看利用它可以做些什麼。這是一種非常非常愉快的感覺。」

通過谷山－志村猜想，懷爾斯將橢圓曲線和模形式統一了起來，這種做法為數學提供了實現許多證明的捷徑——一個領域中的問題可以通過並行領域中對應的問題來解決。一直追溯到古希臘時代經典且未解決的橢圓問題，現在可以利用模形式中一切可利用的工具和技巧來重新探索。

更為重要的是，懷爾斯使更宏偉的羅伯特·朗蘭茲的統一計畫——朗蘭茲綱領跨出了第一步。現在，在數學的其他領域之間證明統一化猜想的努力又重新恢復。1996 年 3 月，懷爾斯和朗蘭茲分享了 10 萬美元的沃爾夫獎（Wolf Prize）（不要與沃爾夫斯凱爾獎混淆）。沃爾夫獎委員會認為，懷爾斯的證明就其本身來說是一個使人震驚的成就，而同時它也給朗蘭茲雄心勃勃的計畫注入了生命力。這是一個可能使數學進入又一個解決難題的黃金時期的突破性工作。

經過一年的窘迫和憂心忡忡後，數學界終於又感到歡欣鼓舞。每一個專題討論會、學術報告會和學術會議都有一段時間專門介紹懷爾斯的證明，在波士頓，數學家們還發起了一次五行打油詩競賽以紀念這個重大事件：

「服務生，我的奶油怎寫滿了字！」

食客氣沖沖地高聲喊道，

「我只能寫那兒呀，」

侍者皮埃爾急忙回話，

「人造奶油那兒，也沒空位啦！」[01]

E·豪（E. Howe）、H·倫斯特拉（H. Lenstra）、D·莫爾頓（D. Moulton）

獎賞

懷爾斯證明費瑪最後定理依靠的是證實 1950 年代誕生的一個猜想。論證利用了近十年中發展的一系列數學技巧，其中某些部分是懷爾斯自己創造的。這個證明是現代數學的一件傑作，這必然引出這樣的結論：懷爾斯對費瑪最後定理的證明與費瑪的證明是不相同的。費瑪說過，他的證明在他的那本丟番圖《算術》書的頁邊空白處寫不下，而懷爾斯的 100 頁長的濃縮的數字內容確實符合這個標準，但是可以肯定在幾世紀前費瑪沒有發明出模形式、谷山－志村猜想、伽羅瓦群和科利瓦金－弗萊契方法。

---

[01] 打油詩的原文為：

'My butter, garçon, is writ large in!'
A diner was heard to be chargin',
'I had to write there,'
Exclaimed waiter Pierre,
'I couldn't find room in the margarine.'

詩中以奶油（butter）與人造奶油（margarine）形成對比。而「writ large in」是一個雙關語，既可以指文字被寫大，也暗指某種誇張或強調。——譯者

Chapter 1

This chapter is devoted to the study of certain Galois representations. In the first section we introduce and study Mazur's deformation theory and discuss various refinements of it. These refinements will be needed later to make precise the correspondence between the universal deformation rings and the Hecke rings in Chapter 2. The main results needed are Proposition 1.2 which is used to interpret various generalized cotangent spaces as Selmer groups and (1.7) which later will be used to study them. At the end of the section we relate these Selmer groups to ones used in the Bloch-Kato conjecture, but this connection is not needed for the proofs of our main results.

In the second section we extract from the results of Poitou and Tate on Galois cohomology certain general relations between Selmer groups as Σ varies, as well as between Selmer groups and their duals. The most important observation of the third section is Lemma 1.10(i) which guarantees the existence of the special primes used in Chapter 3 and [TW].

1. Deformations of Galois representations

Let p be an odd prime. Let Σ be a finite set of primes including p and let $\mathbf{Q}_\Sigma$ be the maximal extension of $\mathbf{Q}$ unramified outside this set and ∞. Throughout we fix an embedding of $\overline{\mathbf{Q}}$, and so also of $\mathbf{Q}_\Sigma$, in $\mathbf{C}$. We will also fix a choice of decomposition group D_q for all primes q in $\mathbf{Z}$. Suppose that k is a finite field of characteristic p and that

(1.1) $$\rho_0: \operatorname{Gal}(\mathbf{Q}_\Sigma/\mathbf{Q}) \to \operatorname{GL}_2(k)$$

is an irreducible representation. In contrast to the introduction we will assume in the rest of the paper that ρ_0 comes with its field of definition k. Suppose further that $\det \rho_0$ is odd. In particular this implies that the smallest field of definition for ρ_0 is given by the field k_0 generated by the traces but we will not assume that $k = k_0$. It also implies that ρ_0 is absolutely irreducible. We consider the deformations $[\rho]$ to $\operatorname{GL}_2(A)$ of ρ_0 in the sense of Mazur [Ma1]. Thus if $W(k)$ is the ring of Witt vectors of k, A is to be a complete Noetherian local $W(k)$-algebra with residue field k and maximal ideal m, and a deformation $[\rho]$ is just a strict equivalence class of homomorphisms $\rho: \operatorname{Gal}(\mathbf{Q}_\Sigma/\mathbf{Q}) \to \operatorname{GL}_2(A)$ such that $\rho \bmod m = \rho_0$, two such homomorphisms being called strictly equivalent if one can be brought to the other by conjugation by an element of $\ker : \operatorname{GL}_2(A) \to \operatorname{GL}_2(k)$. We often simply write ρ instead of $[\rho]$ for the equivalence class.

懷爾斯發表的證明的第一頁,整個證明有 100 頁以上。

如果費瑪不是用懷爾斯的那種方法證明，那麼他用什麼證明呢？數學家們分成兩個陣營。那些講究實際的懷疑論者認為費瑪最後定理是這位 17 世紀的天才罕見的失誤瞬間所提出的產物。他們聲稱，雖然費瑪寫下「我已經找到了一個真正美妙的證明」，但事實上他只是發現了一個有缺陷的證明。這個有缺陷的證明其確切內容值得爭議，但是非常可能它與柯西或拉梅的工作十分相似。

另一些數學家則是浪漫的樂觀主義者，他們認為費瑪可能有一個巧妙的證明。不管這個證明可能是什麼樣的，它一定是以 17 世紀的技巧為基礎的，可能它涉及一個非常狡猾的論證，以致從歐拉到懷爾斯之間的所有人都未能發現。儘管發表了懷爾斯對這個問題的解答，但還有眾多的數學家相信，只要他們能找到費瑪原來的證明，他們仍然可以獲得聲名和榮譽。

雖然懷爾斯不得不藉助 20 世紀的方法來證明一個 17 世紀的難題，但還是按照沃爾夫斯凱爾委員會的規定戰勝了費瑪發出的挑戰。1997 年 6 月 27 日，安德魯·懷爾斯收到了價值 5 萬美元的沃爾夫斯凱爾獎金。費瑪和懷爾斯再一次成了世界各地的頭版新聞。費瑪最後定理正式地被解決了。

那麼什麼將是引起懷爾斯注意的下一個問題呢？對於一個曾經在完全保密的狀態下工作過 7 年的人來說，他拒絕對他近期的研究發表評論是毫不令人奇怪的，但是不論他在研究什麼問題，毫無疑問它將永遠不

可能完全取代他曾對費瑪最後定理所具有的那種迷戀。「對我來說再也沒有其他問題具有與費瑪最後定理相同的意義,這是我童年時代的戀情,沒有東西能取代它。我已經解決了它。我將嘗試別的問題,肯定其中有一些會是非常艱難的,而我將會再次獲得一種成就感,但是數學中不可能再有別的問題能像費瑪最後定理那樣使我神往。」

「我得到了這種非常難得的榮幸,就是在我的成年時期追求我兒童時代的夢想。我知道這是難得的榮幸,不過如果你能在成年時期解決某個對你來說非常重要的事,那麼再也找不出什麼比這更有意義了。解決這個問題之後,肯定有一種失落感,但同時也有一種無比的輕鬆感。我著迷於這個問題已經 8 年了,從早晨醒來到晚上入睡,我無時無刻都在思考它。對於思考一件事那是一段太長的時光。那段特殊且漫長的探索現在結束了,我的心靈也歸於平靜。」

chapter 8　大統一數學

附錄

附錄1　畢達哥拉斯定理的證明

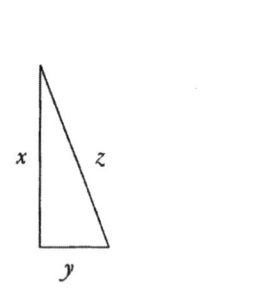

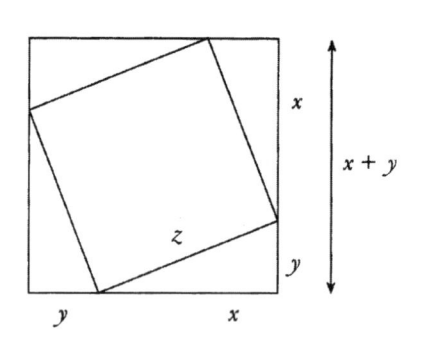

　　這個證明的目的是證明畢達哥拉斯定理對一切直角三角形都是對的。上圖所示的三角形可以代表任何直角三角形，因為它的邊長並未具體指明，而是用字母 x、y 和 z 來代表。

同樣如上圖，四個恆等的直角三角形和一個傾斜的正方形一起組成一個大的正方形，正是這個大的正方形的面積是證明的關鍵。

這個大正方形的面積可以用兩種方法來計算。

方法 1：將這個大的正方形作為一個整體來計算它的面積。它的每條邊長是 $x + y$。所以，大正方形的面積 $= (x + y)^2$。

方法 2：計算出大正方形各個部分的面積。每個三角形的面積是 $\frac{1}{2}xy$，即 $\frac{1}{2} \times 底 \times 高$。傾斜的正方形的面積是 z^2。於是，

大正方形面積 $= 4 \times$（每個三角形的面積）$+$ 傾斜正方形的面積
$$= 4(\tfrac{1}{2}xy) + z^2。$$

方法 1 和方法 2 給出兩個不同的表達式。然而，這兩個表達式必須是等值的，因為它們代表同一個面積。於是，

方法 1 得出的面積 $=$ 方法 2 得出的面積
$$(x + y)^2 = 4(\tfrac{1}{2}xy) + z^2$$

括弧可以被展開並簡化。於是，

$$x^2 + y^2 + 2xy = 2xy + z^2$$

兩邊的 $2xy$ 可以抵消。所以，我們得到

$$x^2 + y^2 = z^2，$$

這就是畢達哥拉斯定理。

上面的論證根據的是這個事實：不論用什麼方法計算，大正方形的面積必須是相同的。於是我們從邏輯上推導出這相同的面積的兩個表達式，使它們相等，最終，必然的結論是

$x^2 + y^2 = z^2$，即斜邊的平方 z^2 等於其他兩邊的平方和 $x^2 + y^2$。

這個論證對一切直角三角形成立。在我們的論證中，三角形的邊是用 x、y 和 z 表示的，因而可以代表任何直角三角形的邊。

附錄 2　$\sqrt{2}$ 是無理數的歐幾里得證明

歐幾里得的目的是證明 $\sqrt{2}$ 不能寫成一個分數。由於他使用的是反證法，所以第一步是假定相反的事實是真的，即 $\sqrt{2}$ 可以寫成某個未知的分數。用 $\frac{p}{q}$ 來代表這個假設的分數，其中 p 和 q 是兩個整數。

在開始證明本身之前，需要對分數和偶數的某些性質有個基本的瞭解。

(1) 如果任取一個整數並且用 2 去乘它，那麼得到的新數一定是偶數。

　　這基本上就是偶數的定義。

(2) 如果已知一個整數的平方是偶數，那麼這個整數本身一定是偶數。

(3) 最後，分數可以簡化：$\frac{16}{24}$ 與 $\frac{8}{12}$ 是相同的，只要用公因數 2 去除 $\frac{16}{24}$ 的

分子和分母。進一步，$\frac{4}{6}$ 又 $\frac{2}{3}$ 是相同的。

然而，$\frac{2}{3}$ 不能再簡化，因為 2 和 3 沒有公因數。不可能將一個分數永遠不斷地簡化。

現在，記住歐幾里得相信 2 不可能寫成一個分數。然而，由於他採用反證法，所以他先假定分數 $\frac{p}{q}$ 確實存在，然後他去揭示它的存在所產生的結果：

$$\sqrt{2} = \frac{p}{q},$$

如果我們將兩邊平方，那麼

$$2 = \frac{p^2}{q^2},$$

這個等式很容易重新安排，得出

$$2q^2 = p^2。$$

現在根據第 (1) 點我們知道 p^2 必定是偶數。根據第 (2) 點我們知道 p 本身也必須是偶數。但，如果 p 是偶數，那麼它可以寫成 $2m$，其中 m 是某個整數。這是從第 (1) 點可以得出的結論。將這再代回到等式中，我們得到

$$2q^2 = (2m)^2 = 4m^2,$$

用 2 除兩邊，我們得到

$$q^2 = 2m^2。$$

但是根據我們前面用過的論證，我們知道 q^2 必須是偶數，因而 q 本身必須是偶數。如果確實是這樣，那麼 q 可以寫成 $2n$，其中 n 是某個整數。如果我們回到開始的地方，那麼

$$\sqrt{2} = \frac{p}{q} = \frac{2m}{2n},$$

用 2 除分子和分母就可以簡化 $\frac{2m}{2n}$，我們得到

$$\sqrt{2} = \frac{m}{n}。$$

我們現在得到一個分數 $\frac{m}{n}$，它比 $\frac{p}{q}$ 簡單。

然而，我們發現對 $\frac{m}{n}$ 我們可以精確地重複以上過程，在結束時我們將產生一個更簡單的分數，比方說 $\frac{g}{h}$。然後又可以對這個分數再重複相同的過程，而新的分數，比方說 $\frac{e}{f}$，將是更為簡單的。我們可以對它再作同樣的處理，並且一次次地重複這個過程，不會結束。但是根據第 (3) 點我們知道任何分數不可能永遠簡化下去，總是必須有一個最簡單的分數存在，而我們最初假定的分數 $\frac{p}{q}$ 似乎不服從這條法則。於是，我們可以有正當的理由說我們得出了矛盾。如果 $\sqrt{2}$ 可以寫成為一個分數，其結果將是不合理的，所以，說 $\sqrt{2}$ 不可能寫成一個分數是對的。於是，$\sqrt{2}$ 是一個無理數。

附錄 3　丟番圖年齡的謎語

我們把丟番圖活的年數記為 L。根據謎語，我們得出下面的關於丟

番圖生命的完整說明：

$\frac{1}{6}$ 的生命，即 $\frac{L}{6}$，是兒童時期；

$\frac{L}{12}$ 是青少年時期；

$\frac{L}{7}$ 是此後到結婚前度過的；

5 年後生了一個兒子；

$\frac{L}{2}$ 是這個兒子活的年數；

4 年是他去世前在悲傷中度過的。

丟番圖活的年數是上面的和：

$$L = \frac{L}{6} + \frac{L}{12} + \frac{L}{7} + 5 + \frac{L}{2} + 4。$$

我們可以把這個方程式簡化如下：

$$L = \frac{25}{28}L + 9，$$
$$\frac{3}{28}L = 9，$$
$$L = \frac{28}{3} \times 9 = 84。$$

丟番圖在 84 歲時去世。

附錄 4　貝切特的稱重問題

為了能稱出從 1 公斤到 40 公斤之間的任何整數公斤的重量，大多數

人會想到需要 6 個砝碼：1、2、4、8、16、32 公斤。按這種方式，所有的稱重可以方便地將砝碼按下面的組合方式在一個秤盤裡來完成；

$$1 \text{ 公斤} = 1,$$
$$2 \text{ 公斤} = 2,$$
$$3 \text{ 公斤} = 2 + 1,$$
$$4 \text{ 公斤} = 4,$$
$$5 \text{ 公斤} = 4 + 1,$$
$$\cdot$$
$$\cdot$$
$$\cdot$$
$$40 \text{ 公斤} = 32 + 8 \text{。}$$

然而，利用將砝碼放在兩個秤盤裡，使得砝碼也可與要稱重的物體放在一起稱的方法，貝切特可以只用 4 個砝碼 1、3、9、27 公斤就完成任務。與要稱重的物體放在同一個秤盤中的砝碼在效果上是取負值的。這樣一來，稱重可以如下完成：

$$1 \text{ 公斤} = 1,$$
$$2 \text{ 公斤} = 3 - 1,$$
$$3 \text{ 公斤} = 3,$$
$$4 \text{ 公斤} = 3 + 1,$$

$$5 \text{ 公斤} = 9 - 3 - 1,$$

$$\cdot$$
$$\cdot$$
$$\cdot$$

$$40 \text{ 公斤} = 27 + 9 + 3 + 1。$$

附錄5　存在無窮多個畢達哥拉斯三元組的歐幾里得證明

畢達哥拉斯三元組是三個整數的集合，其中一個數的平方加上另一個數的平方等於第 3 個數的平方。歐幾里得可以證明存在無窮多個這樣的畢達哥拉斯三元組。

歐幾里得的證明從下面的觀察著手：兩個相接的平方數之差總是一個奇數：

```
 1²   2²   3²   4²   5²   6²   7²   8²   9²  10²  …
 1    4    9   16   25   36   49   64   81  100  …
  \ / \ / \ / \ / \ / \ / \ / \ / \ / \ /
   3    5    7    9   11   13   15   17   19   …
```

無窮多個奇數中的每一個可以加上一個特定的平方數成為另一個平方數。這些奇數中的一部分本身就是平方數，但是無窮的一部分仍是無限的。

於是，也就存在無窮多個奇平方數，它們可以加上一個平方數成為另一個平方數，換言之，一定存在無窮多個畢達哥拉斯三元組。

附錄6 點猜想的證明

點猜想是說，不可能畫出一個點圖使得每條直線上至少有3個點。

雖然這個證明需要極少的數學，但是它確實要藉助於一些幾何學的訓練，因此我想仔細地介紹每一步的意圖。

首先考慮任意的由點和將每個點連接起的直線組成的圖樣。然後，對每個點作出它到最近的線之間的距離，通過它的直線不算在內。由此，確定所有的點中離直線最近的那個點。

下面對這種點 D 再仔細觀察，D 點最接近於直線 L。它到這條線的距離在圖中用短畫虛線表示，這個距離比任何別的直線與點之間的距離都要短。

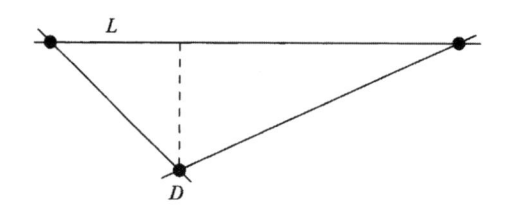

現在可以證明直線 L 上只能有2個點，於是猜想就是對的，即不可能畫出一個點圖使得每條直線上都至少有3個點。

為了證明直線 L 必須只有2個點，我們考察如果它有第3個點那麼將出現什麼結果。如果第3個點 D_A 存在於原來標出的2個點之外，那麼

以點虛線表示的距離將比假定是點和直線之間最短距離的短畫虛線還要短。因而點 D_A 不可能存在。

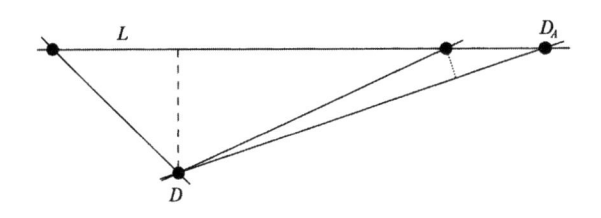

類似地，如果第 3 個點 D_B 存在於原來標出的兩個點之間，那麼以點虛線表示的距離再一次比假定是點和直線間最短距離的短畫虛線還要短。因而點 D_B 也不可能存在。

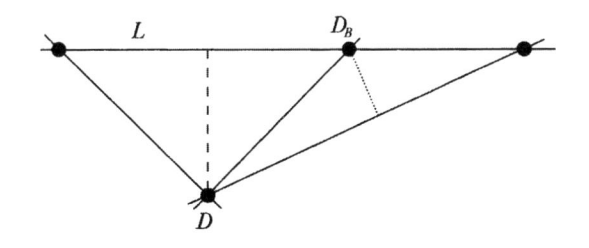

總而言之，由點構成的圖形必須有某個點和某條直線之間的距離是最短距離，而這條直線上就只能有 2 個點。於是對每個圖形總是至少有一條直線，上面只有 2 個點——猜想是對的。

附錄 7　誤入荒謬

下面是一個經典的例證，說明很容易從一個非常簡單的命題出發，經過幾步看上去直截了當的合乎邏輯的推理來證明 $2 = 1$。

首先，我們以很普通的命題

$$a = b$$

開始。然後，兩邊乘以 a，得出

$$a^2 = ab$$

接著兩邊加上 $a^2 - 2ab$：

$$a^2 + a^2 - 2ab = ab + a^2 - 2ab$$

這就可以簡化為

$$2(a^2 - ab) = a^2 - ab$$

最後，兩邊用 $a^2 - ab$ 除，我們得到

$$2 = 1 。$$

最初的命題似乎是，也確實是完全無疑的；但是在對等式的逐步處理中，某個地方有一個微妙的，卻是災難性的錯誤，它導致了最後的命

題陳述中的矛盾。

事實上，致命的錯誤出現在最後一步，其中用 $a^2 - ab$ 去除兩邊。我們從最初的命題知道 $a = b$，因而用 $a^2 - ab$ 去除等價於用零去除。

用零去除任何東西是很危險的一步，因為零可以在任何有限的量中出現無窮多次。由於在兩邊產生了無窮大，我們實際上徹底破壞了等式的兩邊，不知不覺中使論證產生了矛盾。

這個微妙的錯誤是在許多沃爾斯凱爾獎的參賽論文中可以發現的典型的一類因粗枝大葉造成的錯誤。

附錄 8　算術公理

下面的公理是作為算術的結構的基礎所需要的全部公理。

1. 對任何數 m、n，

$$m + n = n + m, mn = nm。$$

2. 對任何數 m、n、k，

$$(m + n) + k = m + (n + k), (mn)k = m(nk)。$$

3. 對任何數 m、n、k，

$$M(n + k) = mn + mk。$$

4. 數 0 具有下面的性質：對任何數 n，

$$n + 0 = n。$$

5. 數 1 具有下面的性質：對任何數 n，

$$n \times 1 = n。$$

6. 對每個數 n，存在另一個數 k 使得

$$n + k = 0。$$

7. 對任何數 m、n、k，

$$如果 k \neq 0，kn = km，那麼 m = n。$$

根據這些公理可以證明別的法則。例如，通過嚴格地應用這些公理，並不假定任何別的事情，我們可以嚴格證明下面的看起來很顯然的法則：

$$如果 m + k = n + k，那麼 m = n。$$

首先，我們寫出

$$m + k = n + k。$$

然後，由公理 6，設 1 是使得 $k + 1 = 0$ 成立的數，於是

$$(m + k) + 1 = (n + k) + 1。$$

然後，由公理 2，

$$m + (k + 1) = n + (k + 1)。$$

記住 $k + 1 = 0$，則我們有

$$m + 0 = n + 0。$$

再應用公理 4，我們最終可以得到我們想要證明的：

$$m = n。$$

附錄 9　賽局理論和三人決鬥

　　我們來研究黑先生可作的選擇。黑先生可能以灰先生作目標。如果他成功了，那麼下一次將由白先生開槍。白先生只剩下一個對手，而且因為白先生是百發百中的搶手，於是黑先生死定了。

　　黑先生較好的選擇是以白先生為目標。如果成功了，那麼下一次將由灰先生開槍。灰先生 3 次中只可能有 2 次擊中他的目標，所以黑先生有機會活下來再回擊灰先生，從而有可能贏得這場決鬥。

　　似乎第二種選擇是黑先生應該採用的策略。然而，有第三種更好的選擇。黑先生可以對空開槍。於是下一次是灰先生開槍，他會以白先生為目標，因為白先生是危險得多的對手。如果白先生活下來，那麼他將

以灰先生為目標，因為他是更為危險的對手。通過對空開槍的辦法，黑先生將使得灰先生有機會消滅白先生，或者反過來白先生消滅灰先生。

這就是黑先生的最佳策略。最終灰先生或白先生將會死掉，那時黑先生將以剩下的一個人為目標。黑先生控制了局勢，結果他不再是在三人決鬥中第一個開槍，而變成二人決鬥中第一個開槍。

附錄10　用歸納法證明的例子

數學家發現能有一個簡潔的公式來計算許多數的和是很有用處的。在本例中，挑戰是找出計算前 n 個自然數的和的公式。

例如，只有第 1 個數的和是 1，前 2 個數的和是 3（即 1＋2），前 3 個數的和是 6（即 1＋2＋3），前 4 個數的和是 10（即 1＋2＋3＋4）等。

一個刻畫這個模式的可能的公式是：

$$\text{Sum}(n) = \tfrac{1}{2} n(n+1)，$$

這裡 Sum(n) 代表前 n 個自然數的和。換言之，如果我們想要找出前 n 個數的和，那麼我們只要把那個數 n 代入上面的公式就可以得到答案。

用歸納法可以證明這個公式對直至無窮大的每一個數都成立。

第一步是證明這個公式對第 1 個情形，即 $n = 1$，是成立的。這是很簡單的，因為我們知道只有第 1 個數的和是 1，而如果我們將 $n = 1$ 代入這個可能的公式，得到的結果是正確的：

$$\text{Sum}(n) = \tfrac{1}{2} n(n+1),$$
$$\text{Sum}(1) = \tfrac{1}{2} \times 1 \times (1+1),$$
$$\text{Sum}(1) = \tfrac{1}{2} \times 1 \times 2,$$
$$\text{Sum}(1) = 1 \text{。}$$

於是第 1 塊多米諾骨牌被推倒了。

歸納法證明中的下一步是證明：如果這個公式對值 n 成立，那麼它必定對 $n+1$ 成立。如果

$$\text{Smn}(n) = \tfrac{1}{2} n(n+1),$$

那麼

$$\text{Sum}(n+1) = \text{Sum}(n) + (n+1),$$
$$\text{Sum}(n+1) = \tfrac{1}{2} n(n+1) + (n+1),$$

對右邊重新安排和加括弧，我們得到

$$\text{Sum}(n+1) = \tfrac{1}{2}(n+1)[(n+1)+1] \text{。}$$

重要的是注意到這個新的等式的形式與原來的等式是完全相同的，只是出現 n 的地方現在用 $(n+1)$ 代替。

換言之，如果公式對 n 成立，那麼它也必定對 $n+1$ 成立。如果一塊多米諾骨牌倒下，它總會擊倒下一塊多米諾骨牌。歸納法證明就成立了。

參考文獻

在為寫這本書所作的研究中，我參考了大量的書籍和文章。除了每章的主要原始資料外，我還列出了一般讀者和這個領域的專家可能感興趣的其他材料。對篇名不能提示相關內容的原始資料，我寫了一兩句話描述其內容。

第1章

The Last Problem, by E. T. Bell, 1990, Mathematical Association of America. 關於費瑪定理由來的一個科普性的描述。

Pythagoras-A Short Account of His Life and Philosophy, by Leslie Ralph, 1961, Krikos.

Pythagoras-A Life, by Peter Gorman, 1979, Routledge and Kegan Paul.

A History of Greek Mathematics, Vols. 1 and 2, by Sir Thomas Heath, 1981, Dover.

Mathematical Magic Show, by Martin Gardner, 1997, Knopf. 數學智力遊戲和謎語彙編。

River meandering as a self-organization process, by Hans-Henrik Støllum, Science *271* (1996), 1710-1713.

第2章

The Mathematical Career of Pierre de Fermat, by Michael Mahoney, 1994, Princeton University Press. 對費瑪生活和工作的一個詳細研究。

Archimedes' Revenge, by Paul Hoffman, 1988, Penguin. 講述數學中歡樂和風險的有趣故事。

第3章

Men of Mathematics, by E. T. Bell, Simon and Schuster, 1937. 歷史上最偉大的數學家的傳記,包括歐拉、費瑪、高斯、柯西和庫默爾。

The periodical cicada problem, by Monte Lloyd and Henry S. Dybas, *Evolution 20* (1996), 466-505.

Women in Mathematics, by Lynn M. Osen, 1994, MIT Press. 一本大型的非數學類教科書,內容包含歷史上許多重要的女數學家(包括索菲·熱爾曼)的傳記。

Math Equals: Biographies of Women Mathematicians + Related Activities, by Teri Perl, 1978, Addison-Wesley.

Women in Science, by H. J. Mozans, 1913, D. Appleton and Co.

Sophie Germain, by Amy Dahan Dalmédico, *Scientific American*, December 1991. 描述索菲·熱爾曼生平和工作的一篇短文。

Fermat's Last Theorem-A Genetic Introduction to Algebraic Number Theory, by Harold M. Edwards, 1977, Springer. 關於費瑪最後定理的數學討論,包括早期嘗試過的一些證明的詳細提綱。

Elementary Number Theory, by David Burton, 1980, Allyn & Bacon.

Various communications, by A. Cauchy, *C. R. Acad. Sci. Paris 24* (1847), 407-416, 469-483.

Note au sujet de la demonstration du theoreme de Fermat, by G. Lamé, *C. R. Acad. Sci. Paris 24* (1847), 352.

Extrait d'une lettre de M. Kummer à M. Liouville, by E. E. Kummer, *J Math. Pures et Appl. 12* (1847), 136. Reprinted in *Collected Papers*, Vol. I, edited by A. Weil, 1975, Springer.

A Number for Your Thoughts, by Malcolm E. Lines, 1986, Adam Hilger. 從歐幾里得到最新的電腦關於數的認識和思索,包括對點猜測的較詳細介紹。

第4章

3.1416 and All That, by P. J. Davis and W. G. Chinn. 1985, Birkhäuser. 於數學和數學家的系列故事,其中有一章講述保羅·沃爾夫斯凱爾的故事。

The Penguin Dictionary of Curious and Interesting Numbers, by David Wells, 1986, Penguin.

The Penguim Dictionary of Curious and Interesting Puzzles, by David Wells, 1992, Penguin.

Sam Loyd and his Puzzles, by Sam Loyd (II), 1928, Barse and Co.

Mathematical Puzzles of Sam Loyd, by Sam Loyd, edited by Martin Gardner, 1959, Dover.

Riddles in Mathematics, by Eugene P. Northropp, 1944, Van Nostrand.

The Picturegoers, by David Lodge, 1993, Penguin.

13 Lectures on Fermat's Last Theorem, by Paulo Ribenboim, 1980, Springer. 一本供研究生使用的關於費瑪最後定理的教材，寫於安德魯·懷爾斯的工作之前。

Mathematics: The Science of Patterns, by Keith Devlin, 1994, Scientific American Library. 一本有漂亮插圖的書，通過引人注目的圖像表達數學概念。

Mathematics: The New Golden Age, by Keith Devlin, 1990, Penguin. 關於現代數學的一個通俗而詳細的總覽，包括對數學公理的討論。

The Concepts of Modern Mathematics, by Ian Stewart, 1995, Penguin.

Principia Mathematica, by Betrand Russell and Alfred North Whitehead, 3vols, 1910, 1912, 1913, Cambridge University Press.

Kurt Gödel, by G. Kreisel, Biographical Memoirs of the Fellows of the Royal Society, 1980.

A Mathematician's Apology, by G. H. Hardy, 1940, Cambridge University Press. 一位20世紀的大數學家所作的個人評述——是什麼激勵著他和其他數學家。

Alan Turing: The Enigma of Intelligence, by Andrew Hodges, 1983, Unwin Paperbacks. 阿倫·圖靈生平介紹，包括他對破譯恩格尼瑪密碼的貢獻。

第5章

Yutaka Taniyama and his time, by Goro Shimura, *Bulletin of the London Mathematical Society 21* (1989), 186-196. 關於谷山豐的生平和工作的介紹。

Links between stable elliptic curves and certain diophantine equations, by Gerhard Frey, *Ann. Univ. Sarav. Math. Ser. 1* (1986), 1-40. 一篇重要論文，它提出了谷山－志村猜想和費瑪最後定理之間的關聯。

第6章

Genius and Biographers: the Fictionalization of Evariste Galois, by T. Rothman, *Amer. Math. Monthly 89* (1982), 84-106. 詳細列出了各種伽羅瓦傳記所依據的歷史資料，討論了各種解釋的合理性。

La vie d'Evariste Galois, by Paul Depuy, *Annales Scientifiques de l'Ecole Normale Supérieure 13* (1896), 197-266.

Mes Memoirs, by Alexandre Dumas, 1967, Editions Gallimard.

Notes on Fermat's Last Theorem, by Alf van der Poorten, 1996, Wiley. 懷爾斯的證明的一個技術性描述，適合大學生及更高水準人員閱讀。

第7章

An elementary introduction to the Langlands programme, by Stephen Gelbart, *Bulletin of the American Mathematical Society 10* (1984), 177-219. 關於朗蘭茲計畫的一個技術性說明，適用於數學工作者。

Modular elliptic curves and Fermat's Last Theorem, by Andrew Wiles, *Annals of Mathematics 141* (1995), 443-551. 本文包括懷爾斯對谷山－志村猜想和費瑪最後定理的證明的主要部分。

Ring-theoretic properties of certain Hecke algebras, by Richard Taylor and Andrew Wiles, *Annals of Mathematics 141* (1995), 553-572. 本文介紹了用於克服懷爾斯1993年證明中出現的缺陷的數學。

OPEN 精選

費瑪最後定理：尋找數學的聖杯
Fermat's last theorem

作　　者	賽門・辛（Simon Singh）
譯　　者	薛密
發 行 人	王春申
審書顧問	陳建守、黃國珍
總 編 輯	王春申
責任編輯	李宗洋
封面設計	盧卡斯工作室×巫方婷
內頁排版	吳真儀
業　　務	王建棠
資訊行銷	劉艾琳、孫若屏
出版發行	臺灣商務印書館股份有限公司

23141 新北市新店區民權路 108-3 號 5 樓（同門市地址）
電話：(02)8667-3712　　　傳真：(02)8667-3709
讀者服務專線：0800056193　郵政劃撥：0000165-1
E-mail：ecptw@cptw.com.tw　網路書店網址：www.cptw.com.tw
Facebook：facebook.com.tw/ecptw

Copyright © Simon Singh, 1997
This edition arranged with PEW Literary Agency Limited through Andrew Nurnberg Associates International Limited
Complex Chinese Translation copyright © 2025 by THE COMMERCIAL PRESS, LTD.
All Rights Reserved.

局版北市業字第 993 號
二版　2025 年 8 月
印刷　鴻霖印刷傳媒股份有限公司
定價　新台幣 480 元

法律顧問　何一芃律師事務所
有著作權・翻印必究
如有破損或裝訂錯誤，請寄回本公司更換

國家圖書館出版品預行編目 (CIP) 資料

費瑪最後定理：尋找數學的聖杯 / 賽門.辛(Simon Singh) 著；薛密譯. -- 二版. -- 新北市：臺灣商務印書館股份有限公司, 2025.08
　面；　公分. -- (Open 精選)
譯自：Fermat's last theorem
ISBN 978-957-05-3624-9(平裝)

1.CST: 數論

313.6　　　　　　　　　　　　114008194